电力系统谐波

[美] J. C. 达斯（J. C. Das） 著

于海波 刘 佳 李贺龙 王春雨 林繁涛 译

机 械 工 业 出 版 社

近年来，电力电容器组在电力系统中的大量使用，使得电能质量问题备受关注。本书主要介绍了电力系统谐波的起因、谐波对电力系统的影响、电力系统谐波抑制方法、谐波测量及评估方法、IEEE 及 IEC 相关标准限值及谐波谐振。

本书适合高等院校电力专业师生阅读，并可以供电力研究、设计、生产、运行等专业技术人员参考，也可以作为电力系统谐波的自学教材。

图书在版编目（CIP）数据

电力系统谐波/（美）J. C. 达斯（J. C. Das）著；于海波等译. —北京：机械工业出版社，2020.6（2022.1重印）

书名原文：Power System Harmonics and Passive Filter Designs

ISBN 978-7-111-65592-3

Ⅰ. ①电… Ⅱ. ①J…②于… Ⅲ. ①电力系统-谐波 Ⅳ. ①TM714

中国版本图书馆 CIP 数据核字（2020）第 079322 号

机械工业出版社（北京市百万庄大街 22 号　邮政编码 100037）
策划编辑：刘星宁　责任编辑：刘星宁
责任校对：张　薇　封面设计：马精明
责任印制：邵　敏
北京富资园科技发展有限公司印刷
2022 年 1 月第 1 版第 2 次印刷
184mm×260mm·21.5 印张·587 千字
标准书号：ISBN 978-7-111-65592-3
定价：119.00 元

电话服务　　　　　　　　　　网络服务
客服电话：010-88361066　　　机 工 官 网：www.cmpbook.com
　　　　　010-88379833　　　机 工 官 博：weibo.com/cmp1952
　　　　　010-68326294　　　金 书 网：www.golden-book.com
封底无防伪标均为盗版　　　　机工教育服务网：www.cmpedu.com

译 者 序

随着电力系统中非线性负载的增加，谐波问题日益严重，电网中的电压和电流波形畸变会使变压器过载、断路器误动作等。对于电能计量来说，谐波的入侵会对电能计量装置的准确度等产生影响。国际上电气工程领域内的权威学术组织 IEEE 和 IEC 均对谐波限值做出了相应规定。由此可见，电力系统中的谐波问题已经引起广泛重视。

本书条理清晰，内容深入，详细地介绍了电力系统谐波的起因、影响、抑制、测量评估及标准中的谐波限值等内容。本书的显著特点是提供了很多说明性的实例和插图，能帮助读者快速有效地理解所述内容。

本书第 1、2 章由于海波翻译；第 3、8、9 章由刘佳翻译；第 4、5 章由李贺龙翻译；第 6、7 章由王春雨翻译；第 10 章由林繁涛翻译。全书由于海波统稿。由于本书内容丰富，涉及的专业面相当广，限于译者水平，翻译不妥或错误之处在所难免，恳请读者指正。

盛媛媛和王兴媛在本书的翻译过程中提供了大量帮助，在此表示感谢。

本书由 2015 年度中国电力科学研究院专著出版基金资助。

译者

原 书 序

本书主要介绍电力系统谐波相关知识，包含电力系统中谐波的产生、衰减、测量和评估、IEEE 和 IEC 标准规定的谐波限值、谐振、并联电容器组及系统建模等内容。

以下是每章内容的简介。

第 1 章，通过介绍谐波参数和功率理论阐述了电力系统谐波的背景知识。为了使读者更好地了解非线性系统，本章介绍了非正弦单相、三相系统及常用的 H. Akagi 和 A. Nabe 瞬时功率理论，这些理论可用于无源滤波器设计。

第 2 章为傅里叶分析，尽管有大量的数学公式，但这是应用窗函数对谐波进行测量和分析的基础。通过本章的范例，读者可更好地理解傅里叶变换。

第 3、4 章描述了谐波的产生原因，包括传统电力设备、铁磁谐振、电子开关设备、换流器、家用电器、周波变换器、脉冲宽度调制、电压源换流器、开关电源、风力发电、脉冲突发调制、斩波电路，以及牵引和转差频率恢复系统等产生的谐波。还介绍了变压器建模分析、发电机的 3 次谐波电压分析以及大量的 EMTP 仿真分析。电流互感器饱和产生的谐波在第 3 章中也进行了介绍。第 4 章详细阐述了实际应用中的谐波源以及可调速驱动器（ASD）的拓扑结构和分析。尽管这两章也介绍了一些背景知识，但如果读者想更好地掌握这些内容，必须熟悉电力电子学的基础知识。

间谐波是一个新的研究领域，第 5 章为读者清楚地阐述了间谐波的产生及其影响。接下来介绍的是电弧负载、电弧炉、感应炉产生的闪变。应用图解法对大型驱动器中的谐波引起的扭转分析以及应用静止同步补偿器（STATCOM）对闪变的控制在目前文献中还未涉及。高压输电线路和级联驱动系统的次同步谐振串联补偿及其 EMTP 仿真结果，对这一领域的读者来说很有吸引力。

前几章讨论了谐波的产生，接下来第 6 章讨论从源端抑制谐波的几种策略，以减少谐波对电力系统的污染。这些策略包括有源滤波器、有源无源滤波器组合及其控制、有功电流波整形矩阵变流器、多电平逆变器、THMI 逆变器、源端抑制谐波方法、新型矩阵、多电平变换器以及多项式合成理论。然后，应用这些理论和开关角控制的范例证明可将谐波畸变率降低到很低的水平。本章的部分内容需要读者对变换器及其开关有深刻的了解，而且，对大部分读者来说，里面涉及的数据分析比较难理解。为了帮助读者更好地理解这部分内容，作者提供了相关参考文献。

建立模型之前，第一步需要学习谐波的计算、评估和时间戳等知识。谐波的相角建模、测量设备、传感器及各种波形分析的相关知识会使读者产生兴趣，而概率理论、回归方法和卡尔曼滤波等更会进一步吸引读者，见第 7 章。作者将从一些基础知识入手引出这些先进理念。

第 8 章阐述了谐波对电气设备的危害性。实际上，这几乎涵盖了所有的电气设备及现象，如电动机、绝缘应力、驱动系统电缆上的行波现象、共模电压、轴承电流、保护继电器、断路器等。读者特别感兴趣的用于非线性负载的干式和液浸变压器的降额运行有时会被忽略，从而导致过载现象。

在此背景下，第9章讨论了各种形式的谐振。作者用图例展示了电抗曲线、Foster（福斯特）网络、复合谐振、二次谐振等通常会被其他文献遗漏的知识。

第10章介绍了IEEE和IEC规定的谐波畸变限值、间谐波限值以及开槽对谐波畸变的影响的计算。

综上，本书内容很丰富，应该会吸引研究谐波的初学者及提高者，实际上，本书也可作为谐波的标准参考书。书中很多例子以及实际系统的仿真可以加强读者的理解，并且每个章节都用相关图例进行了说明。

Jean Mahseredjian 博士
IEEE 会士、蒙特利尔大学工学院电气工程教授

原 书 前 言

电力系统谐波是一个经久不衰的研究课题，本书力求呈现谐波方面的前沿技术和进展。随着电力系统中非线性负载数量的不断增加，许多电力系统专业人士致力于研究谐波分析、抑制和实际应用。

本书全面地介绍了谐波的产生、影响和控制，包括谐波抑制新技术、间谐波和电压闪变等内容。本书可作为谐波方面的参考书和应用指南。

初学者需要对谐波形成一个清晰的基础认知，高水平的读者可通过仿真探索提高兴趣，建议读者以严谨批判的眼光阅读本书。书中众多实际研究场景、案例和图表力争客观易懂，因为很多高校甚至在研究生教育阶段中都未开设谐波课程。作者在编写本书时认为读者已具有本科层次的知识，各章节的重要内容具有很强的关联性。本书可作为本科生和研究生的教科书，亦可作为继续教育的教材和辅助资料。

谐波的影响会远距离传播，而且其对电力系统组成部分的影响是动态和不断发展的。这些影响可以用现有的研究手段进行分析。

继电保护被称为"艺术和科学"，在作者看来谐波抑制技术亦是，这是因为其包含了太多的主观性。除了采用蒙特卡洛模拟这类高级研究工具之外，现有计算机技术需要不断地发展以平衡一系列相互冲突的需求。

本书的读者在进行滤波器的实用设计时需要先理解谐波的特性、电力系统组成部分的建模和滤波器的特征。

本书引用了 CRC 出版社出版的 *Power System Anaylsis：Short – Circuit Load Flow and Harmonics* 一书中的部分内容，在此，作者向该出版社的许可表达诚挚的谢意！

J. C. Das

作 者 简 介

J. C. Das 是美国佐治亚州斯内尔维尔市电力系统研究公司的负责人和顾问。他曾长期担任 AMEC 公司电力系统分析部门的负责人。在公用事业、工业设施、水力发电和核能方面具有丰富的经验。他是电力系统研究，包括短路、潮流、谐波、稳定、电弧闪光、接地、开关瞬态和继电保护方面的专家，还开设了电力系统继续教育课程，并且是约 65 本美国和国际出版物的作者或合著者。他是以下几本图书的作者：

- *Arc Flash Hazard Analysis and Mitigation*，IEEE 出版社，2012 年。
- *Transients in Electrical Systems：Analysis Recognition and Mitigation*，McGraw – Hill 出版社，2010 年。
- *Power System Analysis：Short – Circuit Load Flow and Harmonics*，*Second Edition*，CRC 出版社，2011 年。

这些图书提供了大量的知识，共 2400 多页，并得到业界的一致好评。他擅长的领域包括电力系统暂态分析、EMTP 仿真、谐波、电能质量、继电保护等。他发表了近 200 篇有关电力系统方面的研究报告。

在谐波分析方面，Das 先生设计了一些工业用大型谐波无源滤波器，这些滤波器已经成功运行超过 18 年。

Das 先生是美国电气电子工程师学会（IEEE）终身会士，IEEE 工业应用和 IEEE 电力工程学会会员，英国工程技术学会（IET）会士，印度工程师学会（IEI）终身会士，欧洲工程师联合会（法国）会员，以及国际大电网会议（法国）会员。他拥有美国佐治亚州和俄克拉荷马州的注册专业工程师、英国特许工程师、欧盟的欧洲工程师认证。2005 年获得 IEEE 纸浆和造纸工业的工程功勋奖。

他拥有美国俄克拉荷马州塔尔萨大学电气工程硕士学位及印度营盘山大学高等数学专业学士和硕士学位。

目　　录

第1章 电力系统谐波

电力系统不仅包含正弦电流和电压，还包括非线性和电子开关负载。近来，这种负载大量增加，并且可能引入谐波污染，使电流和电压波形畸变，产生谐振，增加了系统损耗，并减少了电气设备的使用寿命。谐波是确保电能质量的主要问题之一。这需要我们仔细分析谐波产生的原因及其测量方法，并研究其有害影响，将其控制在可接受的水平。谐波分析可追溯到20世纪90年代初，这与高压直流（HVDC）输电系统和静态无功补偿器（SVC）[1]有关。在此期间，谐波限制技术研究有了很大进展（电力系统谐波的历史概况[2]）。

直流（DC）电源的应用广泛，如计算机、视频设备、电池充电器、UPS（不间断电源）系统、用于电解的电力系统、DC驱动器等。办公室和商业建筑物中大部分负载是电子负载，而DC电压作为内部工作电压。燃料和光伏电池可以直接连接到直流系统，并且可以避免从DC到AC，然后从AC到DC的双重变换。参考文献［3］提到了在瑞典查尔姆斯理工大学电力工程系进行的案例研究，这个案例比较了交直流配电系统的可靠性、压降、电缆尺寸、接地和安全性。参考文献［4］讨论了美国海军设想的直流舰载配电系统，两台汽轮机的同步发电机通过整流器连接到7000V直流母线，直流负载通过DC－DC变换器供电。然而，直流电源并不是一个普遍的趋势，分布式配电系统和用户侧配电系统都是交流的。除HVDC换流器与谐波相互作用、DC滤波器会在适当的章节中讨论，本书不讨论工商业用直流配电系统。

电力系统中的谐波源包括铁磁谐振、磁饱和度、次同步谐振以及非线性电子开关负载的操作，主要还是非线性负载产生的谐波。

1.1 非线性负载

为了区分线性和非线性负载，我们可以说线性时不变负载的特征是施加正弦电压会产生正弦电流，施加正弦电压期间会显示恒定的稳态阻抗，例如白炽灯，以及不通过变换器供电的电动机，它们的电流或电压波形几乎是正弦波，相角取决于电路的功率因数。变压器和旋转电机在正常负载条件下也大致符合这一定义。然而，我们应该认识到，旋转电机气隙中的磁通波是非正弦曲线，齿波纹和开槽产生了正向和反向旋转谐波。磁路可以饱和并产生谐波。因为磁性材料（变压器铁心）中的磁通密度 B 和磁场强度 H 之间的关系不是线性的，所以在异常高的电压下变压器的饱和度会产生谐波。然而，这些负载产生的谐波相对较小（第3章）。

在非线性负载中，施加正弦电压不会产生正弦电流，因为这些负载在施加正弦电压的整个周期中不会表现出恒定的阻抗。非线性负载与线性负载的频率依赖性不同，也就是说，电抗器的电抗与施加的频率变化成比例，但如果忽略饱和度，那么它在每个施加频率处都是线性的。但是，在一些正弦电压周期中，非线性负载甚至可能会产生不连续的电流或脉冲电流。

在数学定义中，线性有两个特点：

- 齐次性；
- 叠加性。

在状态方程中定义的系统状态

$$\dot{x} = f[x(t), r(t), t] \tag{1.1}$$

如果初始输入条件为 $r(t)$，$t = t_0$ 记为 $x(t_0)$，则 $t > t_0$ 时，$x(t)$ 为如下微分方程的解：

$$x(t) = \varphi[x(t_0), r(t)] \tag{1.2}$$

那么齐次为

$$\varphi[x(t_0), \alpha r(t)] = \alpha \varphi[x(t_0), r(t)] \tag{1.3}$$

式中，α 是标量常数，则输入为 $\alpha r(t)$ 时的 $x(t)$ 等于输入为 $r(t)$ 时的 $x(t)$ 的 α 倍。

叠加为

$$\varphi[x(t_0), r_1(t) + r_2(t)] = \varphi[x(t_0), r_1(t)] + \varphi[x(t_0), r_2(t)] \tag{1.4}$$

也就是说，输入 $r_1(t) + r_2(t)$ 的 $x(t)$ 等于输入 $r_1(t)$ 的 $x(t)$ 与输入 $r_2(t)$ 的 $x(t)$ 之和。因此，线性就是齐次性和叠加性的结合。

1.2　非线性负载的增加

非线性负载正在持续不断地增加，据估计，在未来 10 年内，公用系统中超过 60% 的负载将是非线性的，电子负载增长涉及住宅和家用电器。谐波问题的关键在于需要满足一定的电能质量，这导致了①对电气设备运行的影响、②谐波分析、③谐波控制等相关问题。越来越多的用户负载对低电能质量越来越敏感，据估计，电能质量问题使美国工业每年花费数十亿美元。尽管这些自动化设备和电力电子技术的广泛应用提高了生产效率，但这些负载是电噪声和谐波的来源，并且不能适应电能质量低的情况。例如，与感应电动机相比，可调速驱动器（ASD）对电压骤降和骤升的耐受性较差，并且 10% 的电压下降持续一定时间可能会导致 ASD 停机。这些产生线路谐波和包含谐波的电源会影响其运行，从而进一步产生谐波，也就是说作为谐波产生源的非线性负载本身对其产生的低电能质量更加不适应。

非线性负载的一些例子如下：

- ASD 系统；
- 周波变换器；
- 电弧炉；
- 轧机；
- 开关电源；
- 计算机、复印机、电视机和家用电器；
- 脉冲突发调制；
- 静态无功补偿器（SVC）；
- 晶闸管控制电抗器（TCR）；
- HVDC 输电系统，源于换流器的谐波；
- 电牵引、斩波电路；
- 风力发电和太阳能发电；
- 电池充电和燃料电池；
- 感应电动机的转差频率恢复方案；
- 荧光灯和电子镇流器；
- 电动汽车充电系统；
- 可控硅整流器（SCR）加热、感应加热和电弧焊。

谐波也是在传统电力设备中产生的，如变压器和电动机。变压器的饱和以及开关会产生谐波。谐波的产生将在第 3~5 章中讨论。应用于功率因数校正和无功功率支撑的电容器组会导致谐振和波形的进一步畸变（第 9 章）。早期的旋转同步电容器已经被现代并联电容器或 SVC 替代（第 4 章）。

1.3　谐波的影响

谐波会导致电压和电流波形的畸变，会对电气设备产生不利影响。非线性负载产生的谐波估计是进行谐波分析的第一步，但谐波估计并不简单。具有多种拓扑结构的电气系统会产生谐波，这些设备之间还存在相互作用。近年来，对谐波分析和控制的重视程度越来越高，已经建立了谐波电流和电压畸变的限值标准（第 10 章）。第 8 章将讨论谐波的影响。

1.4　畸变的波形

谐波发射可以有不同的幅值和频率。电力系统中最常见的谐波是周期性波形的正弦分量，其频率可以被解析为一些基频的倍数频率。傅里叶分析是用于这种分析的数学工具，第 2 章提供了一个概述。

傅里叶级数中不是功率频率整数倍的分量被称为非整数次谐波（第 5 章）。

由非线性负载产生的畸变可以解析为多个类别：

* 畸变的波形包含的基频傅里叶级数与电力系统频率及周期性稳态中的一样，这是谐波研究中最常见的情况。图 1.1 中所示的波形是由表 1.1 中所示的谐波合成的。图 1.1 中的波形关于 x 轴对称，可以用下式来描述：

$$I = \sin(\omega t - 30°) + 0.17\sin(5\omega t + 174°) + 0.12\sin(7\omega t + 101°) + \cdots$$

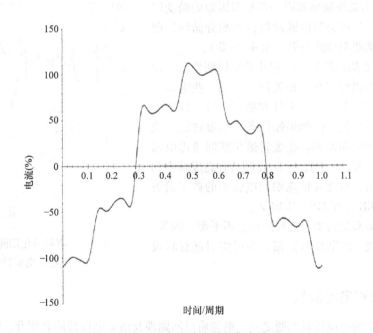

图 1.1　表 1.1 中的谐波谱的仿真波形

由第 4 章可知，上述波形通常是 6 脉冲电流源换流器的波形，谐波次数能到 23 次或还存在更高次的谐波。产生的谐波随着波形畸变范围的变化而变化。图 1.2 显示了 HVDC 输电链路、直流驱动器和 6 脉冲电压源逆变器（VSI）ASD 的典型线电流波形[1]。第 4 章研究各种电力电子开关设备的典型波形和畸变。这是实践中最常见的情况，并且畸变的波形可以分解成多个谐波，系统通常可以建模为线性系统。

表 1.1　图 1.1 中波形的谐波含量

$h^①$	5	7	11	13	17	19	23
%	17	12	11	5	2.8	1.5	0.5

① h 为以基波电流百分比表示的谐波次数。

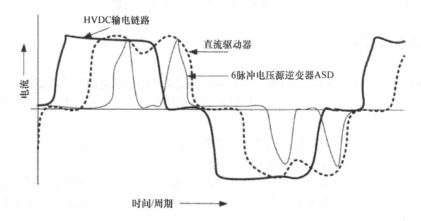

图 1.2　HVDC 输电链路、直流驱动器和 6 脉冲电压源逆变器 ASD 的典型线电流波形

- 具有电力系统频率和周期性稳态因数的畸变的波形是存在的。某些类型的脉冲负载和积分循环控制器就能够产生这些类型的波形（第 4、5 章）。

- 波形是非周期性的，但它几乎呈周期性。三角级数的扩展可能仍然存在。相关例子都是一些电弧类装置，如电弧炉、荧光灯、汞灯和钠蒸气灯。该过程本质上不是周期性的，但如果操作条件能够持续一段时间，则会获得周期波形。在废料熔化期间考虑电弧炉的电流特征（见图 1.3）。它的波形具有高度畸变和非周期性。然而，熔化和精炼期间电弧炉的典型谐波发射已经在 IEEE 标准 519[5] 中定义。

电弧炉负载高度污染，会导致相位不平衡、闪烁、冲击负载、谐波、间谐波和谐振，并可能引起旋转设备的扭转振动。

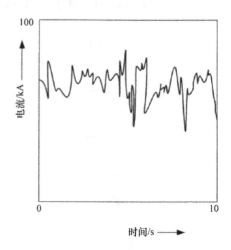

图 1.3　废料熔化期间电弧炉的不稳定电流特征

1.4.1　谐波和电能质量

谐波是主要的电能质量问题之一。电能质量问题涉及诸如电压骤降和骤升、瞬变、欠电压和过电压、频率变化、彻底中断，敏感电子设备（如计算机）的电能质量等会引起更广泛的关注。表 3.1 总结了一些电能质量问题。参考文献 [6] 中，IEEE 给出了工业和商业应急情况操作规程和备用电力系统方案。本书不是关于电能质量的，但是在参考文献中仍给有兴趣的读者另外列出

了一些重要的出版物供参考。

1.5　谐波和序列分量

本书没有讨论序列分量理论，但在参考文献 [7-10] 中会有介绍。在非正弦条件下的三相平衡系统中，高次谐波电压（或电流）可以表示为

$$V_{ah} = \sum_{h \neq 1} V_h (h\omega_0 t - \theta_h) \qquad (1.5)$$

$$V_{bh} = \sum_{h \neq 1} V_h (h\omega_0 t - (h\pi/3)\theta_h) \qquad (1.6)$$

$$V_{ch} = \sum_{h \neq 1} V_h (h\omega_0 t - (2h\pi/3)\theta_h) \qquad (1.7)$$

基于式（1.5）~式(1.7) 和基波相量的逆时针旋转，可以写出

$$V_a = V_1 \sin\omega t + V_2 \sin 2\omega t + V_3 \sin 3\omega t + V_4 \sin 4\omega t + V_5 \sin 5\omega t + \cdots$$

$$V_b = V_1 \sin(\omega t - 120°) + V_2 \sin(2\omega t - 240°) + V_3 \sin(3\omega t - 360°) + V_4 \sin(4\omega t - 480°) +$$
$$V_5 \sin(5\omega t - 600°) + \cdots$$
$$= V_1 \sin(\omega t - 120°) + V_2 \sin(2\omega t + 120°) + V_3 \sin 3\omega t + V_4 \sin(4\omega t - 120°) +$$
$$V_5 \sin(5\omega t + 120°) + \cdots$$

$$V_c = V_1 \sin(\omega t + 120°) + V_2 \sin(2\omega t + 240°) + V_3 \sin(3\omega t + 360°) + V_4 \sin(4\omega t + 480°) +$$
$$V_5 \sin(5\omega t + 600°) + \cdots$$
$$= V_1 \sin(\omega t + 120°) + V_2 \sin(2\omega t - 120°) + V_3 \sin 3\omega t + V_4 \sin(4\omega t + 120°) +$$
$$V_5 \sin(5\omega t - 120°) + \cdots$$

在平衡条件下，b 相的 h 次谐波（谐波频率为基频的 h 倍）比 a 相中相同次谐波滞后 120°的 h 倍。c 相的 h 次谐波滞后于 a 相中相同次谐波240°的 h 倍。在 3 次谐波的情况下，将相角移动 3 倍 120°或 3 倍 240°将会产生双向矢量。

表 1.2 显示了谐波序列，模式明显为正-负-零。我们可以写出

$$3h+1 \text{ 次谐波具有正序} \qquad (1.8)$$

$$3h+2 \text{ 次谐波具有负序} \qquad (1.9)$$

$$3h \text{ 次谐波为零序} \qquad (1.10)$$

由非线性负载产生的所有 3 次谐波都是零序相量。这些相量加起来呈中性。在三相四线制系统中，相位和中性点之间具有完美平衡的单相负载，所有正序和负序谐波将抵消，只剩下零序谐波。

表 1.2　谐波次数和旋转

谐波次数	向前	相反
基波	x	
2		x
4	x	
5		x
7	x	
8		x
10	x	
11		x
13	x	
14		x

（续）

谐波次数	向前	相反
16	x	
17		x
19	x	
20		x
22	x	
23		x
25	x	
26		x
28	x	
29		x
31	x	

注：对于高次谐波，重复该模式。

在三相不平衡系统中，负载为单相时，中性线中含零序相量以及正序和负序电流的残余不平衡序列。由于相位对称性（第2章），偶次谐波不存在，但是非对称波形将会向相导体注入偶次谐波，例如将在第4章讨论的半控三相桥式电路。

1.5.1 电力系统部件的序列阻抗

正序、负序和零序阻抗是否能够在大范围内变化，取决于电力系统设备。例如，对于变压器，正序和负序阻抗可能被认为是相等的，但根据变压器绕组联结和接地形式，零序阻抗可能是无穷大的。输电线路的零序阻抗可以是正序或负序阻抗的 2~3 倍。即使对于基频电流，序列阻抗的精确建模也十分重要，且必须对谐波的序列阻抗进行建模。

1.6 谐波指数

1.6.1 谐波因数

谐波指数被定义为谐波畸变因数[5]（谐波因数）。它是谐波含量的方均根值与基波的方均根值的比值，用基波的百分比表示：

$$DF = \sqrt{\frac{各次谐波幅值的二次方和}{基波幅值的二次方}} \times 100\% \qquad (1.11)$$

最常用的指标是总谐波畸变率（THD），它和 DF 一样是普遍使用的。

1.6.2 常用谐波指数方程

我们可以写出下面的方程。
谐波中存在的方均根电压可以写为

$$V_{rms} = \sqrt{\sum_{h=1}^{h=\infty} V_{h,rms}^2} \qquad (1.12)$$

同样的，方均根电流的表达式是

$$I_{rms} = \sqrt{\sum_{h=1}^{h=\infty} I_{h,rms}^2} \qquad (1.13)$$

电压的总畸变因数为

$$THD_V = \frac{\sqrt{\sum_{h=2}^{h=\infty} V_{h,rms}^2}}{V_{f,rms}} \qquad (1.14)$$

式中，$V_{f,\text{rms}}$ 是基频电压。这可以写成

$$\text{THD}_V = \sqrt{\left(\frac{V_{\text{rms}}}{V_{f,\text{rms}}}\right)^2 - 1} \tag{1.15}$$

或者

$$V_{\text{rms}} = V_{f,\text{rms}} \sqrt{1 + \text{THD}_V^2} \tag{1.16}$$

相同的

$$\text{THD}_I = \frac{\sqrt{\sum_{h=2}^{h=\infty} I_{h,\text{rms}}^2}}{I_{f,\text{rms}}} = \sqrt{\left(\frac{I_{\text{rms}}}{I_{f,\text{rms}}}\right)^2 - 1} \tag{1.17}$$

$$I_{\text{rms}} = I_{f,\text{rms}} \sqrt{1 + \text{THD}_I^2} \tag{1.18}$$

式中，$I_{f,\text{rms}}$ 是基频电流。

总需量畸变率（TDD）被定义为

$$\text{TDD} = \frac{\sqrt{\sum_{h=2}^{h=\infty} I_h^2}}{I_L} \tag{1.19}$$

式中，I_L 是负载需量电流。

电流的部分加权谐波畸变率（PWHD）定义为

$$\text{PWHD}_I = \frac{\sqrt{\sum_{h=14}^{h=40} h I_h^2}}{I_{f,\text{rms}}} \tag{1.20}$$

类似的表达式也适用于电压。PWHD 用来评估高次电流或电压谐波的影响。总参数用单次谐波电流分量 I_h 计算。

1.6.3 电话影响因数

谐波通过电感耦合产生电波干扰。电源电路中的电压或电流波的电话影响因数（TIF）是所有正弦波分量（包括基波和谐波的交流波）的加权方均根值的二次方和的二次方根与整个波的方均根值（未加权）之比：

$$\text{TIF} = \frac{\sqrt{\sum W_f^2 I_f^2}}{I_{\text{rms}}} \tag{1.21}$$

式中，I_f 是频率 f 处的单频方均根电流；W_f 是频率 f 处的单频 TIF 加权。电压可以代替电流。此定义可能不太明确，请参见第 8 章中的示例进行计算。类似的电压表达式也可以写出。

IT 乘积是用其方均根 I 与其 TIF 的乘积来表示的电感影响。

$$\text{IT} = \text{TIF} * I_{\text{rms}} = \sqrt{\sum (W_f V_f)^2} \tag{1.22}$$

kVT 乘积是用其方均根 kV 与其 TIF 的乘积来表示的电感影响。

$$\text{kVT} = \text{TIF} * \text{kV}_{\text{rms}} = \sqrt{\sum (W_f V_f)^2} \tag{1.23}$$

反映当前 C 信息加权和耦合归一化为 1kHz 的电话加权因数由下式给出：

$$W_f = 5 P_f f \tag{1.24}$$

式中，P_f 是频率 f 的 C 信息加权。有关详细信息，请参见 8.12 节。

1.7 功率因数、畸变因数和总功率因数

对于正弦电压和电流，功率因数定义为 kW/kVA，功率因数角 φ 为

$$\varphi = \cos^{-1}\frac{kW}{kVA} = \tan^{-1}\frac{kvar}{kW} \tag{1.25}$$

存在功率因数的谐波包括两个部分：相移和畸变。两者的效果相结合得到总功率因数。相移分量是基波有功功率（W）与视在功率（VA）的比值，功率因数以 Wh 和 var·h 计量。畸变分量是与谐波电压和电流相关的部分。

$$PF_t = PF_f \times PF_{distortion} \tag{1.26}$$

在基波频率下，相移功率因数等于总功率因数，相移功率因数不包括由于谐波引起的功率（kVA），但是总功率因数则包括在内。对于产生谐波的负载，总功率因数将始终小于相移功率因数。

考虑功率因数与相移因数间的关系，带直流链路电抗器的变换器功率因数由 IEEE 519[5] 的表达式给出：

$$总 PF = \frac{q}{\pi}\sin\left(\frac{\pi}{q}\right) \tag{1.27}$$

式中，q 是变换器脉冲的数量；π/q 是以 rad 表示的角度（见第 4 章）。这忽略了换相重叠和无相重叠，忽略了变压器励磁电流。对于 6 脉冲变换器，最大功率因数为 $3/\pi = 0.955$。12 脉冲变换器的理论最大功率因数为 0.988。随着触发延迟角的增加，功率因数会急剧下降。

请注意，功率因数是拓扑结构函数，例如使用脉宽调制时，输入功率因数仅取决于变换器类型，并且电动机功率因数由直流母线电容补偿。

在正弦电压和电流的情况下，以下关系成立：

$$S^2 = P^2 + Q^2 \tag{1.28}$$

式中，P 是有功功率；Q 是无功功率；S 是视在功率。这种关系在潮流方程中得到了充分的体现：

$$S = V_f I_f, Q = V_f I_f \sin(\theta_f - \delta_f), P = V_f I_f \cos(\theta_f - \delta_f), PF = P/S \tag{1.29}$$

式中，$\theta_f - \delta_f$ 为基波电压和基波电流之间的相角。

在非线性负载的情况下，或者当电源具有非正弦波形时，有功功率 P 可以被定义为

$$P = \sum_{h=1}^{h=\infty} V_h I_h \cos(\theta_h - \delta_h) \tag{1.30}$$

Q 可以被写为

$$Q = \sum_{h=1}^{h=\infty} V_h I_h \sin(\theta_h - \delta_h) \tag{1.31}$$

V_h 和 I_h 均为方均根值，视在功率可以定义为

$$S = \sqrt{P^2 + Q^2 + D^2} \tag{1.32}$$

式中，D 是畸变功率。考虑 D^2 直到 3 次谐波：

$$\begin{aligned} D^2 &= (V_0^2 + V_1^2 + V_2^2 + V_3^2)(I_0^2 + I_1^2 + I_2^2 + I_3^2) \\ &\quad - (V_0 I_0 + V_1 I_1 \cos\theta_1 + V_2 I_2 \cos\theta_2 + V_3 I_3 \cos\theta_3)^2 \\ &\quad - (V_1 I_1 \sin\theta_1 + V_2 I_2 \sin\theta_2 + V_3 I_3 \sin\theta_3)^2 \end{aligned} \tag{1.33}$$

畸变功率因数的表达式可以从电流和电压谐波畸变因数得到。根据这些因数的定义，方均根谐波电压和电流可以写为

$$V_{rms(h)} = V_f \sqrt{1 + \left(\frac{THD_V}{100}\right)^2} \tag{1.34}$$

$$I_{\text{rms}(h)} = I_f \sqrt{1 + \left(\frac{\text{THD}_I}{100}\right)^2} \tag{1.35}$$

因此，总功率因数为

$$\text{PF}_{\text{tot}} = \frac{P}{V_f I_f \sqrt{1 + \left(\frac{\text{THD}_V}{100}\right)^2} \sqrt{1 + \left(\frac{\text{THD}_I}{100}\right)^2}} \tag{1.36}$$

忽略由谐波引起的功率和电压畸变，因为它通常很小，也就是说

$$\text{THD}_V \approx 0 \tag{1.37}$$

$$\text{PF}_{\text{tot}} = \cos(\theta_f - \delta_f) \cdot \frac{1}{\sqrt{1 + \left(\frac{\text{THD}_I}{100}\right)^2}}$$

$$= \text{PF}_{\text{displacement}} \text{PF}_{\text{distortion}} \tag{1.38}$$

总功率因数是相移功率因数（与基波功率因数相同）乘以之前定义的畸变功率因数。

第 4 章将会继续对此进行讨论。变换器技术的现代趋势是线性谐波的补偿，同时提高功率因数到约为 1（第 6 章）。

1.8　功率理论

一些功率理论可解释存在谐波时的有功功率、无功功率和瞬时功率，但是每个理论都存在些许争议：①Fryze 时域理论；②Shepherd 和 Zakikhani 频域理论；③Czarnecki 频域功率理论；④Nabe 和 Akagi 瞬时功率理论。具体见参考文献 [12 - 16]。

1.8.1　单相正弦电路

单相正弦电路的瞬时功率为

$$p = vi = 2VI\sin\omega t\sin(\omega t - \theta) = p_a + p_q \tag{1.39}$$

有功功率也称为实际功率，是在一定时间段内测量的瞬时功率的平均值，例如 τ 到 $\tau + kT$。

可以用小写字母来表示瞬时值 [式（1.39）中的 v 和 i 表示峰值]。

$$p_a = VI\cos\theta[1 - \cos(2\omega t)] = P[1 - \cos(2\omega t)]$$

$$p_q = -VI\sin\theta\sin(2\omega t) = -Q\sin(2\omega t) \tag{1.40}$$

能量总是从源端向负载单向流动，$p_a \geq 0$。瞬时有功功率由两项组成，即有功或实际功率和固有功率 $-P\cos2\omega t$，当能量从源端传输到负载时，固有功率始终存在。若负载为感性，则 $Q > 0$；若负载为容性，则 $Q < 0$。

图 1.4 给出了单相电路中的瞬时功率分量：非负分量 p_a、振荡分量 p_b 和总瞬时功率 p_i。

1.8.2　单相非正弦电路

我们有

$$v = v_1 + v_H$$

$$i = i_1 + i_H$$

$$v_H = V_0 + \sqrt{2}\sum_{h \neq 1} V_h\sin(h\omega t - \alpha_h)$$

$$i_H = I_0 + \sqrt{2}\sum_{h \neq 1} I_h\sin(h\omega t - \beta_h) \tag{1.41}$$

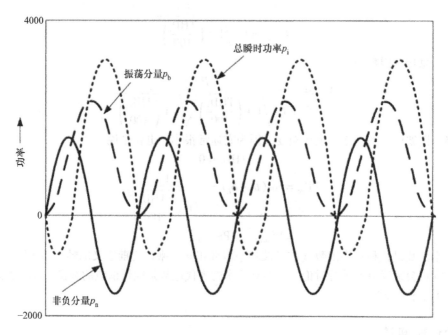

图 1.4 具有线性阻感性负载的单相电路中瞬时功率各成分的波形

式中，v_1 和 i_1 是功率频率分量；v_H 和 i_H 是其他分量。

有功功率（方均根值）为

$$p_a = V_0 I_0 + \sum_h V_h I_h \cos\theta_h [1 - \cos(2h\omega t - 2\alpha_h)] \qquad (1.42)$$

它有两项：$P_h = V_h I_h \cos\theta_h$ 和固有谐波功率 $-P_h \cos(2h\omega t - 2\alpha_h)$，这使得导体不会产生能量净传输或额外的功率损耗。

基波有功功率

$$P_1 = V_1 I_1 \cos\theta_1 \qquad (1.43)$$

谐波有功功率

$$P_H = V_0 I_0 + \sum_{h \neq 1} V_h I_h \cos\theta_h = P - P_1 \qquad (1.44)$$

P_q 不代表能量的净转移，其平均值为零。与这些非有功功率成分相关的电流导体产生额外的功率损耗。

视在功率为

$$S^2 = (V_1^2 + V_H^2)(I_1^2 + I_H^2) = S_1^2 + S_N^2 \qquad (1.45)$$

式中

$$S_N^2 = (V_1 I_H)^2 + (V_H I_1)^2 + (V_H I_H)^2$$
$$= D_1^2 + D_V^2 + S_H^2 \qquad (1.46)$$

式中，D_1 为电流畸变功率（var），$D_I = S_1 (\text{THD}_I)$；D_V 为电压畸变功率（var），$D_V = S_1 (\text{THD}_V)$；S_H 为谐波视在功率（VA），$S_H = V_H I_H = S_1 (\text{THD}_I)(\text{THD}_V) = \sqrt{P_H^2 + D_H^2}$，其中 D_H 为谐波畸变功率。

当 $\text{THD}_V \ll \text{THD}_I$ 时，$S_N = S_1 (\text{THD}_I)$。

基波功率因数为

$$PF_1 = \cos\theta_1 = \frac{P_1}{S_1} \tag{1.47}$$

它也称为相移功率因数。

$$PF = P/S = \frac{[1 + (P_H/P_1)]PF_1}{\sqrt{1 + \text{THD}_I^2 + \text{THD}_V^2 + (\text{THD}_I\text{THD}_V)^2}} \approx \frac{1}{\sqrt{1 + \text{THD}_I^2}}PF_1 \tag{1.48}$$

$$D_I > D_V > S_H > P_H$$

式（1.48）与式（1.38）是同一方程。

1.8.3 三相系统

假设三相系统有如下特点：

- 三相平衡电压和电流；
- 不对称电压或负载电流；
- 非线性负载。

图 1.5a 显示了平衡的三相电压和电流以及平衡的阻性负载，图 1.5b 表示图 1.5a 中的瞬时功

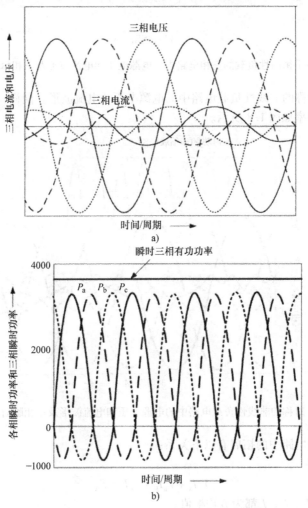

图 1.5　a）三相系统中的平衡三相电压和电流；b）相瞬时功率 p_a、p_b、p_c 和总瞬时功率

率。三相系统的各相瞬时有功功率的总和是恒定的。因此，单相电路中的概念不能应用在三相电路中。我们测试单相电路时发现，有功功率具有固有功率分量。

在三相电路中，不可能从瞬时功率中分离出无功功率。单相电路无功功率的方法及概念在三相电路中不适用。

图1.6给出了不平衡阻性负载的三相电路中的电源电压和电流波形。这时，瞬时有功功率不再恒定，最大的错误是将三相电路作为三个单相电路来考虑。

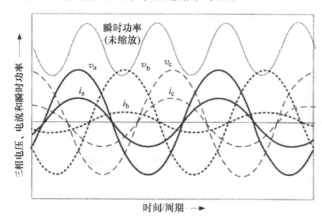

图1.6 不平衡阻性负载的三相电路中的电源电压和电流波形及三相瞬时有功功率

图1.7给出了对称的非线性负载电路中的电源电压和电流波形。同样，瞬时有功功率不再恒定。各相瞬时有功功率如图1.8所示。

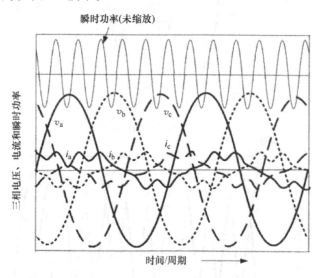

图1.7 对称的非线性负载电路中的电源电压和电流波形及三相瞬时有功功率

视在功率在三相电路中的拓展有以下关系：
- 算术视在功率

$$V_a I_a + V_b I_b + V_c I_c = S_A \qquad (1.49)$$

式中，V_a、V_b、V_c、I_a、I_b、I_c都为方均根值。
- 几何视在功率

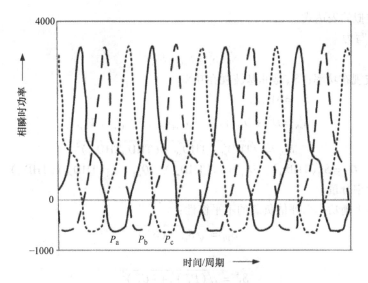

图 1.8　图 1.7 中的各相瞬时有功功率

$$S_{\mathrm{G}} = \sqrt{P^2 + Q^2} \tag{1.50}$$

式中，三相有功功率 P 和无功功率 Q 分别为

$$P = P_{\mathrm{a}} + P_{\mathrm{b}} + P_{\mathrm{c}} \tag{1.51}$$
$$Q = Q_{\mathrm{a}} + Q_{\mathrm{b}} + Q_{\mathrm{c}}$$

- 巴克霍尔兹视在功率

$$S_{\mathrm{B}} = \sqrt{V_{\mathrm{a}}^2 + V_{\mathrm{b}}^2 + V_{\mathrm{c}}^2} \cdot \sqrt{I_{\mathrm{a}}^2 + I_{\mathrm{b}}^2 + I_{\mathrm{c}}^2} \tag{1.52}$$

只要电源电压为正弦对称，并且负载平衡，这三个关系［式（1.49）、式（1.51）和式（1.52）］都会给出相同的正确结果。如果不满足上述条件之一，结果将不同。利用巴克霍尔兹视在功率的定义能够正确计算视在功率。

我们可以定义正序、负序和零序有功和无功功率为

$$P^+ = 3V^+ I^+ \cos\theta^+ \quad P^- = 3V^- I^- \cos\theta^- \quad P^0 = 3V^0 I^0 \cos\theta^0 \tag{1.53}$$
$$Q^+ = 3V^+ I^+ \sin\theta^+ \quad Q^- = 3V^- I^- \sin\theta^- \quad Q^0 = 3V^0 I^0 \sin\theta^0$$

1.8.4　非正弦和不平衡三相系统

对于非正弦和不平衡三相系统，可以应用以下关系：

有效视在功率 S_{e} 可以写成

$$S_{\mathrm{e}}^2 = P^2 + N^2 \tag{1.54}$$

式中，N 是非有功功率；P 是有功功率。

在三相三线系统中

$$I_{\mathrm{e}} = \sqrt{\frac{I_{\mathrm{a}}^2 + I_{\mathrm{b}}^2 + I_{\mathrm{c}}^2}{3}}$$

$$I_{\mathrm{e1}} = \sqrt{\frac{I_{\mathrm{a1}}^2 + I_{\mathrm{b1}}^2 + I_{\mathrm{c1}}^2}{3}} = 基波电流$$

$$I_{\mathrm{eH}} = \sqrt{\frac{I_{\mathrm{aH}}^2 + I_{\mathrm{bH}}^2 + I_{\mathrm{cH}}^2}{3}} = \sqrt{I_{\mathrm{e}}^2 - I_{\mathrm{e1}}^2} \tag{1.55}$$

电压可以写成类似的表达式。

S_e 的解可以写为

$$S_e^2 = S_{e1}^2 + S_{eN}^2 \tag{1.56}$$

式中，S_{e1} 是基波视在功率；S_{eN} 是非基波视在功率。

$$S_{e1} = 3V_{e1}I_{e1}$$

$$S_{eN}^2 = D_{eI}^2 + D_{eV}^2 + S_{eH}^2 = 3V_{e1}I_{eH} + 3V_{eH}I_{eI} + 3V_{eH}I_{eH} \tag{1.57}$$

式中

$$S_{eN} = \sqrt{\mathrm{THD}_{eI}^2 + \mathrm{THD}_{eV}^2 + (\mathrm{THD}_{eI}\mathrm{THD}_{eV})^2} \tag{1.58}$$

$$D_{eI} = S_{e1}(\mathrm{THD}_{eI}) \quad D_{eV} = S_{e1}(\mathrm{THD}_{eV}) \quad D_{eH} = S_{e1}(\mathrm{THD}_{eV})(\mathrm{THD}_{eI}) \tag{1.59}$$

为非基波视在功率分量。

可以使用不平衡功率来评估负载的不平衡性：

$$S_{U1} = \sqrt{S_{e1}^2 - (S_1^+)^2} \tag{1.60}$$

式中

$$S_1^+ = \sqrt{(P_1^+)^2 + (Q_1^+)^2} \tag{1.61}$$

式中

$$P_1^+ = 3V_1^+ I_1^+ \cos\theta_1^+$$

$$Q_1^+ = 3V_1^+ I_1^+ \sin\theta_1^+$$

基波正序功率因数为

$$\mathrm{PF}_1^+ = \frac{P_1^+}{S_1^+} \tag{1.62}$$

它与非线性单相电路中的基波功率因数具有相同的作用。

组合功率因数为

$$\mathrm{PF} = \frac{P}{S_e} \tag{1.63}$$

表 1.3 给出了这些因数之间的关系。

表 1.3 具有非正弦波形的三相系统

数量或指标	组合功率	基波功率	非基波功率
视在功率	S_e (VA)	S_{e1} S_1^+ S_{U1} (VA)	S_{eN} S_{eH} (VA)
有功功率	P (W)	P_1^+ (W)	P_H (W)
非有功功率	N (var)	Q_1^+ (var)	D_{eI} D_{eV} D_{eH} (var)
PF	P/S_e	P_1^+/S_1^+	
谐波污染			S_{eN}/S_{e1}
负载不平衡性		S_{U1}/S_1^+	

例 1.1： 这个例子基于参考文献 [13]。考虑包含 3 次、5 次和 7 次谐波的非正弦电压和电流。

$$v = v_1 + v_3 + v_5 + v_7 = \sqrt{2} \sum_{h=1,3,5,7} V_h \sin(h\omega t - \alpha_h)$$

$$i = i_1 + i_3 + i_5 + i_7 = \sqrt{2} \sum_{h=1,3,5,7} I_h \sin(h\omega t - \beta_h)$$

又有

$$p = p_{hh} + p_{mn}$$

$$p_{hh} = v_1 i_1 + v_3 i_3 + v_5 i_5 + v_7 i_7$$

$$p_{mn} = v_1(i_3 + i_5 + i_7) + v_3(i_1 + i_5 + i_7) + v_5(i_1 + i_3 + i_7) + v_7(i_1 + i_3 + i_5)$$

p_{mn} 是仅包含交叉项的瞬时功率。

得出直积

$$v_h i_h = \sqrt{2} V_h \sin(h\omega t - \alpha_h) \sqrt{2} I_h \sin(h\omega t - \beta_h)$$
$$= P_h \left[1 - \cos(2h\omega t - 2\alpha_h) \right] - Q_h \sin(2h\omega t - 2\alpha_h)$$
$$P_h = V_h I_h \cos(\theta_h) \quad Q_h = V_h I_h \sin(\theta_h)$$

式中，P_h 和 Q_h 分别是 h 次谐波的有功功率和无功功率；θ_h（$= \beta_h - \alpha_h$）是 V_h 相位和 I_h 相位之间的相角。

总的有功功率为

$$P = \sum_{h=1,3,5,7} P_h = P_1 + P_H$$

式中

$$P_1 = V_1 I_1 \cos\theta_1 \quad P_H = P_3 + P_5 + P_7$$

对于每一个谐波

$$S_h = \sqrt{P_h^2 + Q_h^2}$$

总视在功率的二次方为

$$S^2 = V^2 I^2 = (V_1^2 + V_3^2 + V_5^2 + V_7^2)(I_1^2 + I_3^2 + I_5^2 + I_7^2)$$
$$= V_1^2 I_1^2 + V_3^2 I_3^2 + V_5^2 I_5^2 + V_7^2 I_7^2 + V_1^2(I_3^2 + I_5^2 + I_7^2) + I_1^2(V_3^2 + V_5^2 + V_7^2)$$
$$+ V_3^2 I_5^2 + V_3^2 I_7^2 + V_5^2 I_3^2 + V_5^2 I_7^2 + V_7^2 I_3^2 + V_7^2 I_5^2$$

或者

$$S^2 = S_1^2 + S_3^2 + S_5^2 + S_7^2 + D_I^2 + D_V^2 + D_{35}^2 + D_{37}^2 + D_{53}^2 + D_{57}^2 + D_{73}^2 + D_{75}^2$$
$$= S_1^2 + S_N^2$$

式中

$$S_1^2 = P_1^2 + Q_1^2$$
$$S_N^2 = D_I^2 + D_V^2 + S_H^2$$

如果负载由具有电阻 r 的线路提供，则该线路中的功率损耗为

$$\Delta P = \frac{r}{V^2}(P_1^2 + Q_1^2 + D_I^2 + D_V^2 + S_H^2) = \frac{r}{V^2}(S_1^2 + S_N^2)$$

需要注意的是畸变功率和谐波功率都会对损耗有影响。

考虑如下瞬时电流和电压：

$$v_1 = \sqrt{2} \cdot 100\sin(\omega t - 0°) \quad i_1 = \sqrt{2} \cdot 100\sin(\omega t - 30°)$$
$$v_3 = \sqrt{2} \cdot 8\sin(3\omega t - 70°) \quad i_3 = \sqrt{2} \cdot 20\sin(3\omega t - 165°)$$
$$v_5 = \sqrt{2} \cdot 15\sin(5\omega t + 140°) \quad i_5 = \sqrt{2} \cdot 15\sin(5\omega t + 234°)$$
$$v_7 = \sqrt{2} \cdot 5\sin(7\omega t + 20°) \quad i_7 = \sqrt{2} \cdot 10\sin(7\omega t + 234°)$$

计算出的有功功率如表 1.4 所示。总谐波功率 $P_H = -27.46 < 0$ 由负载提供并注入功率系统。这是典型的非线性负载。大部分功率都通过基波分量提供给负载。

表 1.4 例 1.1 中的有功功率[11] （单位：W）

P_1	P_3	P_5	P_7	P	P_H
8660.00	−13.94	−11.78	−1.74	8632.54	−27.46

无功功率如表 1.5 所示。Q_5 是负数，其他都是正数。请注意，无功功率的算术和是不正确的，从而导致功率损耗也不正确。无功功率的算术和为 4984.67var。然而在 1Ω 电阻和 240V 电压

下计算的无功功率损耗为

$$\Delta P_{\mathrm{B}} = \frac{r}{V^2}(4984.67)^2 = 431.37\mathrm{W}$$

这是不正确的。应该这样计算：

$$\Delta P = \frac{V}{V^2}(Q_1^2 + Q_3^2 + Q_5^2 + Q_7^2) = 435.39\mathrm{W}$$

表 1.5　例 1.1 中的无功功率[11]　　　　　　（单位：var）

Q_1	Q_3	Q_5	Q_7
5000.00	159.39	−224.69	49.97

表 1.6 给出了产生畸变功率的交叉乘积项，表 1.7 给出了谐波视在功率的交叉乘积项。

表 1.6　例 1.1 中的畸变功率及其分量[11]　　　　（单位：var）

D_{13}	D_{15}	D_{17}	D_I
2000.00	1500.00	1000.00	2692.58
D_{31}	D_{51}	D_{71}	D_V
800.00	1500.00	500.00	1772.00

表 1.7　例 1.1 中的畸变谐波功率[11]　　　　（单位：var）

D_{35}	D_{37}	D_{53}	D_{57}	D_{73}	D_{75}
120.00	80.00	300.00	150.00	100.00	75.00

系统有 $V = 101.56\mathrm{V}$，$I = 103.56\mathrm{A}$，$\mathrm{THD_V} = 0.177$，$\mathrm{THD_I} = 0.269$，基波功率因数 $\mathrm{PF_1} = 0.866$，$\mathrm{PF} = 0.821$。

图 1.9 给出了功率分量。

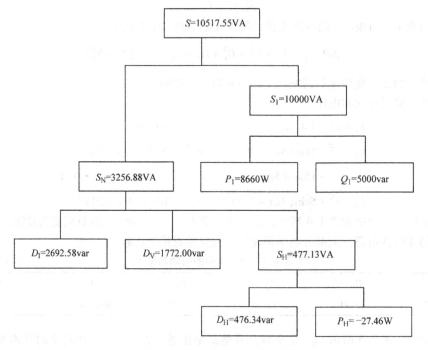

图 1.9　例 1.1 中功率分量的计算树

1.8.5　瞬时功率理论

Nabe – Akagi 瞬时无功功率 p – q 理论是基于 Clark 的分量变换[10]，并给出三相电路的功率特性。图 1.10 显示了 a – b – c 坐标变换为 α – β – 0 坐标。该理论中，在不使用傅里叶级数的情况下使用瞬时电压和电流值描述电路的功率特性。并且该理论应用于开关补偿器和有源滤波器控制。

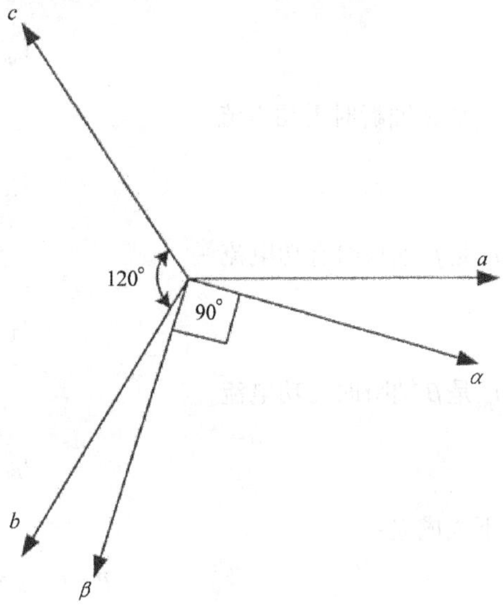

使用瞬时功率法计算所需电流，使得三相系统中的瞬时有功功率和无功功率保持不变，即有源滤波器补偿瞬时功率的变化[17]。通过线性变换，相电压 e_a、e_b、e_c 和负载电流 i_a、i_b、i_c 变换到 α – β（两相）坐标系中

$$\begin{vmatrix} e_\alpha \\ e_\beta \end{vmatrix} = \sqrt{\frac{2}{3}} \begin{vmatrix} 1 & -\frac{1}{2} & -\frac{1}{2} \\ 0 & \frac{\sqrt{3}}{2} & -\frac{\sqrt{3}}{2} \end{vmatrix} \begin{vmatrix} e_a \\ e_b \\ e_c \end{vmatrix} \tag{1.64}$$

并且

$$\begin{vmatrix} i_\alpha \\ i_\beta \end{vmatrix} = \sqrt{\frac{2}{3}} \begin{vmatrix} 1 & -\frac{1}{2} & -\frac{1}{2} \\ 0 & \frac{\sqrt{3}}{2} & -\frac{\sqrt{3}}{2} \end{vmatrix} \begin{vmatrix} i_a \\ i_b \\ i_c \end{vmatrix} \tag{1.65}$$

图 1.10　a – b – c 坐标系到 α – β – 0 坐标系的变换（p – q 理论）

瞬时实功率 p 和瞬时虚功率 q 分别被定义为

$$\begin{vmatrix} p \\ q \end{vmatrix} = \begin{vmatrix} e_\alpha & e_\beta \\ -e_\beta & e_\alpha \end{vmatrix} \begin{vmatrix} i_\alpha \\ i_\beta \end{vmatrix} \tag{1.66}$$

式中，p 和 q 不是常规的瓦特和乏的概念。p 和 q 由一相中的瞬时电压和另一相中的瞬时电流定义，如式（1.67）、式（1.68）所示：

$$p = e_\alpha i_\alpha + e_\beta i_\beta = e_a i_a + e_b i_b + e_c i_c \tag{1.67}$$

为了定义瞬时无功功率，虚功率的空间矢量定义为

$$q = e_\alpha i_\beta + e_\beta i_\alpha = \frac{1}{\sqrt{3}}[i_a(e_c - e_b) + i_b(e_a - e_c) + i_c(e_b - e_a)] \tag{1.68}$$

式（1.66）可以写成

$$\begin{vmatrix} i_\alpha \\ i_\beta \end{vmatrix} = \begin{vmatrix} e_\alpha & e_\beta \\ -e_\beta & e_\alpha \end{vmatrix}^{-1} \begin{vmatrix} p \\ q \end{vmatrix} \tag{1.69}$$

该电流被分为两种电流，式（1.69）改写为

$$\begin{vmatrix} i_\alpha \\ i_\beta \end{vmatrix} = \begin{vmatrix} e_\alpha & e_\beta \\ -e_\beta & e_\alpha \end{vmatrix}^{-1} \begin{vmatrix} p \\ 0 \end{vmatrix} + \begin{vmatrix} e_\alpha & e_\beta \\ -e_\beta & e_\alpha \end{vmatrix}^{-1} \begin{vmatrix} 0 \\ q \end{vmatrix} \tag{1.70}$$

可以将式（1.70）写为

$$\begin{vmatrix} i_\alpha \\ i_\beta \end{vmatrix} = \begin{vmatrix} i_{\alpha p} \\ i_{\beta p} \end{vmatrix} + \begin{vmatrix} i_{\alpha q} \\ i_{\beta q} \end{vmatrix} \tag{1.71}$$

式中，$i_{\alpha p}$是 α 轴瞬时有功电流

$$i_{\alpha p} = \frac{e_\alpha}{e_\alpha^2 + e_\beta^2} p \tag{1.72}$$

$i_{\alpha q}$是 α 轴瞬时无功电流

$$i_{\alpha q} = \frac{-e_\beta}{e_\alpha^2 + e_\beta^2} q \tag{1.73}$$

$i_{\beta p}$是 β 轴瞬时有功电流

$$i_{\beta p} = \frac{e_\alpha}{e_\alpha^2 + e_\beta^2} p \tag{1.74}$$

$i_{\beta q}$是 β 轴瞬时无功电流

$$i_{\beta q} = \frac{e_\alpha}{e_\alpha^2 + e_\beta^2} q \tag{1.75}$$

下式成立：

$$p = e_\alpha i_{\alpha p} + e_\beta i_{\beta p} \equiv P_{\alpha p} + P_{\beta p}$$
$$0 = e_\alpha i_{\alpha q} + e_\beta i_{\beta q} \equiv P_{\alpha q} + P_{\beta q} \tag{1.76}$$

式中，α 轴瞬时有功和无功功率为

$$P_{\alpha p} = \frac{e_\alpha^2}{e_\alpha^2 + e_\beta^2} p \quad P_{\alpha q} = \frac{-e_\alpha e_\beta}{e_\alpha^2 + e_\beta^2} q \tag{1.77}$$

β 轴瞬时有功和无功功率为

$$P_{\beta p} = \frac{e_\beta^2}{e_\alpha^2 + e_\beta^2} p \quad P_{\beta q} = \frac{e_\alpha e_\beta}{e_\alpha^2 + e_\beta^2} q \tag{1.78}$$

两轴瞬时有功功率的总和与三相电路中的瞬时有功功率一致。瞬时无功功率 $P_{\alpha q}$ 和 $P_{\beta q}$ 相互抵消，不会对从源极到负载的瞬时功率流产生影响。

考虑三相周波变换器中的瞬时功率流。源极侧的瞬时无功功率是在源极和周波变换器之间循环的瞬时无功功率，而输出侧的瞬时无功功率是周波变换器和负载之间的瞬时无功功率。因此，输入侧和输出侧的瞬时无功功率之间没有关系，输入侧的瞬时虚功率不等于输出侧的瞬时虚功率。然而，假设变换器中的功率损耗为零，则输入侧的瞬时有功功率等于实际输出功率。关于有源滤波器的应用将在第 6 章中讨论。

在参考文献 [15] 中作者批评了对三相电路错误解释的理论。根据该理论，在无功功率为零的负载电流中可能会产生瞬时虚电流，在有功功率为零的负载电流中也可能产生瞬时有功电流。

1.9 谐波的放大和衰减

源端的谐波会在电力系统中传播，并且在一定距离内对电力系统产生影响[18]。在这个过程中，谐波会被放大或衰减。电力系统中的电容器组是造成谐波放大和波形畸变的主要原因。许多不同类型的谐波源分散在整个系统中，并且由此引起的电压和电流畸变成为人们关注的问题。公用事业必须保证用电场所的电压质量，并且注入电力系统的谐波必须受到控制和限制。这方面对

以下系统尤其重要：工厂、商业配电系统，公共配电或输电系统。谐波分析需要对电力系统某一点产生的谐波进行正确估计，并且对系统部件和谐波本身进行建模以获得准确的结果，例如，适用于所有类型谐波产生的恒流注入模型可能不再准确。基于准确的谐波分析，可以在谐波源端应用有源谐波抑制策略来限制谐波。特别是在无功功率很大时，无源滤波器是另一个重要的选择。

新的功率变换技术

电力电子技术的进步可以同时提高电流波形和功率因数，并最小化滤波器的要求[19]。通常，这些系统通过高频开关来实现功率变换以获得更大的灵活性，并且还可以减少低次谐波。在高频切换中产生的畸变通常在 20kHz 以上，这些畸变不能进入系统（见第 6 章）。

参考文献中分别列出了一些关于谐波的出版物（仅限于书籍）。此外，还列出了本书其余部分适当引用的一些重要的 ANSI/IEEE 标准。

参 考 文 献

1. IEEE Working Group on Power System Harmonics. "Power system harmonics: an overview," IEEE Transactions on Power Apparatus and Systems PAS, vol. 102, pp. 2455–2459, 1983.
2. E. L. Owen, "A history of harmonics in power systems," IEEE Industry Application Magazine, vol. 4, no. 1, pp. 6–12, 1998.
3. M. E. Baran and N. R. Mahajan, "DC distribution for industrial systems: opportunities and challenges," IEEE Transactions on Industry Applications, vol. 39, no. 6, pp. 1596–1601, 2003.
4. J. G. Ciezki and R. W. Ashton, "Selection and stability issues associated with a navy shipboard DC zonal electrical distribution system," IEEE Transactions on Power Delivery, vol. 15, pp. 665–669, 2000.
5. IEEE Standard 519, IEEE recommended practices and requirements for harmonic control in power systems, 1992.
6. ANSI/IEEE Standard 446, IEEE recommended practice for emergency and standby power systems for industrial and commercial applications, 1987.
7. G. O. Calabrase. Symmetrical Components Applied to Electrical Power Networks, Ronald Press Group, New York, 1959.
8. J. L. Blackburn. Symmetrical Components for Power Systems Engineering, Marcel Dekker, New York, 1993.
9. Westinghouse. Westinghouse Transmission and Distribution Handbook, Fourth Edition, Pittsburgh, 1964.
10. J. C. Das. Power System Analysis, Short Circuit Load Flow and Harmonics, 2nd Edition, CRC Press, 2012.
11. L. S. Czarnecki. "What is wrong with Budenu's concept of reactive power and distortion power and why it should be abandoned," IEEE Transactions on Instrumentation and Measurement, vol. IM-36, no. 3, 1987.
12. IEEE Working Group on Non-Sinusoidal Situations. "Practical definitions for powers in systems with non-sinusoidal waveforms and unbalanced loads," IEEE Transactions on Power Delivery, vol. 11, no. 1, pp. 79–101, 1996.
13. IEEE Std. 1459. IEEE standard definitions for the measurement of electrical power quantities under sinusoidal, nonsinusoidal, balanced or unbalanced conditions, 2010.
14. N. L. Kusters and W. J. M. Moore. "On the definition of reactive power under nonsinusoidal conditions," IEEE Transactions on Power Applications, vol. PAS-99, pp. 1845–1854, 1980.
15. L. S. Czarnecki. Energy Flow and Power Phenomena in Electrical Circuits: Illusions and Reality. Springer Verlag, Electrical Engineering, 2000.
16. S. W. Zakikhani. "Suggested definition of reactive power for nonsinusoidal systems," IEE Proceedings, no. 119, pp. 1361–1362, 1972.
17. H. Akagi and A. Nabe. "The p-q theory in three-phase systems under non-sinusoidal conditions," ETEP, vol. 3, pp. 27–30, 1993.
18. A. E. Emanual. "On the assessment of harmonic pollution," IEEE Transactions on Power Delivery, vol. 10, no. 3, pp. 1693–1698, 1995.
19. F. L. Luo and H. Ye. Power Electronics, CRC Press, Boca Raton, FL, 2010.

电力系统谐波方面的书籍

20. E. Acha and M. Madrigal. Power System Harmonics: Computer Modeling and Analysis, John Wiley & Sons, 2001

21. J. Arrillaga, B. C. Smith, N. R. Watson and A. R. Wood. Power System Harmonic Analysis, John Wiley & Sons, 2000

22. J. Arrillaga and N. R. Watson. Power System Harmonics, 2nd Edition, John Wiley & Sons, 2003.

23. F. C. De La Rosa, Harmonics and Power Systems, CRC Press, 2006.

24. G. J. Wakileh. Power System Harmonics: Fundamentals, Analysis and Filter Design, Springer, 2001.

25. J. C. Das. Power System Analysis, Short Circuit Load Flow and Harmonics, 2nd Edition, CRC Press, 2012.

26. S. M. Ismail, S. F. Mekhamer and A. Y. Abdelaziz. Power System Harmonics in Industrial Electrical Systems-Techno-Economical Assessment, Lambert Academic Publishing, 2013.

27. A. Fadnis, Harmonics in Power Systems: Effects of Power Switching Devices in Power Systems, Lambert Academic Publishing, 2012.

28. A. Nassif, Harmonics in Power Systems-Modeling, Measurement and Mitigation, CRC Press, 2010.

29. E.W. Kimbark. Direct Current Transmission, Vol. 1, John Wiley & Sons, New York, 1971.

电能质量方面的书籍

30. J. Arrillaga, S. Chen and N. R. Watson, Power Quality Assessment, John Wiley & Sons, 2000.

31. A. Baggini, Handbook of Power Quality, John Wiley & Sons, 2008

32. M. H. J. Bollen, Understanding Power Quality Problems, IEEE, 2000.

33. B. Kennedy, Power Quality Primer, McGraw-Hill, 2000.

34. R. C. Dugan, M. F. McGranaghan and H. W. Beaty, Electrical Power Systems Quality, McGraw-Hill, 1976.

35. E.F. Fuchs and M.A.S. Masoum, Power Quality in Power Systems and Electrical Machines, Elsevier, 2008.

36. A. Ghosh and G. Ledwich, Power Quality Enhancement Using Custom Power Devices, Kulwar Academic Publishers, Norwell, MA, 2002.

37. G. T. Heydt, Electrical Power Quality, 2nd Edition, Stars in a Circle Publications, 1991.

38. A. Kusko, and M. T. Thompson, Power Quality in Electrical Systems, McGraw-Hill Professional, 2007.

39. W. Mielczarski, G. J. Anders, M. F. Conlon, W. B. Lawrence, H. Khalsa, and G. Michalik, Quality of Electricity Supply and Management of Network Losses, Puma Press, Melbourne, 1997.

40. A. Moreno-Muoz (Ed.) Power Quality Mitigation Technologies in a Distributed Environment, Springer, 2007.

41. C. Sankran, Power Quality, CRC Press, 2002.

与谐波有关的主要 IEEE 标准

42. IEEE Standard 519, IEEE recommended practices and requirements for harmonic control in power systems, 1992.

43. IEEE Standard C37.99, IEEE Guide for Protection of Shunt Capacitor Banks, 2000

44. IEEE P519.1/D9a. Draft for applying harmonic limits on power systems, 2004.

45. ANSI/IEEE Standard C37.99, Guide for protection of shunt capacitor banks, 2000.

46. IEEE P1036/D13a. Draft Guide for Application of Shunt Power Capacitors, 2006.

47. IEEE Standard C57.110. IEEE recommended practice for establishing liquid-filled and dry-type power and distribution transformer capability when supplying nonsinusoidal load currents, 2008.

48. IEEE Standard 18. IEEE standard for shunt power capacitors, 2002.

49. IEEE Standard 1531, IEEE guide for application and specifications of harmonic filters, 2003.

第 2 章　傅里叶分析

法国数学家 J. B. J. 傅里叶（1768—1830）认为，任何周期函数都可以用谐波频率正弦和余弦函数的无穷级数来表示。因为当时电气应用还未开发，所以认为这还与热量相关。我们首先定义周期函数。

2.1　周期函数

对于任意实数 t，当 T 为正数时，我们定义周期函数如下：

$$f(t) = f(t + T) = f(t + 2T) = f(t + nT) \tag{2.1}$$

式中，T 为函数的周期。

若 K 为任意整数，对于任意实数 t，$f(t + kT) = f(t)$；如果两个函数 $f_1(t)$ 和 $f_2(t)$ 周期相同，则函数 $f_3(t) = af_1(t) + bf_2(t)$，其中 a 和 b 是常数，且周期均为 T。图 2.1 为周期函数。

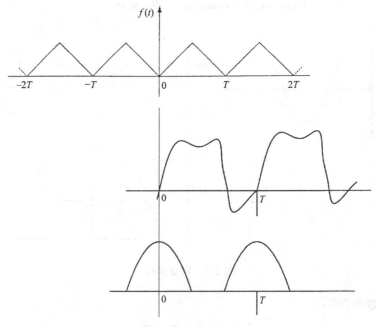

图 2.1　周期函数

函数

$$f_1(t) = \cos\frac{2\pi n}{T}t = \cos n\omega_0 t$$
$$f_2(t) = \sin\frac{2\pi n}{T}t = \sin n\omega_0 t \tag{2.2}$$

式（2.2）尤其值得关注。每个正弦曲线频率 $n\omega_0$ 是基频 ω_0 的 n 次谐波，每个频率都与周期 t 相关。

2.2 正交函数

如果

$$\int_{T_1}^{T_2} f_1(t)f_2(t) = 0 \tag{2.3}$$

两个函数 $f_1(t)$ 和 $f_2(t)$ 在区间 (T_1, T_2) 正交。

图 2.2 为周期 T 内的正交函数。需注意

$$\int_0^T \sin m\omega_0 t \, dt = 0 \quad \text{所有的 } m$$

$$\int_0^T \cos n\omega_0 t \, dt = 0 \quad \text{所有的 } n \neq 0 \tag{2.4}$$

m 个或 n 个完整周期的正弦平均值是 0；因此，以下 3 个向量交叉乘积的值也是 0。

$$\int_0^T \sin m\omega_0 t dt \cdot \cos n\omega_0 t dt = 0 \quad \text{所有的 } m,n$$

$$\int_0^T \sin m\omega_0 t dt \cdot \sin n\omega_0 t dt = 0 \quad m \neq n \tag{2.5}$$

$$\int_0^T \cos m\omega_0 t dt \cdot \cos n\omega_0 t dt = 0 \quad m \neq n$$

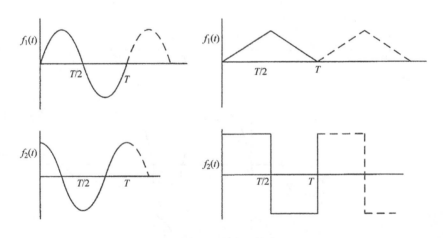

图 2.2 正交函数

$m = n$ 时，数值非零：

$$\int_0^T \sin^2 m\omega_0 t dt = T/2 \quad \text{所有的 } m$$

$$\int_0^T \cos^2 m\omega_0 t dt = T/2 \quad \text{所有的 } n \tag{2.6}$$

2.3 傅里叶级数和系数

周期函数可以扩展为傅里叶级数。级数的表达式为

$$f(t) = a_0 + \sum_{n=1}^{\infty} \left(a_n \cos\left(\frac{2\pi nt}{T}\right) + b_n \sin\left(\frac{2\pi nt}{T}\right) \right) \tag{2.7}$$

式中，a_0 是函数 $f(t)$ 的平均值，也叫作直流分量；a_n 和 b_n 是级数的系数。如式（2.7）中的级数，称为三角傅里叶级数。周期函数的傅里叶级数是不同频率的正弦分量总和。$2\pi/T$ 可以写为 ω。第 n 项 $n\omega$ 称为 n 次谐波，$n=1$ 时为基波。a_0、a_n 和 b_n 计算如下：

$$a_0 = \frac{1}{T} \int_{-T/2}^{T/2} f(t)\,\mathrm{d}t \tag{2.8}$$

$$a_n = \frac{2}{T} \int_{-T/2}^{T/2} \cos\left(\frac{2\pi nt}{T}\right)\mathrm{d}t \quad \text{对于 } n = 1,2,\cdots,\infty \tag{2.9}$$

$$b_n = \frac{2}{T} \int_{-T/2}^{T/2} \sin\left(\frac{2\pi nt}{T}\right)\mathrm{d}t \quad \text{对于 } n = 1,2,\cdots,\infty \tag{2.10}$$

式（2.8）～式（2.10）用角频率表示为

$$a_0 = \frac{1}{2\pi} \int_{-\pi}^{\pi} f(x)\,\omega t\,\mathrm{d}\omega t \tag{2.11}$$

$$a_n = \frac{1}{\pi} \int_{-\pi}^{\pi} f(x)\,\omega t \cos(n\omega t)\,\mathrm{d}\omega t \tag{2.12}$$

$$b_n = \frac{1}{\pi} \int_{-\pi}^{\pi} f(x)\,\omega t \sin(n\omega t)\,\mathrm{d}\omega t \tag{2.13}$$

得出

$$x(t) = a_0 + \sum_{n=1}^{\infty} \left[a_n \cos(n\omega t) + b_n \sin(n\omega t) \right] \tag{2.14}$$

可以写为

$$a_n \cos n\omega t + b_n \sin n\omega t = \left[a_n^2 + b_n^2 \right]^{1/2} \left[\sin\phi_n \cos n\omega t + \cos\phi_n \sin n\omega t \right]$$
$$= \left[a_n^2 + b_n^2 \right]^{1/2} \sin(n\omega t + \phi_n) \tag{2.15}$$

式中

$$\phi_n = \tan^{-1} \frac{a_n}{b_n}$$

系数可写为两个单独的等式，即

$$a_n = \frac{2}{T} \int_{0}^{T/2} x(t) \cos\left(\frac{2\pi nt}{T}\right)\mathrm{d}t + \frac{2}{T} \int_{-T/2}^{0} x(t) \cos\left(\frac{2\pi nt}{T}\right)\mathrm{d}t$$
$$b_n = \frac{2}{T} \int_{0}^{T/2} x(t) \sin\left(\frac{2\pi nt}{T}\right)\mathrm{d}t + \frac{2}{T} \int_{-T/2}^{0} x(t) \sin\left(\frac{2\pi nt}{T}\right)\mathrm{d}t \tag{2.16}$$

例 2.1：周期为 1 的周期函数的傅里叶级数定义为

$$f(x) = 1/2 + x, \quad -1/2 < x \leqslant 0$$
$$= 1/2 - x, \quad 0 < x < 1/2$$

当函数的周期不是 2π 时，要将其转换为长度 2π，自变量也相应改变。也就是说，如果函数在区间 $(-t, t)$ 内，2π 就是变量 $\pi x/t$ 的区间。因此，$z = \pi x/t$ 或 $x = zt/\pi$。$2t$ 的函数 $f(x)$ 被转换为 2π 的函数 $f(tz/\pi)$ 或 $F(z)$。让

$$f(x) = \frac{a_0}{2} + a_1 \cos\frac{\pi x}{t} + a_2 \cos\frac{2\pi x}{t} + \cdots + b_1 \sin\frac{\pi x}{t} + a_2 \sin\frac{2\pi x}{t} + \cdots$$

$$2t = 1$$

根据定义

$$a_0 = \frac{1}{1/2} \int_{-1/2}^{0} \left(\frac{1}{2} + x \right) dx + \frac{1}{1/2} \int_{0}^{1/2} \left(\frac{1}{2} - x \right) dx = 1/2$$

$$a_n = \frac{1}{t} \int_{-t}^{t} f(x) \cos \frac{n\pi x}{t} dx$$

$$= \frac{1}{1/2} \int_{-1/2}^{0} \left(\frac{1}{2} + x \right) \cos \frac{n\pi x}{1/2} dx + \int_{0}^{1/2} \left(\frac{1}{2} - x \right) \cos \frac{n\pi x}{1/2} dx$$

$$= 2 \left[\left(\frac{1}{2} + x \right) \frac{\sin 2n\pi x}{2n\pi} - (1) \left(\frac{\cos 2n\pi x}{4n^2\pi^2} \right) \right]_{-1/2}^{0} +$$

$$\quad 2 \left[\left(\frac{1}{2} - x \right) \frac{\sin 2n\pi x}{2n\pi} - (-1) \left(\frac{-\cos 2n\pi x}{4n^2\pi^2} \right) \right]_{0}^{1/2}$$

$$= \frac{2}{n^2\pi^2} \quad n \text{ 为奇数}$$

$$= 0 \quad n \text{ 为偶数}$$

$$b_n = \frac{1}{t} \int_{-t}^{t} f(x) \sin \frac{n\pi x}{t} dx$$

$$= \frac{1}{1/2} \int_{-1/2}^{0} \left(\frac{1}{2} + x \right) \sin \frac{n\pi x}{1/2} dx + \int_{0}^{1/2} \left(\frac{1}{2} - x \right) \sin \frac{n\pi x}{1/2} dx$$

$$= 2 \left[\left(\frac{1}{2} + x \right) \frac{-\cos 2n\pi x}{2n\pi} - (1) \left(-\frac{\sin 2n\pi x}{4n^2\pi^2} \right) \right]_{-1/2}^{0} +$$

$$\quad 2 \left[\left(\frac{1}{2} - x \right) \frac{-\cos 2n\pi x}{2n\pi} - (-1) \left(\frac{-\sin 2n\pi x}{4n^2\pi^2} \right) \right]_{0}^{1/2} = 0$$

代入值为

$$f(x) = \frac{1}{4} + \frac{2}{\pi^2} \left[\frac{\cos 2\pi x}{1^2} + \frac{\cos 6\pi x}{3^2} + \frac{\cos 10\pi x}{5^2} - \cdots \right]$$

2.4 奇对称

当

$$f(-x) = -f(x) \tag{2.17}$$

时，函数 $f(x)$ 称为奇函数或斜对称函数。

从 $-T/2$ 到 $T/2$ 的曲线下面积为 0，意味着

$$a_0 = 0, a_n = 0 \tag{2.18}$$

$$b_n = \frac{4}{T} \int_{0}^{T/2} f(t) \sin \left(\frac{2\pi nt}{T} \right) dt \tag{2.19}$$

图 2.3a 为具有奇对称的三角函数。傅里叶级数只包含正弦项。

2.5 偶对称

当

$$f(-x) = f(x) \tag{2.20}$$

时，函数 $f(x)$ 是偶对称函数。

这类函数的图形在 y 轴上是对称的。y 轴是曲线的镜面反射。

$$a_0 = 0, b_n = 0 \tag{2.21}$$

$$a_n = \frac{4}{T} \int_0^{T/2} f(t) \cos\left(\frac{2\pi nt}{T}\right) \mathrm{d}t \tag{2.22}$$

图 2.3b 为具有偶对称的三角函数。傅里叶级数只有余弦项。需要注意的是，通过移动原点，可以使三角函数获得奇对称和偶对称。

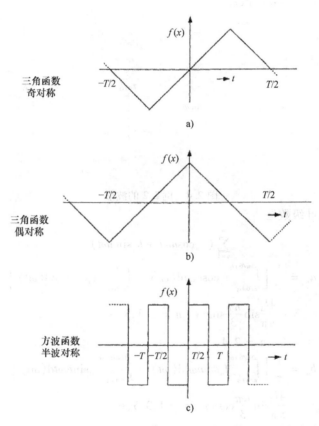

图 2.3　a）具有奇对称的三角函数；b）具有偶对称的三角函数；c）具有半波对称的方波函数

2.6　半波对称

当

$$f(x) = -f(x + T/2) \tag{2.23}$$

时，函数 $f(x)$ 称为半波对称函数。

图 2.3c 为具有半波对称的方波函数，函数周期为 $-T/2$。负半波是正半波的镜面成像，但相位由 $T/2$（或者 π rad）转换。因为函数为半波对称，所以平均值为 0。函数只有奇次谐波。

如果 n 为奇数，那么

$$a_n = \frac{4}{T} \int_0^{T/2} x(t) \cos\left(\frac{2\pi nt}{T}\right) \mathrm{d}t \tag{2.24}$$

n 为偶数时，$a_n = 0$。

对于 n 为奇数，有

$$b_n = \frac{4}{T} \int_0^{T/2} x(t) \sin\left(\frac{2\pi nt}{T}\right) \mathrm{d}t \qquad (2.25)$$

n 为偶数时，$b_n = 0$。

例 2.2：计算 6 脉冲变换器输入电流的傅里叶级数，其触发延迟角为 α。

因为波形是对称的，所以直流分量是 0。

图 2.4 为触发延迟角是 α 的波形。

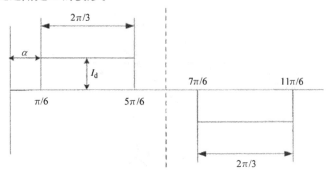

图 2.4 例 2.2 的波形

输入电流的傅里叶级数是

$$\sum_{n=1}^{\infty} (a_n \cos n\omega t + b_n \sin n\omega t)$$

$$a_n = \frac{1}{\pi} \left[\int_{\pi/6+\alpha}^{5\pi/6+\alpha} I_\mathrm{d} \cos n\omega t \,\mathrm{d}(\omega t) - \int_{7\pi/6+\alpha}^{11\pi/6+\alpha} I_\mathrm{d} \cos n\omega t \,\mathrm{d}(\omega t) \right]$$

$$= -\frac{4 I_\mathrm{d}}{n\pi} \sin\frac{n\pi}{3} \sin n\alpha \quad n = 1, 3, 5, \cdots$$

$$= 0 \quad n = 2, 4, \cdots$$

$$b_n = \frac{1}{\pi} \left[\int_{\pi/6+\alpha}^{5\pi/6+\alpha} I_\mathrm{d} \sin n\omega t \,\mathrm{d}(\omega t) - \int_{7\pi/6+\alpha}^{11\pi/6+\alpha} I_\mathrm{d} \sin n\omega t \,\mathrm{d}(\omega t) \right]$$

$$= \frac{4 I_\mathrm{d}}{n\pi} \sin\frac{n\pi}{3} \cos n\alpha \quad n = 1, 3, 5, \cdots$$

$$= 0 \quad n = 2, 4, \cdots$$

可将傅里叶级数写为

$$i = \sum_{n=1,2,\cdots}^{\infty} \sqrt{2} I_n \sin(n\omega t + \phi_n)$$

式中，i 为瞬时电流，且

$$\phi_n = \tan^{-1}\left(\frac{a_n}{b_n}\right) = -n\alpha$$

n 次谐波电流的方均根值为

$$I_{n,\mathrm{rms}} = \frac{1}{\sqrt{2}} (a_n^2 + b_n^2)^{1/2}$$

$$= \frac{2\sqrt{2} I_\mathrm{d}}{n\pi} \sin\frac{n\pi}{3}$$

基波电流的方均根值为

$$I_1 = \frac{\sqrt{6}}{\pi} I_\mathrm{d} = 0.7797 I_\mathrm{d}$$

例2.3：单相全桥作为电动机负载。假设电动机直流电是无纹波的，确定触发延迟角为 α 的输入电流（使用傅里叶分析）、谐波因数、相移因数、功率因数。

全波单相桥整流器的波形如图 2.5 所示。

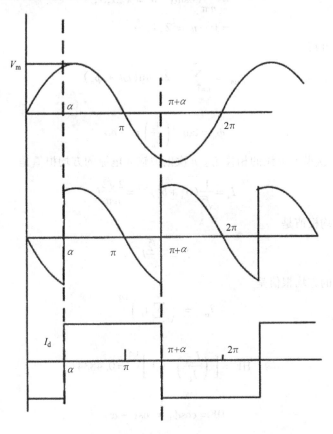

图 2.5　全控单相桥波形（例 2.3）

直流电压的平均值是

$$V_{DC} = \int_{\alpha}^{\pi+\alpha} V_m \sin\omega t \, d(\omega t) = \frac{2V_m}{\pi}\cos\alpha$$

可通过改变触发延迟角 α 控制 V_{DC} 值。

从图 2.5 可见，瞬时输入电流可以用傅里叶级数表示为

$$I_{input} = I_{DC} + \sum_{n=1,2,\cdots}^{\infty} (a_n \cos n\omega t + b_n \sin n\omega t)$$

$$I_{DC} = \frac{1}{2\pi}\int_{\alpha}^{2\pi+\alpha} i(t)\,d(\omega t) = \frac{1}{\pi}\Big[\int_{\alpha}^{\pi+\alpha} I_a\,d(\omega t) + \int_{\pi+\alpha}^{2\pi+\alpha} I_a\,d(\omega t)\Big] = 0$$

同时

$$a_n = \frac{1}{\pi}\int_{\alpha}^{2\pi+\alpha} i(t)\cos n\omega t \, d(\omega t)$$

$$= -\frac{4I_a}{n\pi}\sin n\alpha \quad n = 1,3,5,\cdots$$

$$= 0 \quad n = 2,4,\cdots$$

$$b_n = \frac{1}{\pi} \int_{\alpha}^{2\pi+\alpha} i(t) \sin n\omega t \, d(\omega t)$$

$$= \frac{4I_a}{n\pi} \cos n\alpha \quad n = 1,3,5,\cdots$$

$$= 0 \quad n = 2,4,\cdots$$

瞬时输入电流可写为

$$i_{input} = \sum_{n=1,2,\cdots}^{\infty} \sqrt{2} I_n \sin(\omega t + \phi_n)$$

式中

$$\phi_n = \tan^{-1}\left(\frac{a_n}{b_n}\right) = -n\alpha$$

$\phi_n = -n\alpha$ 是 n 次谐波电流的相移角。n 次谐波输入电流的方均根值是

$$I_n = \frac{1}{\sqrt{2}}(a_n^2 + b_n^2)^{1/2} = \frac{2\sqrt{2}}{n\pi} I_a$$

基波电流的方均根值是

$$I_1 = \frac{2\sqrt{2}}{\pi} I_d$$

因此输入电流的方均根值是

$$I_{rms} = \left(\sum_{n=1}^{\infty} I_n^2\right)^{1/2}$$

谐波因数是

$$HF = \left[\left(\frac{I_{rms}}{I_1}\right)^2 - 1\right]^{1/2} = 0.4834$$

相移因数是

$$DF = \cos\phi_1 = \cos(-\alpha)$$

功率因数是

$$PF = \frac{V_{rms} I_1}{V_{rms} I_{rms}} \cos\phi_1 = \frac{2\sqrt{2}}{\pi} \cos\alpha$$

2.7 谐波谱

方波函数的傅里叶级数是

$$f(t) = \frac{4k}{\pi}\left(\frac{\sin\omega t}{1} + \frac{\sin 3\omega t}{3} + \frac{\sin 5\omega t}{5} + \cdots\right) \tag{2.26}$$

式中，k 是函数的幅值。当基波用 1pu 表示时，n 次谐波的幅值是 $1/n$。

谐波分量的方波结构如图 2.6a 所示，图 2.6b 是以基波幅值的百分比表示的谐波谱。谐波谱表示的是谐波相对基波的相对幅值，并不表示谐波符号（正或负）或者相位角。

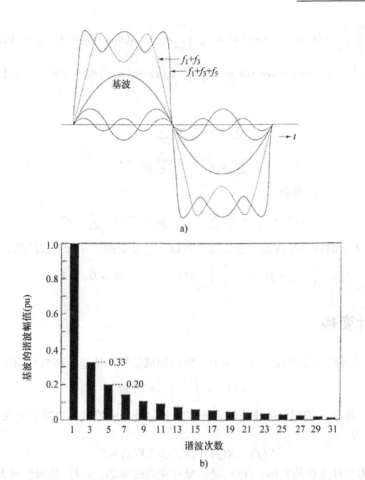

图 2.6　a）谐波分量的方波结构；b）谐波谱

2.8　傅里叶级数的复数形式

相对于参考具有幅值 A 和相位角 θ 的矢量可分解为两个大小为一半的反向旋转的矢量，即

$$|A|\cos\theta = |A/2|e^{j\theta} + |A/2|e^{-j\theta} \qquad (2.27)$$

那么

$$a_n\cos n\omega t + b_n\sin n\omega t \qquad (2.28)$$

式中

$$\cos(n\omega t) = \frac{e^{jn\omega t} + e^{-jn\omega t}}{2} \qquad (2.29)$$

$$\sin(n\omega t) = \frac{e^{jn\omega t} - e^{-jn\omega t}}{2j} \qquad (2.30)$$

由此

$$x(t) = \frac{a_0}{2} + \frac{1}{2}\sum_{n=1}^{n=\infty}(a_n - jb_n)e^{jn\omega t} + \frac{1}{2}\sum_{n=1}^{n=\infty}(a_n - jb_n)e^{-jn\omega t} \qquad (2.31)$$

在此，我们在系数中引入 n 的负值，即

$$a_{-n} = \frac{2}{T}\int_{-T/2}^{T/2} x(t)\cos(-n\omega t)\,\mathrm{d}t = \frac{2}{T}\int_{-T/2}^{T/2} x(t)\cos(n\omega t)\,\mathrm{d}t = a_n \quad n = 1,2,3,\cdots \quad (2.32)$$

$$b_{-n} = \frac{2}{T}\int_{-T/2}^{T/2} x(t)\sin(-n\omega t)\,\mathrm{d}t = -\frac{2}{T}\int_{-T/2}^{T/2} x(t)\sin(n\omega t)\,\mathrm{d}t = -b_n \quad n = 1,2,3,\cdots \quad (2.33)$$

所以

$$\sum_{n=1}^{\infty} a_n \mathrm{e}^{-jn\omega t} = \sum_{n=-1}^{\infty} a_n \mathrm{e}^{jn\omega t} \quad (2.34)$$

$$\sum_{n=1}^{\infty} jb_n \mathrm{e}^{-jn\omega t} = \sum_{n=-1}^{\infty} jb_n \mathrm{e}^{jn\omega t} \quad (2.35)$$

代入式 (2.31)，可以得到

$$x(t) = \frac{a_0}{2} + \frac{1}{2}\sum_{n=-\infty}^{\infty} (a_n - jb_n)\mathrm{e}^{jn\omega t} = \sum_{n=-\infty}^{\infty} c_n \mathrm{e}^{jn\omega t} \quad (2.36)$$

这是以指数形式表示的傅里叶级数的表达式。系数 c_n 是复杂的，并由下式给出：

$$c_n = \frac{1}{2}(a_n - jb_n) = \frac{1}{T}\int_{-T/2}^{T/2} x(t)\mathrm{e}^{-jn\omega t}\,\mathrm{d}t \quad n = 0, \pm 1, \pm 2,\cdots \quad (2.37)$$

2.9 傅里叶变换

傅里叶分析将连续周期时域信号转换为离散的频域信号。傅里叶函数可用下式表示：

$$X(f) = \int_{-\infty}^{-\infty} x(t)\mathrm{e}^{-j2\pi ft}\,\mathrm{d}t \quad (2.38)$$

如果参数 f（频率）的积分是连续的，那么式 (2.38) 可被定义为傅里叶变换。傅里叶变换用复数形式表示为

$$X(f) = R(f) + jI(f) = |X(f)|\mathrm{e}^{j\phi(f)} \quad (2.39)$$

式中，$R(f)$ 是傅里叶变换的实部；$I(f)$ 是傅里叶变换的虚部。$x(t)$ 的幅值或者傅里叶频谱为

$$|X(f)| = \sqrt{R^2(f) + I^2(f)} \quad (2.40)$$

傅里叶变换的相角为

$$\phi(f) = \tan^{-1}\frac{I(f)}{R(f)} \quad (2.41)$$

傅里叶逆变换或者傅里叶反变换可被定义为

$$x(t) = \int_{-\infty}^{\infty} X(f)\mathrm{e}^{j2\pi ft}\,\mathrm{d}f \quad (2.42)$$

傅里叶逆变换可以用来确定傅里叶变换的时域函数。式 (2.38) 和式 (2.42) 是傅里叶变换组，其关系可以表示为

$$x(t) \leftrightarrow X(f) \quad (2.43)$$

傅里叶变换组还可以写为

$$X(w) = a_1\int_{-\infty}^{\infty} x(t)\mathrm{e}^{-j\omega t}\,\mathrm{d}t$$

$$x(t) = a_2\int_{-\infty}^{\infty} X(\omega)\mathrm{e}^{j\omega t}\,\mathrm{d}\omega$$

式中，a_1 和 a_2 可以采用不同的数值，这取决于使用者，比如可以让 $a_1 = 1$ 和 $a_2 = 1/2\pi$，或者 $a_1 = 1/2\pi$，$a_2 = 1$，或者 $a_1 = a_2 = 1/\sqrt{2\pi}$，要求是 $a_1 \times a_2 = 1/2\pi$。在多数教材中，它可以被定义为

$$X(w) = \int_{-\infty}^{\infty} x(t)\mathrm{e}^{-j\omega t}\,\mathrm{d}t$$

$$x(t) = \frac{1}{2\pi}\int_{-\infty}^{\infty} X(\omega)\, e^{j\omega t}\, d\omega$$

然而，式（2.38）和式（2.42）的定义符合拉普拉斯变换。

例 2.4：定义函数为

$$
\begin{aligned}
x(t) &= \beta e^{-\alpha t} & t > 0 \\
&= 0 & t < 0
\end{aligned}
\tag{2.44}
$$

需要写出傅里叶正变换。

由式（2.38）可得

$$
\begin{aligned}
X(f) &= \int_0^{\infty} \beta e^{-\alpha t} e^{-j2\pi f t}\, dt \\
&= \frac{-\beta}{\alpha + j2\pi f} e^{-(\alpha + j2\pi f)t}\ \Big|_0^{\infty} \\
&= \frac{\beta}{\alpha + j2\pi f} = \frac{\beta\alpha}{\alpha^2 + (2\pi f)^2} - j\frac{2\pi f\beta}{\alpha^2 + (2\pi f)^2}
\end{aligned}
$$

$$R(f) = \frac{\beta\alpha}{\alpha^2 + (2\pi f)^2}$$

$$I(f) = -j\frac{2\pi f\beta}{\alpha^2 + (2\pi f)^2}$$

因此

$$X(f) = \frac{\beta}{\sqrt{\alpha^2 + (2\pi f)^2}} e^{j\tan^{-1}(-2\pi f/\alpha)} \tag{2.45}$$

式（2.45）表示的曲线如图 2.7 所示。

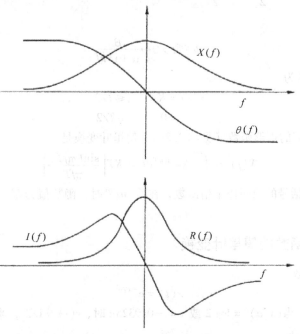

图 2.7　傅里叶变换的实部、虚部、幅值、相角（例 2.4）

例 2.5：将例 2.4 的函数转换成 $x(t)$。

傅里叶逆变换是

$$x(t) = \int_{-\infty}^{\infty} X(f) e^{j2\pi ft} df$$

$$= \int_{-\infty}^{\infty} \left[\frac{\beta\alpha}{\alpha^2 + (2\pi f)^2} - j\frac{2\pi f\beta}{\alpha^2 + (2\pi f)^2} \right] e^{j2\pi ft} df$$

$$= \int_{-\infty}^{\infty} \left[\frac{\beta\alpha\cos(2\pi ft)}{\alpha^2 + (2\pi f)^2} + \frac{2\pi f\beta\sin(2\pi ft)}{\alpha^2 + (2\pi f)^2} \right] df +$$

$$j \int_{-\infty}^{\infty} \left[\frac{\beta\alpha\sin(2\pi ft)}{\alpha^2 + (2\pi f)^2} + \frac{2\pi f\beta\cos(2\pi ft)}{\alpha^2 + (2\pi f)^2} \right] df$$

若上式为奇函数，则虚部是 0。

可以写为

$$x(t) = \frac{\beta\alpha}{(2\pi)^2} \int_{-\infty}^{\infty} \frac{\cos(2\pi tf)}{(\alpha/2\pi)^2 + f^2} df + \frac{2\pi\beta}{(2\pi)^2} \int_{-\infty}^{\infty} \frac{f\sin(2\pi tf)}{(\alpha/2\pi)^2 + f^2} df$$

当

$$\int_{-\infty}^{\infty} \frac{\cos\alpha x}{b^2 + x^2} dx = \frac{\pi}{b} e^{-ab}$$

且

$$\int_{-\infty}^{\infty} \frac{x\sin\alpha x}{b^2 + x^2} dx = \pi e^{-ab}$$

$x(t)$ 则变为

$$x(t) = \frac{\beta\alpha}{(2\pi)^2} \left[\frac{\pi}{\alpha/2\pi} e^{-(2\pi t)(\alpha/2\pi)} \right] + \frac{2\pi\beta}{(2\pi)^2} \left[\pi e^{-(2\pi t)(\alpha/2\pi)} \right]$$

$$= \frac{\beta}{2} e^{-\alpha t} + \frac{\beta}{2} e^{-\alpha t} = \beta e^{-\alpha t} \quad t > 0$$

即

$$\beta e^{-\alpha t} t > 0 \leftrightarrow \frac{\beta}{\alpha + j2\pi f} \tag{2.46}$$

例 2.6：定义函数为

$$x(t) = K \quad |t| \leq T/2$$
$$= 0 \quad |t| > T/2 \tag{2.47}$$

它是一个有限带宽的矩形函数（见图 2.8a）；傅里叶变换是

$$X(f) = \int_{-T/2}^{T/2} K e^{-j2\pi ft} dt = KT \left[\frac{\sin(\pi fT)}{\pi fT} \right] \tag{2.48}$$

式（2.48）中方括号的项叫作辛格函数，在 $f = n/T$ 时，函数值为零。零值和旁瓣如图 2.8b 所示。

2.9.1 一些常用函数的傅里叶变换

高斯函数　设函数

$$x(t) = e^{-x^2/a^2} \tag{2.49}$$

式中，a 为宽度参数。当 $(x/a)^2 = \log_e 2$ 或 $x = \pm 0.9325a$ 时，$x(t) = 1/2$，半峰全宽（FWHM）= 1.655a，如图 2.8c 所示。

$$X(f) = \int_{-\infty}^{\infty} e^{-x^2/a^2} e^{-j2\pi ft} dx$$

$$= a\sqrt{\pi} e^{-\pi^2 a^2 f^2}$$

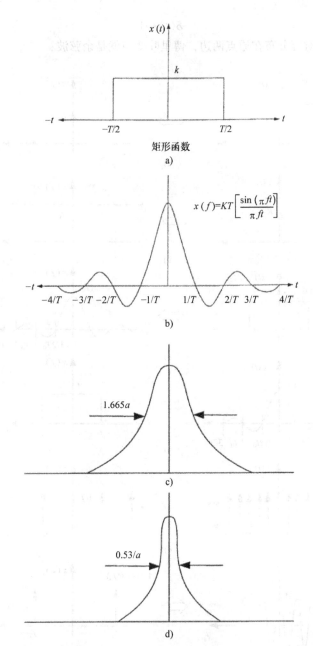

图 2.8　a）有限带宽的矩形函数；b）显示旁瓣的辛格函数；c）和 d）高斯函数及其变换

傅里叶变换是另一个宽度为 $1/(\pi a)$ 的高斯函数。

需要注意的是，原函数的半峰全宽为 $1.665a$。傅里叶变换的宽度更窄，如图 2.8d 所示。

一些常见变换　图 2.9a ~ j 是一些常见函数的傅里叶变换。

有以下变换：

（a）脉冲函数的傅里叶变换

$$x(t) = K\delta(t)$$
$$X(f) = K \tag{2.50}$$

也就是说，脉冲函数的傅里叶变换为 1。

$$\delta(t)\leftrightarrow 1 \tag{2.51}$$

一组脉冲函数，对等分布在原点两边，傅里叶变换就是余弦波：

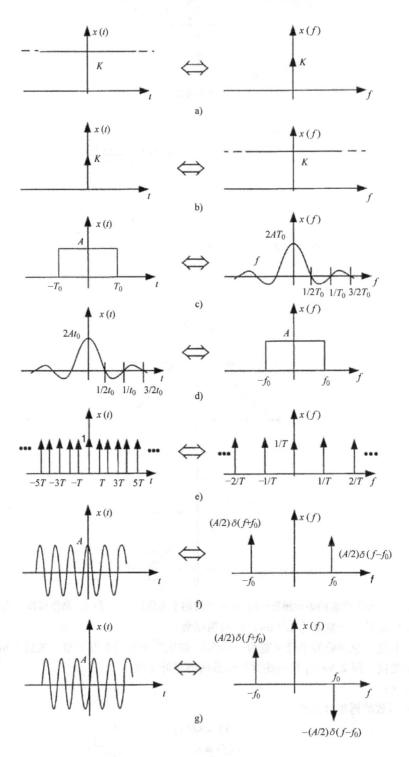

图 2.9 一些常见函数的傅里叶变换

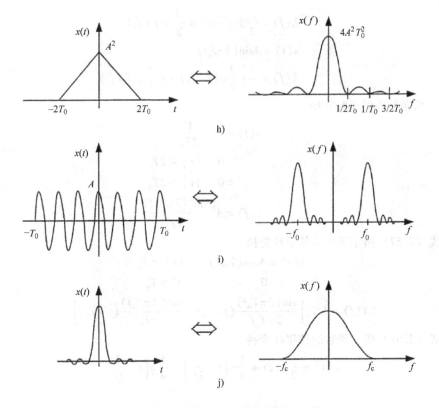

图 2.9　一些常见函数的傅里叶变换（续）

$$\delta(t-a)\delta(t+a) = e^{j2\pi fa} + e^{-j2\pi fa}$$
$$= 2\cos(2\pi fa) \tag{2.52}$$

（b）恒幅波形的傅里叶变换

$$x(t) = K$$
$$X(f) = K\delta(f) \tag{2.53}$$

（c）脉冲波形的傅里叶变换

$$x(t) = A \quad |t| < T_0$$
$$= A/2 \quad |t| = T_0$$
$$= 0 \quad |t| > T_0$$
$$X(f) = 2AT_0 \frac{\sin(2\pi T_0 f)}{2\pi T_0 f} \tag{2.54}$$

（d）（c）的反变换。

（e）脉冲距离相等时，不同序列的傅里叶变换相同。

$$x(t) = \sum_{n=-\infty}^{\infty} \delta(t - nT)$$
$$X(f) = \frac{1}{T}\sum_{n=-\infty}^{\infty} \delta\left(f - \frac{n}{T}\right) \tag{2.55}$$

（f），（g）周期函数的傅里叶变换

$$x(t) = A\cos(2\pi f_0 t)$$

$$X(f) = \frac{A}{2}\delta(f-f_0) + \frac{A}{2}\delta(f+f_0)$$

$$x(t) = A\sin(2\pi f_0 t)$$

$$X(f) = -j\frac{A}{2}\delta(f-f_0) + j\frac{A}{2}\delta(f+f_0) \qquad (2.56)$$

（h）三角函数的傅里叶变换

$$x(t) = A^2 - \frac{A^2}{2T_0}$$
$$= 0 \quad |t| < 2T_0$$
$$= 0 \quad |t| > 2T_0$$

$$X(f) = A^2 \frac{\sin^2(2\pi T_0 f)}{(\pi f)^2} \qquad (2.57)$$

（i）式（2.57）所示函数的傅里叶变换

$$x(t) = A\cos(2\pi f_0 t) \quad |t| < T_0$$
$$= 0 \qquad\qquad |t| > T_0$$

$$X(f) = A^2 T_0 \left[\frac{\sin(2\pi T_0 f)}{2\pi T_0 f}(f+f_0) + \frac{\sin(2\pi T_0 f)}{2\pi T_0 f}(f-f_0) \right] \qquad (2.58)$$

（j）式（2.58）所示函数的傅里叶变换

$$x(t) = \frac{1}{2}q(t) + \frac{1}{4}q\left(t+\frac{1}{2f_c}\right) + \frac{1}{4}q\left(t-\frac{1}{2f_c}\right)$$

式中

$$q(t) = \frac{\sin(2\pi f_c t)}{\pi t}$$

$$X(f) = \frac{1}{2} + \frac{1}{2}\cos\left(\frac{\pi f}{f_c}\right) \quad |f| \leq f_c$$
$$= 0 \qquad\qquad |f| > f_c \qquad (2.59)$$

（k）狄拉克梳状函数的傅里叶变换。狄拉克梳状函数是一组等距离 δ 函数，通常用基里尔字母 III 表示：

$$III_a(t) = \sum_{n=-\infty}^{\infty} \delta(t-na) \qquad (2.60)$$

傅里叶变换是另一种形式的狄拉克梳状函数：

$$III_a(t) \Leftrightarrow \frac{1}{a}III_{1/a}(f) \qquad (2.61)$$

2.10 狄利克雷条件

傅里叶变换不能应用于所有函数。狄利克雷条件是

- 函数 $X(f)$ 和 $f(t)$ 是二次方可积：

$$\int_{-\infty}^{\infty} [X(f)]^2 dx \quad X(f) \to 0(当 |X| \to \infty 时) \qquad (2.62)$$

这表明该函数是有限的。图 2.10a 或 b 所示的函数不符合此条件。

- $X(f)$ 和 $x(t)$ 是单值函数。图 2.10a 不符合此条件。在 A 点有 3 个值。
- $X(f)$ 和 $x(t)$ 是分段连续函数。该函数可被分成不同的部分，因此这些函数可以任意多

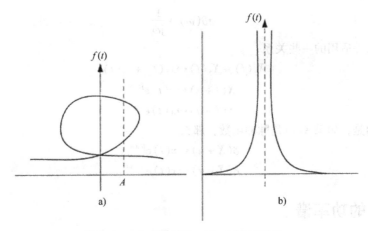

图 2.10   a)多值函数；b) 不连续函数

次独立为不连续的函数。

● 函数 $X(f)$ 和 $x(t)$ 有上限和下限。这是充分不必要条件。

多数情况下，函数都有上限和下限，所以满足狄利克雷条件。

图 2.11a 所示为符号函数，其被定义为

$$\text{sgn}(t) = -1 \quad -\infty < t < 0 \tag{2.63}$$
$$= +1 \quad 0 < t < \infty$$

除以 2 然后加 1/2，得到单位高度的赫维赛德阶跃函数。

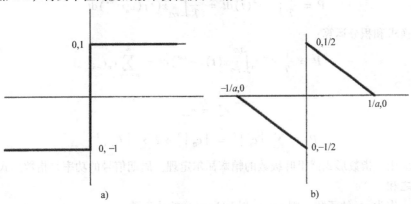

图 2.11   a)符号函数；b) 由两个遵循狄利克雷条件的函数所表示的赫维赛德阶跃函数

函数 sgn $(t)/2$ 不遵循狄利克雷条件，但是考虑到其受一组斜坡函数的限制（见图 2.11b），可认为函数 sgn $(t)/2$ 基本遵循狄利克雷条件：

$$x(t) = \lim_{a \to 0} \frac{-(at+1)}{2} \quad -1/a < x < 0$$
$$= \lim_{a \to 0} \frac{(1-at)}{2} \quad 0 < x < 1/a \tag{2.64}$$

单位阶跃函数 $u(t)$ 可按照符号函数写为

$$u(t) = \frac{1}{2} + \frac{1}{2}\text{sgn}(t)$$

它的傅里叶变换是

$$\pi\delta(\omega) + \frac{1}{j\omega}$$

狄利克雷条件适用的一些关系

$$X_1(f) + X_2(f) \leftrightarrow x_1(t) + x_2(t)$$
$$X(f+a) \leftrightarrow x(t) e^{j2\pi fa}$$
$$X(f-a) \leftrightarrow x(t) e^{-j2\pi fa} \tag{2.65}$$

需要注意的是，如果 $X(f)$ 是脉冲函数，那么

$$\delta(X+a) \leftrightarrow x(t) e^{j2\pi fa}$$
$$\delta(X-a) \leftrightarrow x(t) e^{-j2\pi fa} \tag{2.66}$$

2.11 函数的功率谱

功率谱的概念在电子工程领域非常重要。假设某点的电压随时间变化，定义该电压为 $V(t)$，设 $X(f)$ 为 $V(t)$ 的傅里叶变换，$V(t)$ 甚至可能为负。那么功率的单位频率间隔与下式成比例：

$$X(f)X(f)^* \tag{2.67}$$

带"*"是指共轭的。比例常数取决于负载阻抗。函数

$$X(f)X(f)^* = |X(f)|^2 \tag{2.68}$$

称为 $V(t)$ 的功率谱或者谱功率密度（SPD）。

使用式（2.32），P 可以写为

$$P = \frac{1}{T}\int_{-T/2}^{T/2} x^2(t)\,\mathrm{d}t = \frac{1}{T}\int_{-T/2}^{T/2} x(t)(c_n e^{jn\omega t})\,\mathrm{d}t \tag{2.69}$$

通过交换求和积分运算：

$$P = \frac{1}{T}e^{jn\omega t}c_n\int_{-T/2}^{T/2} x(t)(e^{jn\omega t})\,\mathrm{d}t = \sum_{n=-\infty}^{\infty} c_n c_{-n}$$

当

$$c_n^* = c_{-n}$$

$$P = \sum_{n=-\infty}^{\infty} |c_n|^2 = |c_0|^2 + 2\sum_{n=1}^{\infty} |F_n|^2 \tag{2.70}$$

这就是应用于指数形式傅里叶级数的帕塞瓦尔定理。周期信号的功率是指数形式傅里叶级数的分量功率之和。

将 $|c_n|^2$ 作为 $n\omega$ 的函数，则 $|c_n|^2$ 被称为 $x(t)$ 的功率谱。

例 2.7：图 2.12 所示为周期性脉冲序列的傅里叶级数。它可称为狄拉克梳状函数。

根据式（2.32）有

$$c_n = \frac{1}{T}\int_{-T/2}^{T/2} x(t) e^{-jn\omega t}\,\mathrm{d}t = \frac{Ad}{T}\mathrm{sinc}\left(\frac{n\pi d}{T}\right)$$

如果 $A=1$，$d=1/16$ 且 $T=1/4$，那么

$$c_n = \frac{1}{4}\mathrm{sinc}\left(\frac{n\pi}{4}\right)$$

然后，可得到傅里叶级数

$$\sum_{n=-\infty}^{\infty} c_n e^{jn\omega t}$$

$x(t)$ 的傅里叶变换是

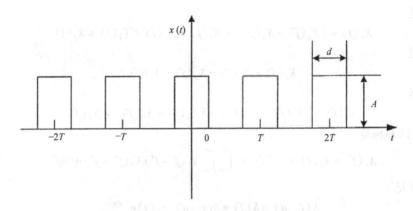

图 2.12 狄拉克梳状函数的周期性脉冲序列

$$\frac{2\pi Ad}{T}\sum_{n=-\infty}^{\infty}\mathrm{sinc}\left(\frac{n\pi d}{T}\right)\delta(\omega - n\omega_0) \quad \omega_0 = \frac{2\pi}{T}$$

该频谱在 $n=4$ 时有第一次零交点。第一次零交点的功率是

$$P_{n=4} = |c_0|^2 + 2\{|c_1|^2 + |c_2|^2 + |c_3|^2\}$$

$$= \left(\frac{1}{4}\right)^2 + \frac{2}{4^2}\left[\mathrm{sinc}^2\left(\frac{\pi}{4}\right) + \mathrm{sinc}^2\left(\frac{\pi}{2}\right) + \mathrm{sinc}^2\left(\frac{3\pi}{4}\right)\right]$$

$$= \frac{1}{16} + \frac{1}{8}(0.811 + 0.405 + 0.090) = 0.226$$

$x(t)$ 的总功率是

$$P = \frac{1}{T}\int_{-T/2}^{T/2} x^2(t)\,\mathrm{d}t = \frac{1}{4}\int_{-1/32}^{1/32} 1\,\mathrm{d}t = 0.25$$

2.12 卷积

2.12.1 时域卷积

如果

$$x_1(t) \leftrightarrow X_1(\omega)$$
$$x_2(t) \leftrightarrow X_2(\omega) \tag{2.71}$$

那么

$$x_1(t) * x_2(t) \leftrightarrow X_1(\omega)X_2(\omega) \tag{2.72}$$

这表示时域的卷积是频域卷积的倍数。通常情况下，卷积是在频域中进行的。

2.12.2 频域卷积

$$x_1(t)x_2(t) \leftrightarrow \frac{1}{2\pi}X_1(\omega) * X_2(\omega) \tag{2.73}$$

因此，一个域内的卷积运算可以转换成另一个域内的乘积运算。这使得在处理大型零维系统时，可以使用变换方法，尽管时域变得越来越有吸引力。在变换域中使用框图和信号流图，可将卷积视为代数算子。

分配律是

$$X_1(f) * [X_2(f) + X_3(f)] = X_1(f) * X_2(f) + X_1(f) * X_3(f) \tag{2.74}$$

交换律是

$$X_1(f) * X_2(f) = X_2(f) * X_1(f) \tag{2.75}$$

结合律是

$$X_1(f) * [X_2(f) * X_3(f)] = [X_1(f) * X_2(f)] * X_3(f) \tag{2.76}$$

3 个函数的卷积是

$$X_1(f) * X_2(f) * X_3(f) = \int_{-\infty}^{\infty} \int_{-\infty}^{\infty} X_1(f - f') X_2(f' - f'') \, \mathrm{d}f' \mathrm{d}f'' \tag{2.77}$$

移位定理是

$$X(f - a) = X(f) * \delta(t - a) \leftrightarrow x(t) \mathrm{e}^{-\mathrm{j}2\pi fa} \tag{2.78}$$

一对 δ 函数和另一个函数的卷积是

$$[\delta(t - a) + \delta(t + a)] * F(X) \leftrightarrow 2\cos(2\pi fa) \cdot x(t) \tag{2.79}$$

两个高斯函数的卷积是

$$\mathrm{e}^{-x^2/a} * \mathrm{e}^{-x^2/b} \leftrightarrow ab\pi \mathrm{e}^{-\pi^2 f^2(a^2 + b^2)} \tag{2.80}$$

可应用于卷积的一些关系是

$$[A(f) * B(f)] \cdot [C(f) * D(f)] \leftrightarrow [a(t) \cdot b(t)] * [c(t) \cdot d(t)] \tag{2.81}$$

注意

$$[A(f) * B(f)] \cdot C(f) \neq A(f) * [B(f) \cdot C(f)] \tag{2.82}$$

$$[A(f) * B(f) + C(f) \cdot D(f)] \cdot E(f) \leftrightarrow [a(t) \cdot b(t) + c(t) * d(t)] * e(t) \tag{2.83}$$

2.12.3 卷积导数定理

导数定理是

$$\frac{\mathrm{d}X}{\mathrm{d}f} \leftrightarrow -\mathrm{j}2\pi f x(t) \tag{2.84}$$

因此

$$\frac{\mathrm{d}}{\mathrm{d}f}[X_1(f) * X_2(f)] \leftrightarrow X_1(f) * \frac{\mathrm{d}X_2(f)}{\mathrm{d}f} = \frac{\mathrm{d}X_1(f)}{\mathrm{d}f} * X_2(f) \tag{2.85}$$

表 2.1 总结了一些傅里叶变换的表示方法，表 2.2 给出了一些有用的变换组合。

表 2.1   傅里叶变换的表示方法

名称	公式
线性	$a_1 x_1(t) + a_2 x_2(t) \Leftrightarrow a_1 X_1(\omega) + a_2 X_2(\omega)$
转换	$x(t) \Leftrightarrow X(\omega)$
对称	$X(t) \Leftrightarrow 2\pi x(-\omega)$
比率	$x(at) \Leftrightarrow (1/|a|) X(\omega/a)$
延迟	$x(t - t_0) \Leftrightarrow \mathrm{e}^{-\mathrm{j}2\pi f t_0} X(\omega)$
调制	$\mathrm{e}^{-\mathrm{j}2\pi f_0 t} x(t) \Leftrightarrow -X(\omega - \omega_0)$
时域卷积	$x_1(t) * x_2(t) \Leftrightarrow X_1(\omega) X_2(\omega)$
频域卷积	$x_1(t) x_2(t) \Leftrightarrow (1/2\pi) X_1(\omega) * X_2(\omega)$

（续）

名称	公式
时间差分	$\dfrac{\mathrm{d}^n}{\mathrm{d}t^n}x(t) \Leftrightarrow (\mathrm{j}\omega)^n X(\omega)$
时间积分	$\displaystyle\int_{-\infty}^{t}x(t)\,\mathrm{d}t \Leftrightarrow \dfrac{X(\omega)}{\mathrm{j}\omega} + \pi X(0)\delta(\omega)$
频率差分	$-\mathrm{j}tx(t) \Leftrightarrow \dfrac{\mathrm{d}X(\omega)}{\mathrm{d}\omega}$
频率积分	$\dfrac{x(t)}{-\mathrm{j}t} \Leftrightarrow \displaystyle\int X(\omega)\,\mathrm{d}\omega$

表 2.2　一些有用的变换组合

$x(t)$	$X(\omega)$
$e^{-at}u(t)$	$\dfrac{1}{a+\mathrm{j}\omega}$
$te^{-at}u(t)$	$\dfrac{1}{(a+\mathrm{j}\omega)^2}$
$\dfrac{t^{n-1}}{(n-1)!}e^{-at}u(t)$	$\dfrac{1}{(a+\mathrm{j}\omega)^n}$
$\dfrac{\omega_0}{2\pi}\mathrm{sinc}\left(\dfrac{\omega_0 t}{2}\right)$	$1,\ |\omega| < \omega_0/2$ $=0\ \ 其他$
$e^{-a|t|}$	$\dfrac{2a}{a^2+\omega^2}$
$\dfrac{1}{a^2+t^2}$	$\dfrac{\pi}{2}e^{-a|\omega|}$
$e^{-at}\sin\omega_0 t\, u(t)$	$\dfrac{\omega_0}{(a+\mathrm{j}\omega)^2+\omega_0^2}$
$e^{-at}\cos\omega_0 t\, u(t)$	$\dfrac{a+\mathrm{j}\omega}{(a+\mathrm{j}\omega)^2+\omega_0^2}$
$\sin\omega_0 t$	$\mathrm{j}\pi[\delta(\omega+\omega_0) - \delta(\omega-\omega_0)]$
$\cos\omega_0 t$	$\pi[\delta(\omega-\omega_0) + \delta(\omega-\omega_0)]$
$\displaystyle\sum_{n=-\infty}^{\infty} c_n e^{\mathrm{j}n\omega_0 t}$	$2\pi\displaystyle\sum_{n=-\infty}^{\infty} c_n\delta(\omega-n\omega_0)$

2.12.4　帕塞瓦尔定理

我们结合指数形式的傅里叶级数定义了帕塞瓦尔定理。这也叫瑞利能量定理或简称为能量定理：

$$\int_{-\infty}^{\infty} X_1(f)X_2^*(f)\,\mathrm{d}f = \int_{-\infty}^{\infty} f_1(t)f_2^*(t)\,\mathrm{d}t \tag{2.86}$$

2.13　采样波形：离散傅里叶变换

采样定理阐述的是如果对于大于特定频率 f_c 的所有频率，函数 $x(t)$ 的傅里叶变换是 0，那么连续函数 $x(t)$ 可以由采样值来唯一确定。约束条件是，对于大于 f_c 的频率，$x(t)$ 为 0，即函数在频率 f_c 处受频带限制。第二个约束条件是必须选择采样间隔，因此

$$T = 1/(2f_c) \tag{2.87}$$

频率 $1/T = 2f_c$ 被认为是奈奎斯特采样率。

混淆现象是指当采样率低时，时间函数的高频率分量可以模拟低频率分量。图 2.13 为采样点相同的高频率和低频率。在这里，高频率模拟采样点相同的低频率。

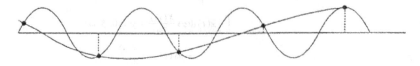

图 2.13 高频率模拟低频率以说明混淆现象

最高频率的采样率必须足够高，使最高频率至少达到一个周期两次，$T = 1/(2f_c)$。如果满足该条件，可正确表示输入信号 $x(t)$。奈奎斯特频率也被称为折叠频率。

通常情况下，时域函数可被记录为采样数据，在某一频率采样。用离散信号总和来表示傅里叶变换，离散信号的每一个采样乘以下式：

$$e^{-j2\pi f n t_1} \qquad (2.88)$$

即

$$X(f) = \sum_{n=-\infty}^{\infty} x(nt_1) e^{-j2\pi f n t_1} \qquad (2.89)$$

图 2.14 是采样时域函数和离散时域函数的频谱。

当频谱和时域函数为采样函数时，傅里叶变换对由离散量组成：

$$X(f_k) = \frac{1}{N} \sum_{n=0}^{N-1} x(t_n) e^{-j2\pi kn/N} \qquad (2.90)$$

$$X(t_n) = \sum_{k=0}^{N-1} X(f_k) e^{j2\pi kn/N} \qquad (2.91)$$

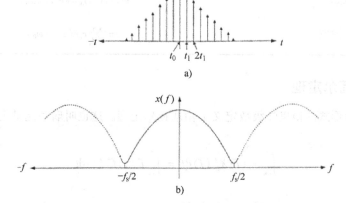

图 2.14　a)采样时域函数；b) 离散时域函数的频谱

图 2.15a 和 b 分别为离散时域函数和频域函数。离散傅里叶变换近似于连续傅里叶变换。

然而，在采用近似值时，可能会出错。设余弦函数为 $x(t)$，那么它的带有两个脉冲函数的连续傅里叶变换为 $X(f)$，$x(t)$ 和 $X(f)$ 在零频率处对称（见图 2.16a）。

通过单位幅值窗口 $w(t)$ 观察 $x(t)$ 的有限部分，$x(t)$ 带有旁瓣的傅里叶变换为 $W(f)$，如

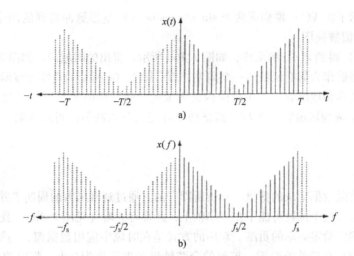

图 2.15　a)离散时域函数；b) 频域函数

图 2.16b 所示。

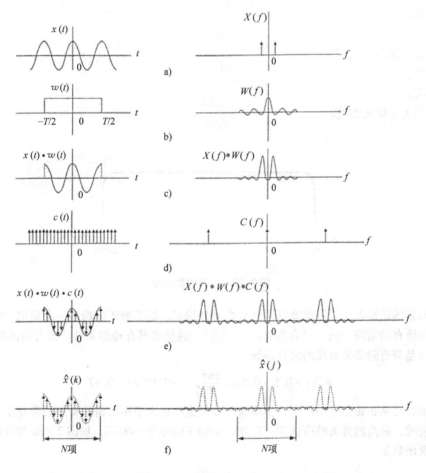

图 2.16　傅里叶系数的离散变换被视为连续傅里叶变换的被损估值[1]：
a）$x(t)$ 和傅里叶变换 $X(f)$；b）单位幅值窗口 $w(t)$ 和 $W(f)$；c）$x(t)$ 和 $w(t)$ 的卷积；
d）离散采样函数；e）$x(t)$、$w(t)$ 和 $c(t)$ 的卷积；f）基于图 e 的离散有限带宽函数

图 2.16c 显示了将 $X(f)$ 模糊成两个 $\sin x/x = \mathrm{sinc}(x)$ 整形脉冲得到的两个频率信号卷积。因此，$X(f)$ 的估值被损坏。

通过乘以 $c(t)$ 得到 $x(t)$ 的采样，如图 2.16d 所示；得出的时域函数如图 2.16e 所示。

如果将时域函数作为周期函数的一个周期，那么图 2.16e 所示的连续频域函数可变为离散函数。这使时域函数和频域函数在一定范围内是无限的、周期性的和离散的（见图 2.16f）。将时域函数的 N 项映射成频域函数的 N 项，离散傅里叶变换是该映射的可逆映射。其他问题会在后面论述。

2.13.1 泄漏

泄漏是所有有限数据记录的傅里叶分析所固有的。通过观察函数的周期 T 并忽略周期前后的数据得出数据记录。这个函数可能不在频率轴上，并带有旁瓣（见图 2.8b）。我们的目标是通过降低旁瓣泄漏来确定给定频率的贡献。常用的方式是在时域中应用数据窗，与矩形数据窗相比，该数据窗在频域中具有较低的旁瓣。扩展的余弦钟形数据窗称为 Tukey 临时数据窗，如图 2.17 所示。上升的余弦波应用于数据的前 10% 和后 10%，单位权重应用于数据中间的 90%。文献中描述了一些其他旁瓣快速下降的窗口类型。这些窗口类型如下：

- 矩形；
- 三角形；
- 余弦二次方（汉宁）；
- 汉明；
- 高斯；
- 道尔夫 – 切比雪夫。

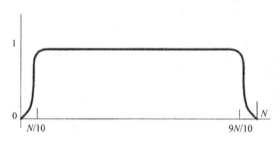

图 2.17 扩展的数据窗

周期函数的矩形窗引起零谱泄漏并具有高谱分辨率。矩形窗正好跨越一个周期，矩形窗谱除零点以外和所有的谐波一致（符合所有谐波特点）。这使得其在理想条件下没有谱泄漏。

汉明窗是带有频谱分析仪的窗口函数。

$$W(t) = 0.5 - 0.5\cos\frac{2\pi t}{T}, \qquad -0.5T < t < 0.5T \qquad (2.92)$$

这个函数很容易从正弦信号中产生。主瓣噪声频带宽度要大于矩形窗的噪声频带宽度。矩形窗和汉宁窗比较时，最高的旁瓣噪声达到 $-32\mathrm{dB}$，旁瓣下降率是 $-60\mathrm{dB}$，如图 2.18a 和 b 所示。

汉明窗函数是

$$W(t) = 0.54 - 0.46\cos\frac{2\pi t}{T}, \qquad -0.5T < t < 0.5T \qquad (2.93)$$

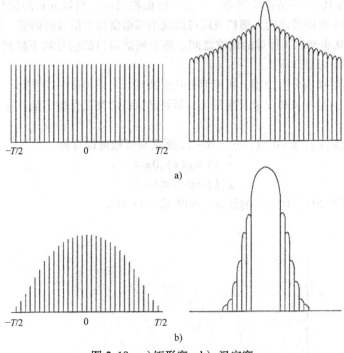

图 2.18　a)矩形窗；b) 汉宁窗

2.13.2　栅栏效应

图 2.19 为快速傅里叶变换（FFT）算法的输出与一组带通滤波器之间的类比。在理想状态下，每一个傅里叶系数都用作一个在频域中有矩形响应的滤波器，其中，矩形响应受旁瓣影响。如图 2.19 所示，绘制主瓣只是为了表示快速傅里叶变换的输出。每瓣的宽度与原记录长度成比例。

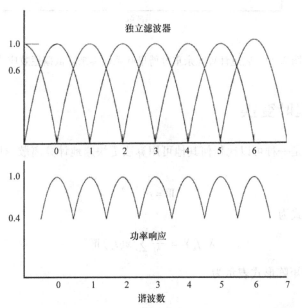

图 2.19　离散傅里叶变换傅里叶系数的响应被看作一组带通滤波器[1]

如果正在查看的信号不是正交频率，就会产生栅栏效应。当被分析的信号落在正交频率之间，例如在 3 次和 4 次谐波之间，栅栏效应可以减小频谱窗口中信号的幅值。信号多见于 3 次和 4 次谐波窗口，最坏也会在所计算的谐波之间。两个频谱窗口的信号均下降到 0.637。对此数取二次方，峰值功率下降到 0.406。

通过一组为零的样本分析数据，快速傅里叶变换算法可以得出一组系数，这些系数位于原谐波之间。由于窗口的宽度只和记录长度相关，新频谱窗口的宽度保持不变：这就意味着会有大量重叠。

设原始级数为 $g(k)$，$k = 0, 1, \cdots, N-1$，那么新级数可以写为

$$\hat{g}(k) = g(k), 0 \leqslant k < N$$
$$\hat{g}(k) = 0, N \leqslant k < 2N \tag{2.94}$$

这称为补零（见图 2.20）。功率谱的纹波从 60% 减少到 20%。

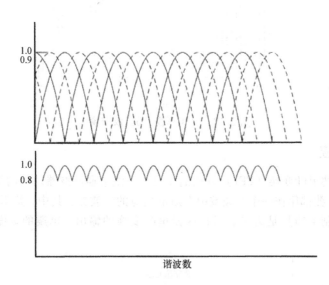

图 2.20　通过计算冗余重叠傅里叶系数集来降低栅栏效应[1]

2.14　快速傅里叶变换

快速傅里叶变换是一种可以比任何其他可用算法更快速地计算离散傅里叶变换的算法。

定义

$$W = e^{-j2\pi/N} \tag{2.95}$$

波形的频域表达式为

$$X(f_k) = \frac{1}{N} \sum_{n=0}^{N=1} x(t_n) W^{kn} \tag{2.96}$$

式（2.96）可用矩阵形式表示为

$$\begin{vmatrix} X(f_0) \\ X(f_1) \\ \cdot \\ X(f_k) \\ \cdot \\ X(f_{N-1}) \end{vmatrix} = \frac{1}{N} \begin{vmatrix} 1 & 1 & \cdot & 1 & \cdot & 1 \\ 1 & W & \cdot & W^k & \cdot & W^{N-1} \\ \cdot & & & & & \\ 1 & W^k & \cdot & W^{k2} & \cdot & W^{k(N-1)} \\ \cdot & & & & & \\ 1 & W^{N-1} & \cdot & W^{(N-1)k} & \cdot & W^{(N-1)^2} \end{vmatrix} \begin{vmatrix} x(t_0) \\ x(t_1) \\ \cdot \\ x(t_n) \\ \cdot \\ x(t_{N-1}) \end{vmatrix} \tag{2.97}$$

或者可以简单写为

$$\left[\overline{X}(f_k) \right] = \frac{1}{N} \left[\overline{W}^{kn} \right] \left[\overline{x}(t_n) \right] \tag{2.98}$$

式中，$\left[\overline{X}(f_k) \right]$ 表示频域中函数 N 个分量的矢量；$\left[\overline{x}(t_n) \right]$ 表示时域中 N 个样本的矢量。因此，从 N 个时间样本计算 N 个频率分量，需要 $N \times TN$ 次乘法。

当 $N = 4$ 时，有

$$\begin{vmatrix} X(0) \\ X(1) \\ X(2) \\ X(3) \end{vmatrix} = \begin{vmatrix} 1 & 1 & 1 & 1 \\ 1 & W^1 & W^2 & W^3 \\ 1 & W^2 & W^4 & W^6 \\ 1 & W^3 & W^6 & W^9 \end{vmatrix} \begin{vmatrix} x(0) \\ x(1) \\ x(2) \\ x(3) \end{vmatrix} \tag{2.99}$$

然而，矩阵 $\left[\overline{W}^{kn} \right]$ 的每个元素都代表 $2n/N$ 顺时针旋转的单位矢量，其中 $n = 0, 1, 2, \cdots,$ $N - 1$。当 $N = 4$ 时（如 4 个样本点），$2\pi/N = 90°$。因此

$$W^0 = 1 \tag{2.100}$$
$$W^1 = \cos\pi/2 - \mathrm{j}\sin\pi/2 = -\mathrm{j} \tag{2.101}$$
$$W^2 = \cos\pi - \mathrm{j}\sin\pi = -1 \tag{2.102}$$
$$W^3 = \cos3\pi/2 - \mathrm{j}\sin3\pi/2 = \mathrm{j} \tag{2.103}$$
$$W^4 = W^0 \tag{2.104}$$
$$W^6 = W^2 \tag{2.105}$$

因此，矩阵可以写为

$$\begin{vmatrix} X(0) \\ X(1) \\ X(2) \\ X(3) \end{vmatrix} = \begin{vmatrix} 1 & 1 & 1 & 1 \\ 1 & W^1 & W^2 & W^3 \\ 1 & W^2 & W^0 & W^2 \\ 1 & W^3 & W^2 & W^1 \end{vmatrix} \begin{vmatrix} x_0(0) \\ x_0(1) \\ x_0(2) \\ x_0(3) \end{vmatrix} \tag{2.106}$$

还可以分解成

$$\begin{vmatrix} X(0) \\ X(2) \\ X(1) \\ X(3) \end{vmatrix} = \begin{vmatrix} 1 & W^0 & 0 & 0 \\ 1 & W^2 & 0 & 0 \\ 0 & 0 & 1 & W^1 \\ 0 & 0 & 1 & W^3 \end{vmatrix} \begin{vmatrix} 1 & 0 & W^0 & 0 \\ 0 & 1 & 0 & W^0 \\ 1 & 0 & W^2 & 0 \\ 0 & 1 & 0 & W^2 \end{vmatrix} \begin{vmatrix} x_0(0) \\ x_0(1) \\ x_0(2) \\ x_0(3) \end{vmatrix} \tag{2.107}$$

由式（2.106）得出式（2.107）中的矩阵，除了第一列矢量中的第 1 行和第 2 行进行了互换。

首先，设

$$\begin{vmatrix} x_1(0) \\ x_1(1) \\ x_1(2) \\ x_1(3) \end{vmatrix} = \begin{vmatrix} 1 & 0 & W^0 & 0 \\ 0 & 1 & 0 & W^0 \\ 1 & 0 & W^2 & 0 \\ 0 & 1 & 0 & W^2 \end{vmatrix} \begin{vmatrix} x_0(0) \\ x_0(1) \\ x_0(2) \\ x_0(3) \end{vmatrix} \qquad (2.108)$$

左侧的列矢量等于式（2.107）中第二个矩阵和最后一列矢量的乘积。

元素 $x_1(0)$ 是利用 1 个复数乘法和 1 个复数加法计算得出的：

$$x_1(0) = x_0(0) + W^0 x_0(2) \qquad (2.109)$$

元素 $x_1(1)$ 也是利用 1 个复数乘法和 1 个复数加法计算得出的。需要 1 个复数加法来计算 $x_1(2)$：

$$x_1(2) = x_0(0) + W^2 x_0(2) = x_0(0) - W^0 x_0(2) \qquad (2.110)$$

因为 $W^0 = -W^2$ 和 $W^0 x_0(2)$ 已经在式（2.109）中计算，所以式（2.107）是

$$\begin{vmatrix} X(0) \\ X(2) \\ X(1) \\ X(3) \end{vmatrix} = \begin{vmatrix} x_2(0) \\ x_2(1) \\ x_2(2) \\ x_2(3) \end{vmatrix} = \begin{vmatrix} 1 & 0 & W^0 & 0 \\ 0 & 1 & 0 & W^0 \\ 1 & 0 & W^2 & 0 \\ 0 & 1 & 0 & W^3 \end{vmatrix} \begin{vmatrix} x_1(0) \\ x_1(1) \\ x_1(2) \\ x_1(3) \end{vmatrix} \qquad (2.111)$$

$x_2(0)$ 由 1 个复数乘法和加法确定：

$$x_2(0) = x_1(0) + W^0 x_1(1) \qquad (2.112)$$

$x_1(3)$ 只由 1 个复数加法计算得出，没有用到乘法。

计算需要 4 个复数乘法和 8 个复数加法。式（2.99）的计算需要 16 个复数乘法和 12 个复数加法，运算减少了。一般而言，直接算法需要 N^2 个乘法和 $N(N-1)$ 个复数加法。

当 $N = 2^\gamma$ 时，快速傅里叶变换算法简单地将 $N \times N$ 矩阵分解为 γ 矩阵，每个维数为 $N \times N$。这样做的特点是将复数乘法和加法次数最小化（见图 2.21）。

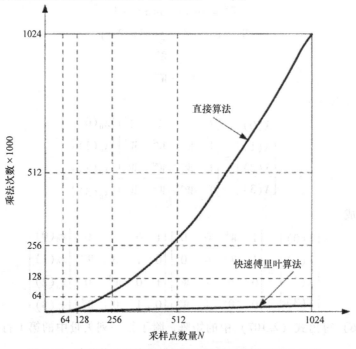

图 2.21 直接算法和快速傅里叶变换算法所需的乘法比较

矩阵分解采用差异法，不是

$$X(n) = \begin{vmatrix} X(0) \\ X(1) \\ X(2) \\ X(3) \end{vmatrix} \tag{2.113}$$

而是

$$\bar{X}(n) = \begin{vmatrix} X(0) \\ X(2) \\ X(1) \\ X(3) \end{vmatrix} \tag{2.114}$$

见式（2.106）和式（2.107）。在矩阵变换中这可以通过整理轻松纠正。

那么，$\bar{X}(n)$ 可以通过将 n 替换为其等效的二进制值来重写：

$$\bar{X}(n) = \begin{vmatrix} X(0) \\ X(2) \\ X(1) \\ X(3) \end{vmatrix} = \begin{vmatrix} X(00) \\ X(10) \\ X(01) \\ X(11) \end{vmatrix} \tag{2.115}$$

如果将二进制位翻转，那么

$$\bar{X}(n) = \begin{vmatrix} X(00) \\ X(10) \\ X(01) \\ X(11) \end{vmatrix} \quad \text{翻转} \quad \begin{vmatrix} X(00) \\ X(01) \\ X(10) \\ X(11) \end{vmatrix} = X(n) \tag{2.116}$$

2.14.1 信号流图

式（2.111）可以转化成一个信号流图，如图 2.22 所示。数据矢量或数组 $x_0(k)$ 由图形左侧的垂直列表示。节点的第二个垂直阵列是矢量 $x_1(k)$，下一个矢量是 $x_2(k)$。当 $N = 2^\gamma$ 时，将

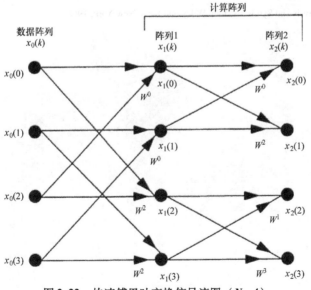

图 2.22 快速傅里叶变换信号流图（$N = 4$）

有 γ 个计算数组。每个节点由两条实线表示，代表来自先前节点的传输路径。路径从一个阵列中的一个节点发送或引入一个数量，将数量乘以 W^p，并输入到下一个数组中的节点。因数 W^p 的缺失意味着该因数值为 1。信号流图是表示因式矩阵快速傅里叶变换算法所需的计算的一种简洁方法。

参考文献［2－19］提供了补充阅读。

参 考 文 献

1. G. D. Bergland. "A guided tour of the fast fourier transform". IEEE Spectrum, pp. 41–52, July 1969.
2. J. F. James, A student's Guide to Fourier Transforms, 3rd Edition, Cambridge University Press, UK, 2012.
3. I. N. Sneddon, Fourier Transforms, Dover Publications Inc. New York, 1995.
4. H. F. Davis, Fourier Series and Orthogonal Functions, Dover Publications, New York, 1963.
5. R. Roswell, Fourier Transform and Its Applications, McGraw-Hill, New York, 1966.
6. R.N. Bracewell, Fourier Transform and Its Applications, 2nd Edition, McGraw-Hill, New York, 1878.
7. E. M. Stein, R. R. Shakarchi, Fourier Analysis (Princeton Lectures in Analysis), Princeton University Press, NJ, 2003.
8. B. Gold, C. M. Rader, Digital Processing of Signals, McGraw Hill, New York, 1969.
9. A. V. Oppenheim, R. W. Schafer, and T. G. Stockham, "Nonlinear filtering of multiplied and convoluted signals," IEEE Transactions on Audio and Electroacoustics, vol. AU-16, pp. 437–465, 1968.
10. P. I. Richards, "Computing reliable power spectra," IEEE Spectrum, vol. 4, pp. 83–90, 1967.
11. J.W. Cooley, P.A.W Lewis, and P.D. Welch, "Application of fast Fourier transform to computation of Fourier Integral, Fourier series and convolution integrals," IEEE Transactions on Audio and Electroacoustics, vol. AU-15, pp. 79–84, 1967.
12. H. D. Helms, "Fast Fourier transform method for calculating difference equations and simulating filters," IEEE Transactions on Audio and Electroacoustics, vol. AU-15, pp. 85–90, 1967.
13. G. D. Bergland, "A fast Fourier transform algorithm using base 8 iterations," Mathematics of Computation, vol.22, pp. 275–279, 1968.
14. J. W. Cooley, Harmonic analysis complex Fourier series, SHARE Doc. 3425, 1966.
15. R. C. Singleton, "On computing the fast Fourier transform," Communication of the ACM, vol. 10, pp. 647–654, 1967.
16. R. Yavne, An economical method for calculating the discrete Fourier transform, Fall Joint Computer Conference, IFIPS Proceedings on vol. 33, pp. 115–125, Spartan Books, Washington DC.
17. J. Arsac, Fourier Transform, Prentice Hall, Englewood Cliffs, NJ, 1966.
18. G. D. Bergland, "A fast Fourier algorithm for real value series," Numerical Analysis, vol. 11, no. 10, pp. 703–710, 1968.
19. F. F. Kuo, Network Analysis and Synthesis, John Wiley and Sons, New York, 1966.

第3章 谐波产生1

谐波不仅可以由非线性电子负载产生，而且还能通过传统的电力设备，如变压器、电动机、发电机产生。正常工作时开关的饱和及瞬变也会引起谐波。

在第1章中，我们指出谐波是电能质量问题的主要关注点之一。表3.1归纳了电能质量的主要问题。电能质量是指从几纳秒（例如雷击）到稳态的各种电磁现象。IEEE SCC2（标准协调委员会22）为协调美国电能质量标准做出了主要贡献。IEC（国际电工委员会）和美国及 IEC 与 CIGRE（国际大电网会议）在术语定义上有一些分歧。表3.1给出了电磁现象的分类，表10.1（第10章）为 IEC 中涉及电磁兼容的主要标准。本书主要关注条款1.0和条款2.0中涉及谐波的部分，其他的电能质量问题在书中没有讨论。

表 3.1 主要的电能质量问题

编号	分类	频率范围	典型时间	典型电压大小
1	波形畸变			
	直流偏移	$0 \sim 5000$Hz	稳态	$0\% \sim 0.25\%$
	谐波	$0 \sim 6$kHz	稳态	$0\% \sim 30\%$
	间谐波	宽波段	稳态	$0\% \sim 5\%$
	开槽		稳态	
	噪声共模和普通模式		稳态	
2	电压波动		间歇的	$0.1\% \sim 7\%$
	闪变		稳态	P_{st} 和 P_{lt}
	电压不平衡			$0.5\% \sim 4\%$
3	瞬变脉冲			
	纳秒级脉冲	5ns 上升	<50ns	
	微秒级脉冲	1μs 上升	50ns ~ 1ms	
	毫秒级脉冲	0.1ms 上升	> 1ms	
4	瞬态振荡			
	低频振荡	<5kHz	$0.3 \sim 50$ms	$0 \sim 4$pu
	中频振荡	$5 \sim 500$kHz	20μs	$0 \sim 8$pu
	高频振荡	0.5% MHz	5μs	$0 \sim 4$pu
5	短时间变换			
	a. 瞬间			
	中断		$0.5 \sim 30$ 个周期	<0.1pu
	暂降		$0.5 \sim 30$ 个周期	$0.1 \sim 0.9$pu
	暂升		$0.5 \sim 30$ 个周期	$1.1 \sim 1.8$pu
	b. 瞬时			
	中断		30 个周期 ~ 3s	<0.1pu
	暂降		30 个周期 ~ 3s	$0.1 \sim 0.9$pu
	暂升		30 个周期 ~ 3s	$1.1 \sim 1.4$pu
	c. 短暂			
	中断		3s ~ 1min	<0.1pu
	暂降		3s ~ 1min	$0.1 \sim 0.9$pu
	暂升		3s ~ 1min	$1.1 \sim 1.2$pu
6	长时间变化			
	持续中断		1min	0.0pu
	欠电压		1min	$0.8 \sim 0.9$pu
	过电压		1min	$1.1 \sim 1.2$pu
7	频率变化		<10s	

3.1 变压器中的谐波

变压器中的谐波起因于饱和（故障后产生的剩余磁通或者俘获磁通）、开关切换、高磁通密度（高压导致的饱和）、绕组联结和接地。例如，对未接地的 Yy 联结变压器中出现的振荡中性点现象会进一步讨论。

3.1.1 双绕组变压器线性模型

双绕组变压器模型如图 3.1a 所示。图中给出了变压器连接到二次绕组负载的等效电路（为简单起见，仅给出了单相双绕组变压器）。I_2 为端电压 V_2、延迟功率因数角 ϕ_2 处的负载电流。电压 V_1 激励一次绕组产生变化的磁链。虽然变压器中的线圈通过交错绕组紧密耦合，并缠绕在高磁导率的磁性材料上，但一次绕组产生的磁通都不会与二次绕组链接。绕组的漏磁通产生漏抗。Φ_m 是主磁通或互感磁通，假定为常数。在二次绕组中，理想变压器由于互感磁通而产生电动势 E_2，而在一次绕组中感应的电动势 E_1 与二次绕组中 E_2 相反。即使在无负载的情况下，也必须有一次励磁电流，去激发铁心产生一个在时间上同相位的磁通。铁心的磁通脉冲会产生损耗。考虑到空载电流是正弦的（在磁饱和的情况下不是这样），由于磁滞和涡流，它必定含有磁心损耗：

$$I_0 = \sqrt{I_m^2 + I_e^2} \tag{3.1}$$

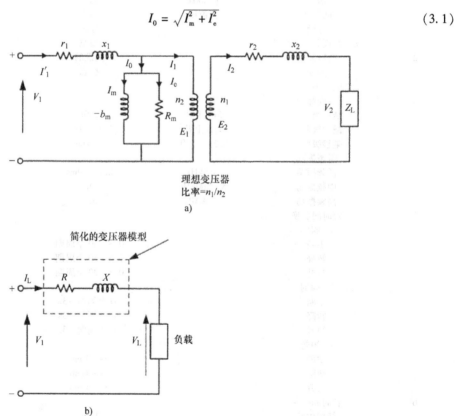

图 3.1 a)变压器双绕组的等效电路；b) 简化的等效电路

式中，I_m 是励磁电流；I_e 是电流的磁心损耗；I_0 是空载电流。I_m 和 I_e 的相位是正交的。由磁通

量 $\varPhi_m$ 产生的电动势由下式给出：

$$E_2 = 4.44 f n_2 \varPhi_m \tag{3.2}$$

式中，当 $\varPhi_m$ 用 Wb/m^2 表示时，E_2 用 V 表示；n_2 为二次匝数；f 为频率。当一次安培匝数等于二次安培匝数，即 $E_1 I_1 = E_2 I_2$ 时，有

$$\frac{E_1}{E_2} = \frac{n_1}{n_2} = n$$

$$\frac{I_1}{I_2} \approx \frac{n_2}{n_1} = \frac{1}{n} \tag{3.3}$$

式（3.3）在空载电流很小时成立。在一次侧，需考虑电流的空载分量，一次电压为 $-E_1$（抵消感应电动势），$I'_1 r_1$ 和 $I'_1 x_1$ 是电阻和电感（滞后的功率因数）在一次侧的压降。在二次侧，端电压由感应电动势 E_2 给出，二次侧的 $I_2 r_2$ 和 $I_2 x_2$ 压降较小。图 3.2a 是图 3.1a 的相量图[1-3]。

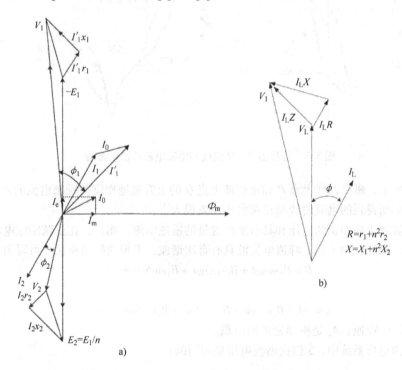

图 3.2　a) 图 3.1a 等效电路的相量图；b) 图 3.1b 对应的相量图

通过将变压器的二次参数变换到一次侧再乘以匝数比的二次方，并忽略励磁和涡流分量，将得到非常简化的模型结果，如图 3.1b 所示，其相量图如图 3.2b 所示。由制造商指定的百分比阻抗和 X/R 比就是基于此模型。该模型适用于线性基波频率的潮流计算，但不适用于谐波分析。作者《无源滤波器设计》一书中第 2 章讨论了合适的变压器模型。

磁滞损耗的表达式是

$$P_h = K_h f B_m^s \tag{3.4}$$

式中，K_h 是常数；s 是斯坦梅茨指数，取值从 1.5 ~ 2.5 不等，取决于磁心的材料，一般取为 1.6。

涡流损耗是

$$P_e = K_e f^2 B_m^2 \tag{3.5}$$

式中，K_e 是常数。涡流损耗发生在铁心叠片、导线、槽和夹板中。磁心损耗是涡流和磁滞损耗之和。如图 3.2a 所示，主功率因数角 $\phi_1 > \phi_2$。

3.1.2 $B-H$ 曲线和励磁电流峰值

从经济性考虑，设计制造变压器时使其接近磁性材料饱和曲线的拐点。$B-H$ 曲线和励磁电流波形如图 3.3 所示。

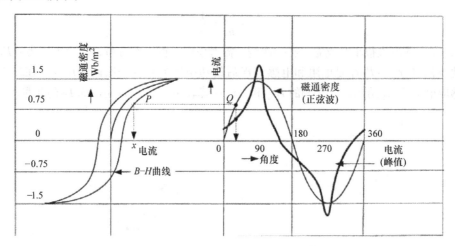

图 3.3　变压器 $B-H$ 曲线和励磁电流峰值的推导

如图 3.3 所示，磁滞回线上点 P 和正弦波上点 Q 的上升磁通密度为励磁电流的 x 倍。如果多绘制一些点，则所得到的电流曲线与正弦曲线相差很大[4]。

正弦磁通波源于外加正弦电压和具有谐波含量的励磁电流。相反，在正弦励磁电流下，感应电动势为峰值，磁通波为平顶。峰值电流波具有奇次谐波，平坦的磁通密度波可写为

$$B = B_1\sin\omega t + B_3\sin3\omega t + B_5\sin5\omega t + \cdots \tag{3.6}$$

由此得出

$$e = \omega A_c\left(B_1\cos\omega t + B_3\cos3\omega t + B_5\cos5\omega t + \cdots\right) \tag{3.7}$$

式中，e 的单位为 V/匝；A_c 是磁通密度的面积。

在三相平衡电压系统中，3 倍次谐波电压是相同的：

a 相中

$$v_3\sin(3\omega t + \alpha_3) \tag{3.8}$$

b 相中

$$v_3\sin\left[3(\omega t - 120°) + \alpha_3\right] = v_3\sin(3\omega t + \alpha_3) \tag{3.9}$$

c 相中

$$v_3\sin\left[3(\omega t - 240°) + \alpha_3\right] = v_3\sin(3\omega t + \alpha_3) \tag{3.10}$$

所有的 3 次谐波和 3 倍次谐波处于相同的时间。

3.1.3 变压器结构和绕组联结的影响

如果 3 次谐波阻抗可以忽略不计，则仅需要一个非常小的 3 次谐波电动势叠加到基频中来产生励磁电流，从而保持正弦磁通。变压器的零序阻抗根据绕组联结、结构、外壳或磁心类型、三柱或五柱而变化。

单相变压器：对于正弦电源电压和磁通，电源本身不能产生 3 次谐波电流。变压器必须通过 3 倍磁通量产生 3 倍频电动势，该电动势由通过变压器的 3 次谐波电流、一次绕组的供电系统、变压器和二次绕组的负载产生。如果与变压器的 3 次谐波阻抗相比，电源阻抗可以忽略不计，那么 3 次谐波电压将与相应的阻抗上的压降平衡，并且少量 3 次谐波电压将会出现在线路上。这些说明也适用于其他谐波，也就是说，如果某个谐波的阻抗较低，那么在该阻抗下产生的谐波电压也会很低。

三相组合式变压器：在三相组合式变压器中，磁路间没有连接，通过每相连接产生所需的磁通。

在 Dd 联结的三相变压器中，5 次、7 次、11 次等的谐波产生相互偏移 120° 的电压，而 3 倍次谐波同相。相位的三角形接法形成 3 倍次谐波的闭合路径，并且将在三角形中循环相应的谐波电流，但实际线路中不存在这种电压。Yd 和 Dy 接法也是同理。

在没有中性线的 Yy 联结中，因为所有 3 倍次谐波都是向内或向外引导的，所以它们在线路之间相互抵消，没有 3 次谐波电流流过，并且变压器中的磁通波是平滑的。对星形联结，中性点的影响是使其以基频的 3 倍振荡，引起相电压的畸变，如图 3.4 所示，这被称为振荡中性点现象。实际上，现实中并不使用没有接地的 Yy 联结变压器。即使一次和二次绕组都接地，采用三角形联结的第三绕组也被用在 Yy 联结变压器中，用于稳定中性点电位。

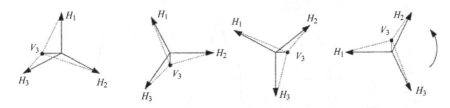

图 3.4　Yy 联结的未接地三相变压器中的振荡中性点现象[1]

在有接地中性点的 Yy 联结中，中性点允许通过同相位的 3 次谐波电流。

三角形联结中的第三绕组会抑制 3 次谐波电流。通常，第三绕组可以设计成在不同电压下提供负载。

三相变压器：我们可以将变压器分为心式变压器和壳式变压器，这两种变压器有不同特性的零序电流。图 3.5 所示为心式和壳式变压器的基本结构。

在心式变压器（图 3.5a）中，磁心中的磁通都以另外两个磁心为自己的回路，即相位的磁路通过另外两个并联的相位完成。每相磁心和磁轭的励磁电流都不尽相同，尽管这种差异并不显著，因为磁轭的磁阻仅为总磁心磁阻的一小部分。然而，零序磁通或 3 倍次谐波磁通将在每个核心支路上沿同方向传导。3 倍次谐波磁通返回路径穿过绝缘介质和变压器油箱（图 3.5a）。有时采用五柱结构（图 3.5c）为零序磁通提供返回路径。

壳式结构更加坚固耐用，价格昂贵，一般用于大型变压器。在三相组合式变压器或壳式结构中，磁路本身是完整的，没有相互作用（图 3.5b）。

3.1.4　心式变压器谐波控制

饱和的三柱心式变压器励磁电流（见图 3.5d 所示的波形）具有很强的 5 次谐波，3 次谐波被变压器联结方式所消除，且通过提供给 3 次谐波的高磁阻使磁通几乎成为正弦曲线（图 3.5a）。如果是五柱式变压器（图 3.5c），则 3 次谐波磁通由两端的铁柱提供，它的磁通波形是平坦的。图 3.5e 显示了 5 次谐波是反转的。这样设计使得变压器具有中间磁阻，可以消除 5 次谐波

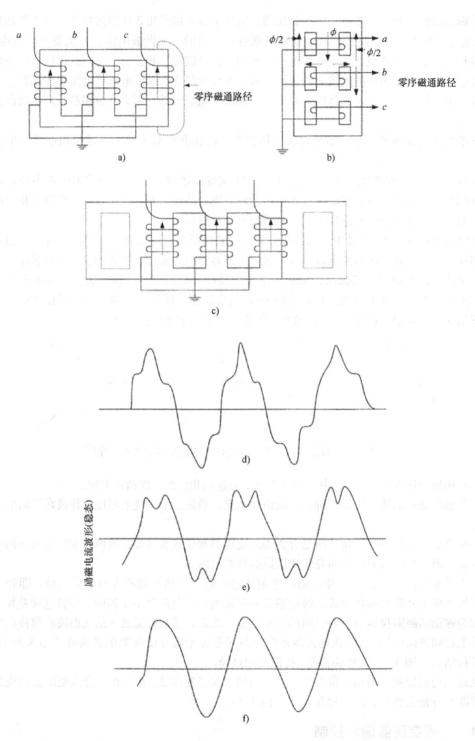

图 3.5　a）心式变压器，零序磁通路径；b）壳式变压器，零序磁通路径；
c）用于消除谐波的五柱式变压器；d）心式变压器励磁电流；
e）五柱心式变压器励磁电流；f）理想轭式磁阻五柱变压器励磁电流。
图 3.5d、e 和 f 仅适用于心式 Yy 联结变压器（稳态下的励磁电流）。

（图 3.5f）。该方法适用于 Yy 联结、绝缘中性点联结或星形/曲折形联结变压器，但不适用于三角形联结变压器。

如果将 Yy 联结变压器和 Dd 联结变压器并联，那么这样的连接将抑制线路中的 5 次和 7 次谐波，因为它们在两个变压器中处于相反的状态。需注意的是，这里我们不讨论励磁浪涌电流。

电力变压器在稳态运行中产生的谐波电流非常小，并且可以通过设计和变压器绕组联结方式得到控制。5 次和 7 次谐波可能小于变压器满载电流的 0.1%，3 次谐波可通过变压器联结方式或五柱式的设计消除。

3.2 变压器的运行

给电力变压器通电会产生包含直流分量的高次谐波。变压器的二次电路开路时，它的作用将类似于电抗，在每一瞬间施加的电压必须由励磁电流磁通在铁心上产生的电动势、电阻和漏电抗的压降来平衡。图 3.6a ~ c 显示了电力变压器通电的三个条件：①开关在电压峰值处闭合，并且铁心最初没有磁性；②开关在零值电压处断开，铁心消磁；③由于磁性材料的顽磁性，导致铁心中有剩余的残留磁场。电动势需要在瞬间产生并且磁通具有最大的变化率。当开关在电压峰值处闭合时，磁通和电动势波就呈现出感应电路中正常的关系（见图 3.6a）。在三相电路中，当电压偏移 120°时，开关最多只能在一个相位的最大电压下闭合。请注意，开关关闭的瞬间是无法控制的。因此，实际情况如图 3.6b 所示。在实际情况下，依据切换之前的情况而不同，变压器铁心确实保留了剩余磁通量，比如，短路后通电将会吸收很多剩余的磁通量。图 3.6d 给出了这三个条件下的磁滞回线，图 3.6e 给出了浪涌电流波形，它类似于整流电流，电流峰值可以达到变压器满载时的 8 ~ 15 倍，一般取决于所选用变压器的尺寸。由于导体和铁心加热引起的不对称损耗迅速地将磁通波降低到沿时间轴对称，典型的浪涌电流持续 0.1 ~ 0.2s。在存在电容的情况下，浪涌电流的大小及其持续时间可能会增加，请参见作者《无源滤波器设计》中的第 1 章内容。

3.2.1 变压器的直流铁心饱和

当变压器以不平衡的触发延迟角或在地磁瞬变的情况下为三相变换器负载供电时，变压器铁心可能会包含直流磁通（3.3.4 节）。在此情况下，励磁电流将包含电流的直流分量、奇次谐波和偶次谐波。变压器励磁电流产生的典型谐波如图 3.7 所示，由图可见励磁电流包含直流饱和的谐波。

直流分量也可能由于磁心中的不平衡磁通而产生，也就是说，其中一相可能会获得比其他两相更高的剩磁，这种情况可能在不对称故障消除和随后的变压器起动之后发生。产生的基频电压由下式给出：

$$V = 4.44 f T_{ph} B_m A_c \tag{3.11}$$

式中，T_{ph} 是相中的匝数；B_m 是铁通密度（由基波和高次谐波组成）；A_c 是铁心的面积。为了保持磁通密度，V/f 的比值应该保持在 1，考虑到额定电压上升频率不变意味着磁通的增加，因子 V/f 衡量的是过励磁。但事实上，这些电流并不会导致任何意义上的波形畸变。励磁电流跟随电压迅速增加，标准规定变压器必须能够施加 110% 的电压而不会过热。在某些系统的不稳定条件下，变压器可能承受更高的电压和过励磁。

例 3.1：使用 EMTP 软件模拟 10MVA、Dy 联结变压器中星形绕组接地电阻的开关电流瞬变值。系统配置如图 3.8a 所示，图中显示变压器已连接电源（13.8kV）和零序阻抗。图 3.8b 显示了三相绕组中浪涌电流的变化。B 相最大峰值浪涌电流为 600A，138 kV、10MVA 变压器的负载

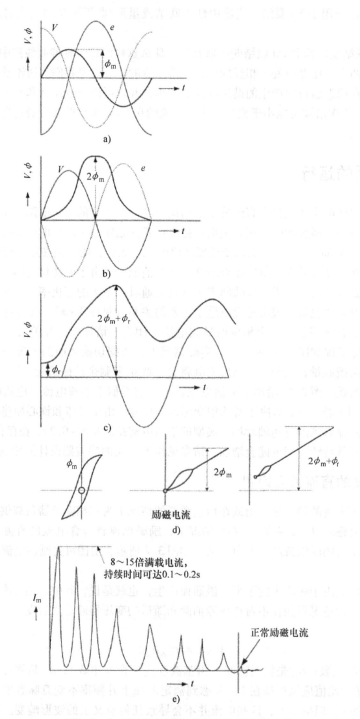

图3.6 与变压器的开关瞬变的浪涌电流有关

电流为41.8A。因此，浪涌电流大约是满载电流的10倍。

3.2.2 和应浪涌电流

假设在同一母线上的一次侧连接"A"与"B"两个三相变压器。变压器A后接额定负载，

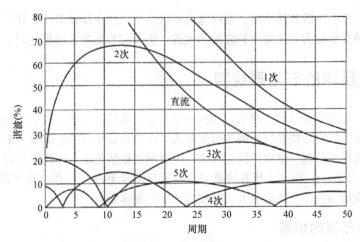

图 3.7　直流饱和的变压器浪涌电流的谐波分量（资料来源：西屋培训中心，
课程编号 C/E57，电力系统谐波）

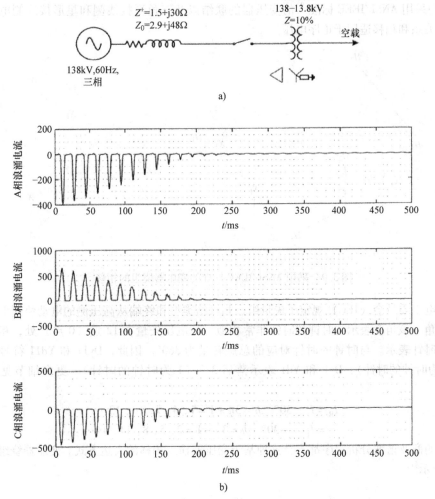

a)

b)

图 3.8　a）用于 EMTP 模拟 10 MVA 变压器浪涌电流的系统配置；b）三相开关浪涌电流（例 3.1）

而变压器 B 离线。当变压器 B 接入时，浪涌电流不仅会出现在变压器 B 中，还会出现在变压器 A 的线电流中，这种现象称为变压器的和应浪涌电流。更多细节见参考文献 [5]。

3.3 三相变压器的三角形绕组

假设变压器一次绕组是三角形联结，二次绕组是星形联结且接地，在二次绕组上接有非线性负载。这些负载可能具有一些非特征的 3 倍次谐波。在三角形绕组的电源线上不会出现三倍次谐波，因为三角形接线会抑制 3 倍次谐波。因此，一次侧三角形绕组上的谐波形态与二次侧上的谐波形态有所不同。实际上，市面上所有的谐波分析程序都能够使用三角形接线消除 3 倍次谐波，同时也能考虑到变压器在一次侧接线方式对相角产生的相移影响。

3.3.1 三相变压器的相移

多相变压器的角位移是指中性点（真实的或假想的）与低压（中压）绕组线路端子的电压相量对该中性点与高压绕组相应线路端子间电压相量的角度差。采用 ANSI/IEEE 标准[3]制造的变压器，不论低压侧是星形还是三角形联结，相对于高压侧相电压矢量有滞后 30°的相移。图 3.9 所示为采用 ANSI/IEEE 标准[3]的变压器的联结以及三角形接线侧和星形接线侧电压的相量图。这些关系和相移适用于正序电压。

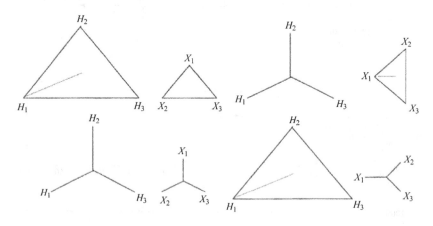

图 3.9 采用 ANSI/IEEE 标准的变压器绕组的相移[3]

国际电工委员会（IEC）规定了矢量组、相联结类型和终端从高压侧的电动势到低压侧电动势的超前角。该角度表示与时钟的时针非常相似，高电压矢量在 12 点（0 点）处，相应的低电压矢量用时钟表示。与时钟的时针对应的总旋转量为 360°。因此，Dy11 和 Yd11 符号表示超前 30°（11 为时钟的时针），Dy1 和 Yd1 表示落后 30°（1 为时钟的时针）。更多细节见参考文献 [2, 6]。

$$I_H = I_L < 30° \quad h = 3n + 1 = 1, 4, 7, 10, 13\cdots$$
$$= I_L < -30° \quad h = 3n - 1 = 2, 5, 8, 11, 14\cdots$$

所有的商业谐波分析程序都支持这种基于变压器输入相移的表达方式。变压器绕组的相移如图 3.10 所示[7]。

3.3.2 负序分量的相移

如果将负序电压施加到 Dy 联结的变压器上，则相角位移将等于正序相量，但是方向相反。因此，当一侧的正序电流和电压领先另一侧 30°时，相对应的负序电流和电压将滞后 30°。如果一侧的正序电压和电流滞后于正序电压，则负序电压和电流将超前 30°。

变压器类型	绕组	联结方式	电压相量	相移	变压器类型	绕组	联结方式	电压相量	相移
D/d300°	1	三角形接线	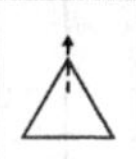	滞后300°	Y/z150°	1	星形接线(1/2接地)		滞后150°
	2	三角形接线 滞后300°	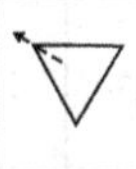	0°		2	曲折形接线(2/3接地) 滞后150°		0°
D/y30°	1	三角形接线		0°	Y/z210°	1	星形接线(1/2接地)		滞后210°
	2	星形接线(1/2接地) 滞后30°		滞后330°		2	曲折形接线(2/3接地) 滞后210°		0°
D/y150°	1	三角形接线		0°	Y/z330°	1	星形接线(1/2接地)		滞后330°
	2	星形接线(1/2接地) 滞后150°	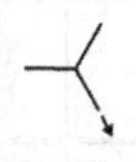	滞后210°		2	曲折形接线(2/3接地) 滞后330°		0°
D/y210°	1	三角形接线		0°	D/z0°	1	三角形接线		0°
	2	星形接线(1/2接地) 滞后210°	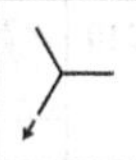	滞后150°		2	曲折形接线(1/2接地) 滞后0°	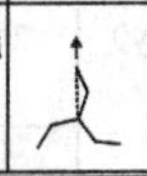	0°
D/y330°	1	三角形接线		0°	D/z60°	1	三角形接线		滞后60°
	2	星形接线(1/2接地) 滞后330°		滞后30°		2	曲折形接线(1/2接地) 滞后60°		0°
Y/z30°	1	星形接线(1/2接地)		滞后30°	D/z120°	1	三角形接线		滞后120°
	2	曲折形接线(2/3接地) 滞后30°		0°		2	曲折形接线(1/2接地) 滞后120°	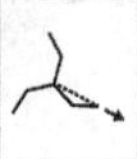	0°

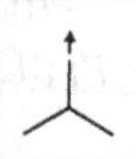

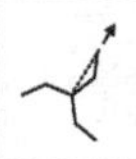

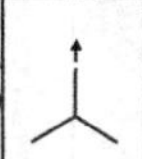

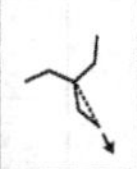

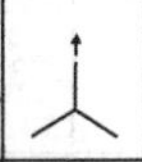

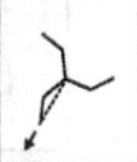

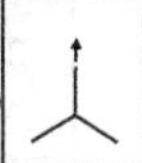

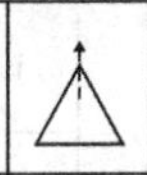

a)

图 3.10 a）三相双绕组和 b）三绕组变压器的相移

变压器类型	绕组	联结方式	电压相量	相移
Y/y180°/d150°	1	星形接线(1/2接地)		滞后150°
	2	星形接线(2/3接地)滞后180°		滞后330°
	3	三角形接线滞后150°		0°
Y/y180°/d210°	1	星形接线(1/2接地)		滞后210°
	2	星形接线(2/3接地)滞后180°		滞后30°
	3	三角形接线滞后210°		0°
Y/y180°/d330°	1	星形接线(1/2接地)	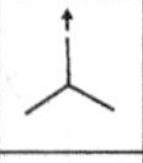	滞后330°
	2	星形接线(2/3接地)滞后180°		滞后150°
	3	三角形接线滞后330°	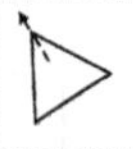	0°
Y/d30°/y0°	1	星形接线(1/2接地)		滞后30°
	2	三角形接线滞后30°	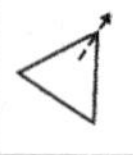	0°
	3	星形接线(2/3接地)0°		滞后30°

变压器类型	绕组	联结方式	电压相量	相移
Y/d30°/y180°	1	星形接线(1/2接地)		滞后30°
	2	三角形接线滞后30°	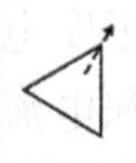	0°
	3	星形接线(1/2接地)滞后180°		滞后210°
Y/d30°/d30°	1	星形接线(1/2接地)		滞后30°
	2	三角形接线滞后30°	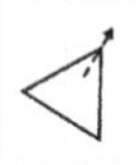	0°
	3	三角形接线滞后30°	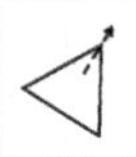	0°
Y/d30°/d150°	1	星形接线(1/2接地)	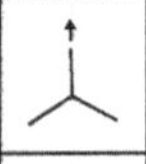	滞后30°
	2	三角形接线滞后30°	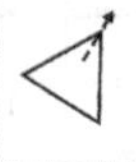	0°
	3	三角形接线滞后150°		滞后240°
Y/d30°/d210°	1	星形接线(1/2接地)		滞后30°
	2	三角形接线滞后30°	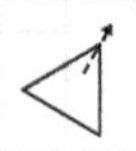	0°
	3	三角形接线滞后210°	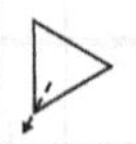	滞后180°

b)

图 3.10 a) 三相双绕组和 b) 三绕组变压器的相移（续）

例3.2：将三角形联结的三相平衡负载连接到不平衡的三相供电系统（见图3.11）。给出 a 相和 b 相电流，需要计算三角形联结负载和对称线路中的电流以及三角形电流。通过计算，可以得到三角形绕组和电路中电流的正、负序分量的相移。

$$I_a = 10 + j4$$
$$I_b = 20 - j10$$

c 相线电流为

$$I_c = -(I_a + I_b)$$
$$= -30 + j6.0A$$

三角形绕组中的电流为

$$I_{AB} = \frac{1}{3}(I_a - I_b) = -3.33 + j4.67 = 5.735 < 144.51°A$$

$$I_{BC} = \frac{1}{3}(I_b - I_c) = 16.67 - j5.33 = 17.50 < -17.7°A$$

$$I_{CA} = \frac{1}{3}(I_c - I_a) = -13.33 + j0.67 = 13.34 < 177.12°A$$

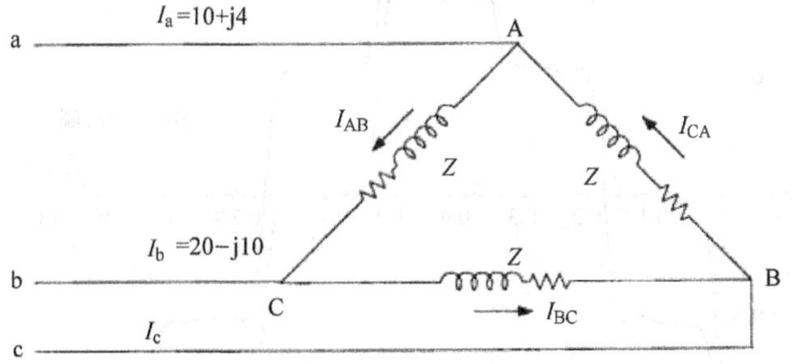

图 3.11 不平衡的三角形接线负载（例 3.2）

计算电流 I_{AB} 的序列分量

$$\begin{vmatrix} I_{AB0} \\ I_{AB1} \\ I_{AB2} \end{vmatrix} = \frac{1}{3} \begin{vmatrix} 1 & 1 & 1 \\ 1 & a & a^2 \\ 1 & a^2 & a \end{vmatrix} \begin{vmatrix} I_{AB} \\ I_{BC} \\ I_{CA} \end{vmatrix} = \frac{1}{3} \begin{vmatrix} 1 & 1 & 1 \\ 1 & a & a^2 \\ 1 & a^2 & a \end{vmatrix} \begin{vmatrix} 5.735 < 144.51° \\ 17.50 < -17.7° \\ 13.34 < 177.12° \end{vmatrix}$$

由此得出

$$I_{AB1} = 9.43 < 89.57°A$$

$$I_{AB2} = 7.181 < 241.76°A$$

$$I_{AB0} = 0A$$

如第 1 章所述，本书中没有解释对称分量的理论（可参见第 1 章引用的参考文献）。

计算电流 I_a 的序列分量。公式如下：

$$I_{a1} = 16.33 < 59.57°A$$

$$I_{a2} = 12.437 < 271.76°A$$

$$I_{a0} = 0A$$

这表明三角形联结绕组中的正序电流为线路正序电流的 $1/\sqrt{3}$ 倍，相移为 30°，即

$$I_{AB1} = 9.43 < 89.57° = \frac{I_{a1}}{\sqrt{3}} < 30° = \frac{16.33}{\sqrt{3}} < (59.57° + 30°)\,A$$

三角形联结绕组中的负序电流为线路负序电流的 $1/\sqrt{3}$ 倍，相移为 $-30°$，即

$$I_{AB2} = 7.181 < 241.76° = \frac{I_{a2}}{\sqrt{3}} < -30° = \frac{12.437}{\sqrt{3}} < (271.76° - 30°)\,A$$

由示例可以看出：负序电流和电压的相移与正序电流和电压的相移相反。

例 3.3：如表 3.2 所示的谐波谱，它适用于连接到 13.8kV 系统的 Dy（二次侧接地）联结的 2MVA 变压器的二次侧，三相短路时 MVA = 750，$X/R = 10$。变压器一次和二次侧的谐波电流波形如图 3.12 所示。正序和负序谐波通过变压器到 13.8kV 系统的偏移而造成它们波形的不同。

表 3.2 变压器二次谐波注入

h	5	7	11	13	17	19	23	25	29	31
幅值	17	12	7	5	2.8	1.5	0.50	0.40	0.30	0.20

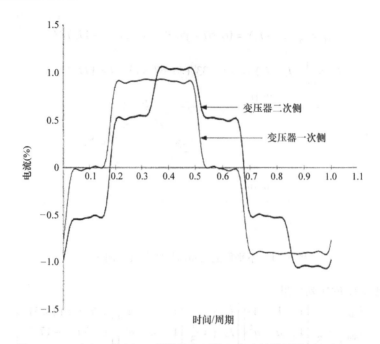

图 3.12　一次和二次侧 Dy 联结的变压器上电流的模拟波形（例 3.3）

例 3.4：画出 Yyd 联结三绕组变压器的零序网络并显示 3 次谐波电流，其中星形绕组均接地。

零序阻抗电路如图 3.13a 所示，零序电流的流动方向如图 3.13b 所示。参考文献 [8，9] 和作者《无源滤波器设计》一书中的第 2 章对变压器序列网络有详细的描述。

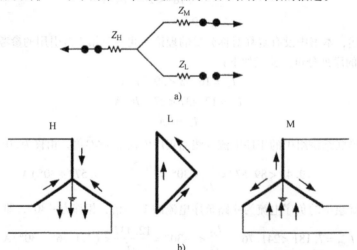

图 3.13　a）Yyd 联结三绕组变压器的零序电路——两个星形绕组接地；
b）绕组和线路中的零序电流流动方向（例 3.4）

3.3.3　饱和引起的畸变

变压器的饱和会导致严重的波形畸变，过高的电压引起过电流，V/f 是衡量过电流的变量。ANSI/ IEEE 第 24 条中，V/f 继电器通常用于使过电流的变压器断电。如果 V/f 在短时间内超过 1.10，通常会导致变压器跳闸，参考文献 [2，10] 中讨论了变压器的非线性建模（另见作者《无源滤波器设计》一书第 2 章）。

例 3.5：例 3.1 中的变压器在过电压和初始磁通作用下，功率已加载到 7MVA。由于三相饱和引起的一次电流畸变如图 3.14 的 EMTP 仿真结果所示。由图可知，谐波电流显著增加，并且浪涌瞬态衰减，会持续相当长的一段时间。在图 3.14 中，并没有显示时长 1s 的初始浪涌电流。

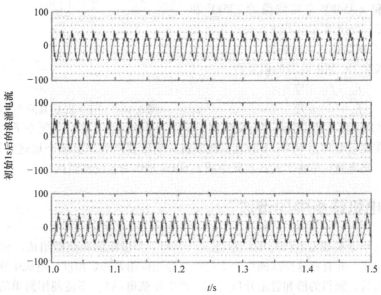

图 3.14　由于变压器饱和引起的一次电流的 EMTP 仿真结果（例 3.5）

3.3.4　地磁感应电流

由于太阳磁场干扰（SMD），地表中产生的地磁感应电流（GIC）的频率通常为 0.001 ~ 0.1Hz，峰值能达到 200A。这些电流能通过接地中性点进入变压器的绕组（见图 3.15），并将变压器的磁心偏置到 1/2 的饱和周期，导致变压器励磁电流大大增加。谐波的增加会导致无功功率消耗升高、电容过载和保护继电器误动作等。

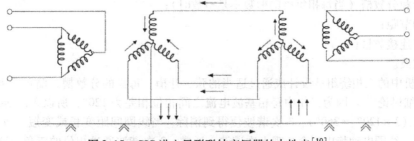

图 3.15　GIC 进入星形联结变压器的中性点[10]

参考文献 [11] 给出了由作者开发的 GIC 模型，如图 3.16 所示。这种适用于 GIC 等级的单相壳式变压器的磁饱和电路模型是基于三维有限元分析（FEM）开发的。该模型不仅可以模拟四个线性和膝点方程，而且可以模拟重饱和区域和所谓的"空心"区域，包括 4 个主要磁通路径。R 代表不同支路磁阻。下标 c、a 和 t 分别代表磁心、空气和油箱，1、2、3、4 代表磁通路径的主要分支。分支 1 表示励磁绕组内的磁心和空气磁通之和；分支 2 表示磁轭中的磁通路径；分支 3 表示进入侧支路的磁通之和，其中包含离开侧支路并进入油箱的一部分；分支 4 表示从中心支路离开油箱的磁通。使用迭代程序求解图 3.16 所示的电路，以便考虑非线性结果。

参考文献 [12] 详述了在 GIC 存在的情况下谐波相互作用对魁北克－新英格兰二期高压直

流输电的影响。幅值较大的 GIC 可以在隔离网络变压器的中性点之间传递，并且会引起巨大的谐波畸变。该参考文献描述了支撑 Radisson 的 315kV 变换器和 ±450kV 直流线路的 735kV 和 315kV 交流系统。变换器的非线性开关动作将会引起 AC 侧到 DC 侧阻抗。当转换成 AC 侧时，变换器会表现的像是 DC 侧振荡器的调制器：

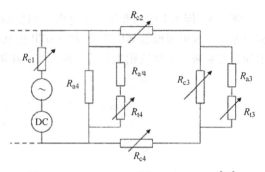

$$f_{DC} + f \quad 正序$$
$$f_{DC} - f \quad 负序$$

图 3.16　用于 GIC 仿真的变压器模型[10]

因此，6 倍基波频率的纹波将成为交流侧的 5 次和 7 次谐波。在给定频率下，交流侧负序电压振荡会引起在该频率加上 60Hz 下的直流侧阻抗，变压器匝数比会适当地进行缩放。类似地，对于正序情况，交流侧频率将引起在该频率减去 60Hz 时作为直流侧阻抗。

3.4　旋转电机绕组中的谐波

旋转电机（电动机或发电机）的电枢绕组由大约一个极距的相线圈组成。相绕组由串联连接的多个线圈组成，并且在这些线圈中产生的电动势相位相差一定角度。电机中铁表面的两侧是空气间隙，并且具有倾斜的槽和管道开口（用于产生正弦电压）。不能使用简单的方法估计有磁通通过的间隙的磁阻。

图 3.17a 所示为半极电弧的轮廓和磁通密度。假设磁场是沿垂直的磁通线进入或离开铁心的。如果在间隙长度 l_g 处的磁通密度是 100%，则在其他点的磁通密度可以设定为 $100 l_g / l$，其中 l 是沿磁极表面到其他位置的磁通线的长度。磁通密度不是正弦曲线（图 3.17b），它可以通过傅里叶分析解析成谐波分量。图 3.17c 显示了分解后的 3 次、5 次、7 次谐波。

相绕组中的谐波电动势受以下因素的影响：
- 谐波磁通的成分；
- 相带和分数槽（当每相每极的槽数不是整数时）；
- 线圈节距；
- 绕组连接数目；
- 齿纹波。

旋转电机中的三相绕组被设计成通过适当的弦、开槽、每极的分数槽、偏斜等来减少谐波，这些不再详细讨论[13]。因为三相中每相基波电流之间相位相差为 120°，所以 3 次谐波电流的相位相差 360°（$3 \times 120° = 360°$），3 次谐波便得到消除。当线圈间距变长或变短 π/h（或 $3\pi/h$，$5\pi/h\cdots$）时，线圈电动势中不会出现 h 次谐波。通常，3 次谐波通过相位的三角形联结被消除，并且选择适当跨度的线圈以尽可能多地减少 5 次和 7 次谐波。

线圈跨度系数

短距绕组或者弦绕组可以降低基频电动势，如图 3.18 所示，基频的弦系数为

$$k_{ef} = \cos \frac{\varepsilon}{2} \tag{3.12}$$

当磁极间距为 2/3 的线圈跨距时，$\varepsilon = \pi/3$，$k_{ef} = 0.866$，基频电动势得到减小。

对于 h 次谐波，它变成

$$k_{eh} = \cos \frac{h\varepsilon}{2} \tag{3.13}$$

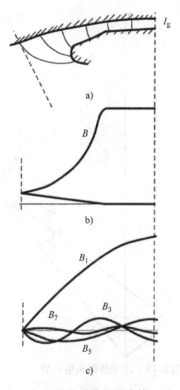

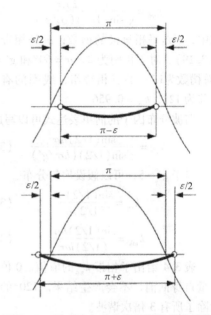

图 3.17 a）极性间隙中的磁力线；b）磁通
密度分布；c）分解成谐波

图 3.18 用于减少电机绕组谐波的弦线圈

表 3.3 显示了节距系数为 83.3%（$\varepsilon = \pi/6$）时产生的谐波。5 次和 7 次谐波的系数较小，并且通过绕组接线消除了 3 次和 9 次谐波。

表 3.3 通过选择线圈节距系数减少电枢绕组谐波

谐波次数	基谐波	3	5	7	9
线圈节距系数	0.966	0.707	0.259	0.259	0.707

减少谐波的其他方法有采用分槽设计或使磁极相对主轴有一定的倾斜。

3.4.1 绕组电动势

电动势方程可写为

$$E_{phf} = 4.44 K_{wf} f T_{ph} \phi_f \qquad (3.14)$$

式中，ϕ_f 是基频磁通；K_{wf} 是基频绕组因子；T_{ph} 是每相的匝数；f 是基频；E_{phf} 是基频电动势。谐波磁通的类似表达式是

$$E_{phh} = 4.44 K_{wh} f_h T_{ph} \phi_h \qquad (3.15)$$

3.4.2 分布因子

假设每相有 m 个线圈，每个线圈中产生的电动势为 e_a、e_b、e_c，ϕ 是角度。基频分布因子为

$$k_{mf} = \frac{\sin(1/2)\sigma}{g'\sin(1/2)(\sigma/g')} \quad (3.16)$$

式中，g' 是每相每极的槽数；σ 是相带（见图3.19）。对于极距为2、$\sigma = 60°$ 和 $g' = 2.5$（总槽数为15）的三相绕组，线圈的有效角位移为12°，$k_{mf} = 0.956$。

谐波分布因子的简单表达式可以写成

$$k_{mh} = \frac{\sin(1/2)h\sigma}{g'\sin(1/2)(h\sigma/g')} \quad (3.17)$$

对于 $g' > 5$，可以假设均匀分布

$$k_{mf} = \frac{\sin(1/2)\sigma}{(1/2)\sigma} \quad (3.18)$$

$$k_{mh} = \frac{\sin(1/2)h\sigma}{(1/2)h\sigma} \quad (3.19)$$

表3.4 给出了相带 k_{mh} 的取值。0 值表示矢量自身抵消，不会产生结果。120°的扩展消除了所有3倍次谐波。

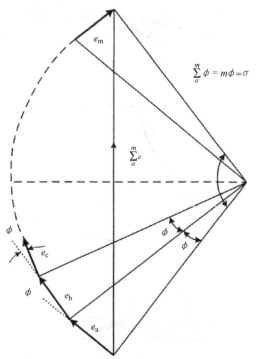

图 3.19 定子绕组相电动势

表 3.4 k_{mn} 的取值

相数	相带	k_{m1}	K_{m3}	K_{m5}	K_{m7}	K_{m9}
3	60°	0.955	0.637	0.191	-0.135	-0.212
3 或 1	120°	0.827	0	-0.165	0.118	0

3.4.3 电枢反应

当电机受到电枢反应影响时，电流流动是引起该反应的主要因素。电枢反应随相电流的变化而同步转动，并不是一个恒定值。图3.20 显示了 π/3 相带时，电枢反应在尖顶和平顶梯形之间变化。图3.20 中的尖顶波的傅里叶分析为

$$F = \frac{4}{\pi}F_m\cos\omega t\left[\sum_{h=1}^{h=\infty}\frac{1}{h}\left(\frac{\sin(1/2)h\sigma}{(1/2)h\sigma}\right)\sin(hx)\right] \quad (3.20)$$

通过考虑电流的时间位移和轴的空间位移，给出三相磁动势

$$F_{p-1} = \frac{4}{\pi}F_m\cos\omega t\left[\sum_{h=1}^{h=\infty}\frac{1}{h}k_{mh}\sin(hx)\right] \quad (3.21)$$

$$F_{p-2} = \frac{4}{\pi}F_m\cos\omega t - \frac{2\pi}{3}\left[\sum_{h=1}^{h=\infty}\frac{1}{h}k_{mh}\sin\left(h\left(x-\frac{2\pi}{3}\right)\right)\right] \quad (3.22)$$

$$F_{p-3} = \frac{4}{\pi}F_m\cos\omega t + \frac{2\pi}{3}\left[\sum_{h=1}^{h=\infty}\frac{1}{h}k_{mh}\sin\left(h\left(x+\frac{2\pi}{3}\right)\right)\right] \quad (3.23)$$

得出

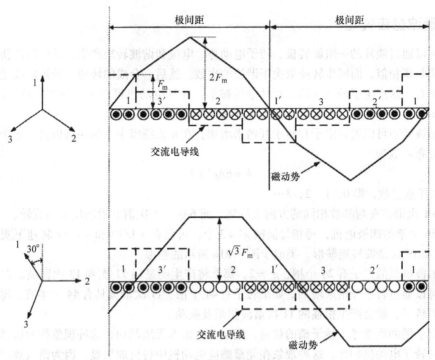

图 3. 20　三相绕组的电枢反应

$$F_\mathrm{t} = \frac{6}{\pi} F_\mathrm{m} \left[F_\mathrm{mi} \sin(x - \omega t) + \frac{1}{5} k_\mathrm{m5} \sin(5x - \omega t) - \frac{1}{7} k_\mathrm{m7} \sin(7x - \omega t) + \cdots \right] \tag{3.24}$$

式中，k_m5 和 k_m7 是谐波绕组系数。

　　磁动势具有恒定的基波和 5、7、11、13…或 $6m \pm 1$ 次谐波，其中 m 是任何正整数。虽然在现实中会产生 3 次谐波，但是在这里 3 次及其倍数次谐波是不存在的。谐波磁通分量受相带、分数槽和线圈节距的影响。当 $\sigma = 60°$ 和 $\omega t = 0$ 时，可以由式（3.24）得到一个尖顶曲线，其峰值是

$$F_\mathrm{1,peak} = \frac{18}{\pi^2} F_\mathrm{m} \left[1 + \frac{1}{25} + \frac{1}{49} + \cdots \right] \approx 2F_\mathrm{m} \tag{3.25}$$

　　当 $\omega t = \pi/6$ 时，获得平顶曲线，并具有最大幅值

$$F_\mathrm{1,peak} = \frac{18}{\pi^2} F_\mathrm{m} \frac{\sqrt{3}}{2} \left[1 + \frac{1}{25} + \frac{1}{49} + \cdots \right] \approx \sqrt{3} F_\mathrm{m} \tag{3.26}$$

　　谐波幅值一般很小。

3.5　感应电动机的齿槽和爬行

　　寄生磁场由感应电动机产生，因为磁动势中的谐波来自于：

- 绕组；
- 转子和定子的开槽组合；
- 饱和度；
- 不规则的空气间隙；
- 供电系统电压的不平衡。

　　谐波无论是否与基波同向，都将以自身次数倍的频率传播。$6m + 1$ 次谐波与基波磁场的方向同向，而 $6m - 1$ 次谐波与基波磁场反向。

3.5.1 谐波感应转矩

谐波可以通过额外的一组旋转极、转子电动势、电流和谐波转矩产生，其中谐波转矩与同步转速下基波频率相似，而同步转速取决于谐波的次数。然后，合成的转速 – 转矩曲线是基波和谐波转矩的组合。这产生了转速 – 转矩特性中的鞍形，并且电动机可以 1/7 基速的较低速度爬行，如图 3.21a 所示。该转速 – 转矩曲线称为谐波感应转矩曲线。

这种谐波转矩可以通过定子和转子开槽来增加，在 n 相绕组中，每相每极具有 g' 个槽，谐波的电动势分布系数为

$$h = 6Ag' \pm 1 \tag{3.27}$$

式中，A 取任意整数，即 0，1，2，3…

$6Ag' + 1$ 次谐波在与基波相同的方向上旋转，而 $6Ag' - 1$ 次谐波沿相反方向旋转。

具有 36 个槽的四极电机，每相每极槽 $g' = 3$ 个，可以在 +1/19 和 –1/17 转速下观察到，会产生 17 次和 19 次谐波转矩鞍形，类似于图 3.21a 所示的鞍形。

假定四极电机的定子有 24 个槽，$g' = 2$，那么将产生明显的 11 次和 13 次谐波。产生的谐波感应转矩可以通过转子开槽来增加。如果转子有 44 个槽，11 次谐波具有 44 个半波，每个对应于笼型电机的转子，就会产生很强的 11 次谐波扭矩及振动。

如果定子槽的数量等于转子槽的数量，则电动机根本无法起动，这种现象称为齿槽效应。

与绕线转子电动机相比，这种现象在笼型感应电动机中将更加明显，因为谐波效应可以通过线圈间距减小（见 3.4 节）。在笼型感应电动机设计中，S_2（转子中的槽数）不应超过 S_1（定子中的槽数）的 50%～60%，否则将导致鞍形谐波转矩的产生。

3.5.2 谐波同步转矩

假定 5 次和 7 次谐波存在于三相感应电动机的间隙中。通过这种谐波和定子、转子槽的一定组合，就可以获得定子和转子谐波转矩，从而产生和同步电动机一样的谐波同步转矩。在低速时会产生急剧同步转矩的现象（图 3.21b），电动机可能会以低速运行。

转子开槽将产生以下次数的谐波：

$$h = \frac{S_2}{p} \pm 1 \tag{3.28}$$

式中，S_2 是转子槽数，加号为电动机自转的情况。假设有 $S_1 = 24$ 和 $S_2 = 28$ 的 4 极（p = 极对数 = 2）电动机，定子产生反向的 11 次谐波（向后）和 13 次谐波（向前），转子产生向后的 13 次和向前的 15 次谐波，定子和转子都产生了 13 次谐波，但是具有相反的方向。13 次谐波的同步转速是基波同步转速的 1/13，相对于转子为

$$-\frac{(n_s - n_r)}{13} \tag{3.29}$$

式中，n_s 是同步转速；n_r 是转子转速。因此，13 次谐波相对于定子的转速为

$$-\frac{(n_s - n_r)}{13} + n_r$$

定子和转子的 13 次谐波相消时

$$+\frac{n_s}{13} = -\frac{(n_s - n_r)}{13} + n_r \tag{3.31}$$

这里 $n_r = n_s/7$，即转矩不连续的原因不是因为 7 次谐波，而是因为在定子和转子旋转相反方

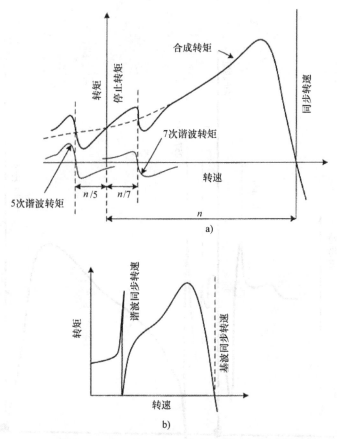

图 3.21　a）谐波感应转矩；b）感应电动机中的同步转矩

向的 13 次谐波。转矩 – 转速曲线如图 3.22 所示。

- 同步转矩为 1800/7r/min = 257r/min；
- 由定子产生的 13 次谐波的感应转矩为 138r/min；
- 11 次谐波的感应转矩为 168r/min。

4 极笼型感应电动机的典型同步转矩见表 3.5。如果 $S_1 = S_2$，会产生强烈的同次谐波，并且每对谐波将产生同步转矩，可能使转子保持静止（齿槽），除非基频转矩足够大，足以起动电动机。

通过选择适当的转子和定子开槽数及适当的绕组设计，可以在感应电动机的设计中避免产生谐波转矩。

表 3.5　4 极笼型感应电动机的典型同步转矩

| 定子槽 | 转子槽 | 定子谐波 | | 转子谐波 | |
S_1	S_2	反向	正向	反向	正向
24	20	−11	+13	−9	+11
24	28	−11	+13	−13	+15
36	32	−17	+19	−15	+17
36	40	−17	+19	−19	+21
48	44	−23	+25	−21	+23

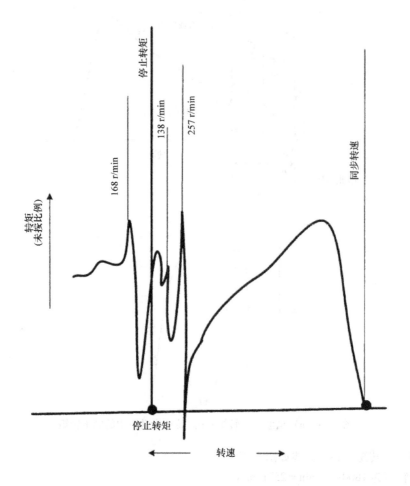

图 3.22　4 极 60Hz 电动机在考虑谐波同步转矩时的转矩 – 转速曲线

3.5.3　电机中的齿纹波

电机中的齿纹波是开槽产生的，因为开槽会影响气隙磁导率，并产生谐波。图 3.23 给出了由于气隙磁导率的变化而导致的气隙磁通分布的波动（放大）。脉动磁通的频率对应于槽穿过极面的速率，由 $2gf$ 给出，其中 g 是每极的槽数，f 是系统频率。纹波不会相对于导体移动，而是通过磁通分布曲线传播。这种静止脉动可以被认为是基波空间分布中向前和向后以角速度 $2g\omega$ 旋转的两个波。分量场相对于电枢绕组具有 $(2g \pm 1)\omega$ 的速度，并且每秒会产生频率为 $(2g \pm 1)f$ 个周期的谐波电动势。然而，这不是齿纹波的主要来源，因为纹波不会相对于导体移动，所以不会产生脉动的电动势。至于转子，磁通波具有 $2g\omega$ 的相对速度并会产生 $2gf$ 频率的电动势。这些又可以分解为相对于转子的向前和向后运动分量，以及相对于定子的 $(2g \pm 1)\omega$ 分量。因此，定子在频率 $(2g \pm 1)f$ 处产生的电动势主要导致了齿纹波的产生。电机部分见参考文献 [13 – 20]。

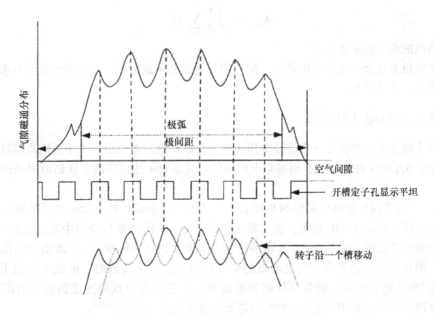

图 3.23　电机中的齿纹波与气隙磁通分布

3.6　同步发电机

3.6.1　电压波形

　　同步发电机能产生正弦电压。同步发电机的端电压波形必须符合 NEMA 和 IEEE 标准 115[21] 的要求，其中发电机终端线间电压的偏差系数不会超过 0.1。

　　图 3.24 为正弦曲线与叠加在其上的假想生成电压的曲线，偏差系数定义为

$$F_{\mathrm{DEV}} = \frac{\Delta E}{E_{\mathrm{OM}}} \qquad (3.32)$$

式中，E_{OM} 由多个样本的瞬间值计算得到。

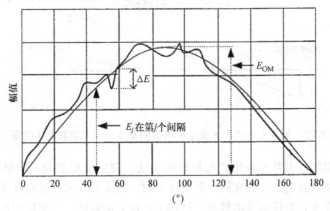

图 3.24　测量同步发电机产生电压波形的偏差系数[20]

$$E_{\mathrm{OM}} = \sqrt{\frac{2}{J}\sum_{j=1}^{J}E_j^2} \qquad\qquad (3.33)$$

它与正弦曲线的偏差值非常小。

　　尽管发电机本身会产生很小的谐波,但它们却对谐波负载敏感,因为同步发电机承载负序电流的能力有限,详见第8章。

3.6.2 3次谐波电压和电流

　　发电机中性点中主要存在3次谐波电压,在星形联结的发电机中,由于采用高阻抗中性点接地,3次谐波电压向中性点增加,而基频电压降低。线路和中性点处的3次谐波电压随负载变化很大。

　　图3.25显示了同步发电机典型的基频和3次谐波电压分布。图3.25a表明基波电压线性降低到中性点电压,而图3.24b表明,在正常工作条件下,3次谐波与绕组中某点处的电压相同。对于定子绕组中性点的接地故障,3次谐波电压分布将如图3.25c所示,3次谐波电压会在线路终端增加,而在中性点处下降。当发电机的中性点通过高电阻接地时,电流被限制不超过10A(等于系统的寄生电容电流,通常系统的发电机和升压变压器会直接连接到公共的高压系统),基波和3次谐波电压分布用于提供100%的定子绕组接地故障保护[22,23]。

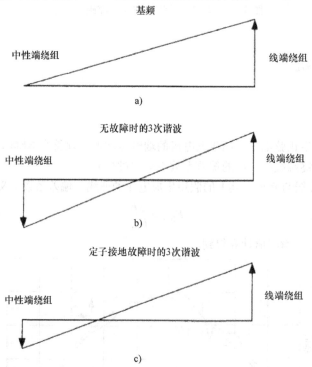

图3.25　同步发电机定子绕组线电压的基波和3次谐波电压分布[22]

　　通常发电机绕组中性点并不采用直接接地的方法,额定值较小的发电机有时可能会直接接地。当采用直接接地的发电机并联在同一条母线上时,较大的3次谐波电流可在发电机绕组中循环,热过载也可能发生,对任何发电机而言这都不是很好的做法。发电机中性点电阻限制了3次谐波电流。在流过400A电阻接地的13.8kV、40MVA发电机中测量到20A的3次谐波电流。对于连接母线直接接地的发电机，它可接近发电机满载电流的 60% 以上。

3.7　电流互感器的饱和

在故障条件下，电流互感器的饱和会产生谐波。电流互感器的精度取决于电流互感器的构造[24]，可用一位字母 C 或者 T 表示电流互感器。C 类涵盖具有均匀分布绕组的套管式变压器，并且漏磁对一定范围内的比率影响可以忽略。变压器的延时精度等级 C200 意味着标准负载为 2.0Ω、电压为 200V 时，在额定二次电流的 1 ~ 20 倍的任何情况下偏差也不会大于 10%[24]。理想稳定的电流互感器选择应采用以下计算，二次电压等于最大故障电流乘以二次负载（$R + jX$），二次电压不应超过所选的 C 类精度的要求。应避免互感器在瞬态条件下饱和；继电器类互感器必须准确地重现过大和不对称的故障电流。书中没有讨论电流互感器在这些方面的应用。在电流互感器选择不正确的情况下，可能会发生饱和，如图 3.26 所示。完全饱和的电流互感器只有在第一个脉冲期间会产生电流输出，此外不会产生电流，因为磁心只有有限的时间来饱和与去饱和。瞬态性能应考虑故障电流的直流分量，因为它比交流分量更易使交流互感器产生严重的饱和[25]。

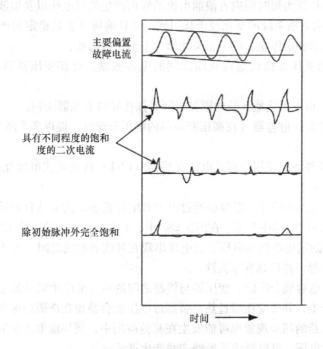

图 3.26　电流互感器在不对称故障时的渐进饱和并产生谐波[24]

在电流互感器完全饱和之前，2 次谐波会随着饱和度的增加而增加，可产生 50% 的 3 次、30% 的 5 次、18% 的 7 次和 15% 的 9 次以及更高次的谐波，这些谐波可能导致保护装置的误操作，因此可以通过选择适当的电流互感器来避免。

图 3.27 显示了电流互感器在不对称电流时的局部饱和度。当故障电流变得更对称时，电流互感器会随时间延迟而饱和，这种情况可能会影响中继操作的时间，请参见第 8 章。

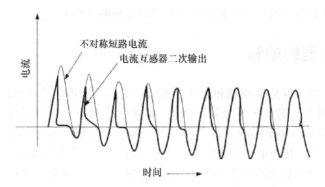

图 3.27 非对称故障时电流互感器二次电流部分饱和的波形

3.8 铁磁谐振

在存在系统电容的情况下，由于电抗的非线性和饱和特性，某些变压器和电抗器的组合会引起铁磁谐振现象。其特征为短时间内有浪涌电流的峰值产生的过电压以及谐波或次谐波，幅值能达到 2pu。这种现象由某些系统的变化或干扰引起，并且响应可能是稳定的或不稳定的，可能会无限期地持续或在几秒钟后停止。以下是某些情况下的铁磁谐振：

- 双回线路上的变压器馈线通过线路之间的电容激励，会在变压器馈线断开时产生铁磁谐振。
- 变压器失相，由于不接地系统的限流熔断器操作导致变压器断相。
- 高压断路器的分级电容器（在高压断路器的电压分配时，提供多个断相），在断路器断开时仍保持工作状态。
- 在某些操作条件下，使用电容式电压互感器（CVT）或电磁式电压互感器（PT）会产生铁磁谐振。

图 3.28a 为电压互感器或变压器绕组通过电阻和电容器通电的非线性电抗器基本电路。饱和状态工作时的相量图如图 3.28b 所示。在图 3.28c 中，A 点和 C 点是稳定的工作点，而 B 点不是。C 点的特点是有较大的励磁电流和电压，过电压出现在母线和地线之间。从 A 点到 C 点的切换由系统中的一些瞬态引起，并且具有随机性。

图 3.28d 为两条电容耦合线路，变压器与线路之间的电容形成串联谐振电路。铁磁谐振在比基频更低的频率下产生，并使变压器过热。暂态过电压也会叠加在铁磁谐振电压上。

这种非线性电抗器的切换现象也可能发生在其他应用中，例如输电系统的并联电抗器中。

每 4.5pu 的高过电压，可以导致波形畸变并产生谐波。

- 谐振发生在较宽的 X_c/X_m 范围内，参考文献［26，27］将范围指定为

$$0.1 < X_c/X_m < 40 \tag{3.34}$$

- 只有当变压器空载或负载很小时才会产生谐振，变压器负载超过其额定值 10% 时不易出现铁磁谐振。

根据导体尺寸，电缆电容每 1000ft⊖ 在 40～100nF 之间变化。然而，35kV 变压器的励磁电抗比 15kV 变压器高几倍，在更高的电压下，铁磁谐振可能更具破坏性。对于采用三角形联结的变

⊖ 1ft = 0.3048m。

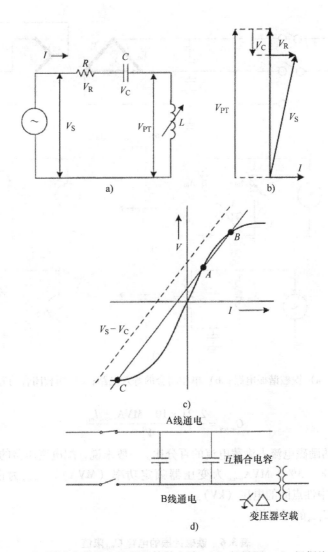

图 3.28 a) 激励非线性电抗器的等效电路；b) 相量图；c) 根据饱和和
电压特性推导的铁磁谐振点；d) 当耦合线路 B 空载给变压器供电时，
由于两条输电线之间的电容耦合引起的铁磁谐振

压器，铁磁谐振也可能发生在小于 100ft 的电缆中。因此，采用 Yy 联结的接地变压器系统在北美国家更受欢迎，尽管并不能完全消除铁磁谐振，但是它具有更强的抵抗能力。

3.8.1 串联铁磁谐振

假定限流熔断器在一条或两条线路中工作，图 3.29a 为铁磁谐振的基本电路，X_c 是电缆和变压器管套对地的电容，并且开关可能不会在三相中同时打开和关闭。可以绘制如图 3.29b 所示的单相闭合等效电路，两相闭合如图 3.29c 所示。

为不接地的 Yy 联结变压器绘制类似的等效电路，例如，可以根据 $X_c/X_m = 40$ 计算产生铁磁谐振的最小电容。

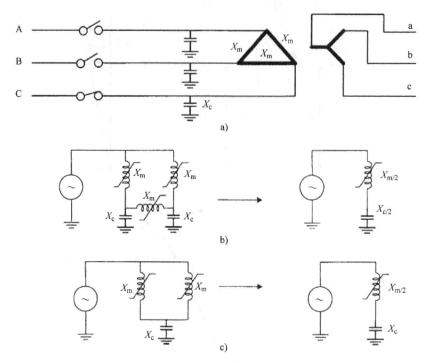

图 3.29 a）铁磁谐振电路；b）单相闭合的等效电路；c）两相闭合的等效电路

$$C_{\mathrm{m\,res}} = \frac{2.21 \times 10^{-7} \mathrm{MVA}_{\mathrm{transf}} I_{\mathrm{m}}}{V_{\mathrm{n}}^2} \qquad (3.35)$$

式中，I_{m} 为变压器的励磁电流占满载电流的百分比。一般来说，配电变压器的励磁电流通常为变压器满载电流的 1% ~ 3%。$\mathrm{MVA}_{\mathrm{transf}}$ 为变压器额定功率（MVA）。$C_{\mathrm{m\,res}}$ 为谐振中最小的电容（pF）。V_{n} 为线路到中性点间的电压（kV）。

表 3.6 给出了 $C_{\mathrm{m\,res}}$ 的近似值。

表 3.6　铁磁谐振的电容 C_{mf} 限值　　　　　　　（单位：pF）

变压器功率/(kVA)		系统电压/kV		
单相	三相	8.32/4.8	12.5/7.2, 13.8/7.99	25/14.4, 27.8/16
		$C_{\mathrm{m\,res}}$	$C_{\mathrm{m\,res}}$	$C_{\mathrm{m\,res}}$
5	15	72	26	16
10	25	119	43	11
	50	339	86	21
25	75	358	129	32
	100	477	172	43
50	150	719	258	64
75	225	1070	387	97
100	300	1432	516	129
167	500	2390	859	215

3.8.2　并联铁磁谐振

图 3.30 为不太常见条件下的铁磁谐振，其中涉及 4 柱或 5 柱心式变压器在相同电压下绕组间形成的 X_m。即使以接地星形联结方式相连接，也会产生谐振。但是等效电路是并联 LC 的组合，过电压被限制在 1.5pu，并且 Z_m 通过饱和来限制电压。

例 3.6：在三种情况下，电抗器通过 240V、60Hz 电压和 1.7μF 电容并联，进行非线性电感器铁磁谐振的 EMTP 仿真研究：

（a）没有初始磁通。

（b）和（c）有一些之前捕获的磁通。电流 - 磁通特性由两段曲线表示。

电抗器两端的电压及其通过电流的仿真结果分别如图 3.31 和图 3.32 所示。没有初始磁通，就没有电流或电压瞬变，对于情况 c，初始磁通使电压上升到 4pu。此外，没有残留磁通时电流增加为基极电流的许多倍。

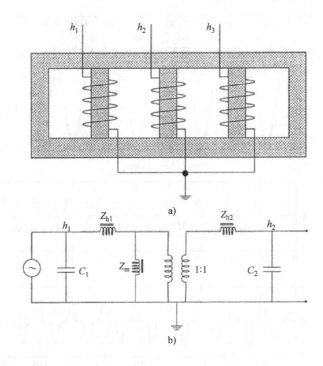

图 3.30　a）相互耦合铁磁谐振；b）相互耦合铁磁谐振等效电路

电力系统中的铁磁谐振可以通过以下方式避免：①适当的保护装置，例如负序继电器可以检测三相电路中的熔丝故障，避免损坏旋转电机；②使用避雷器；③在保护继电器电路的二次侧加载电阻和电容；④在开口三角形电压互感器的绕组上加载电阻。参考文献［28］记录了由于电压互感器（PT）电路中的铁磁谐振造成的工厂停工的情况。

用于检测接地系统中接地故障的保护继电器，在发生接地故障时，按照空档原理工作，配有阻尼电阻和避雷器，同时将并联电容器电路调谐到基波频率。

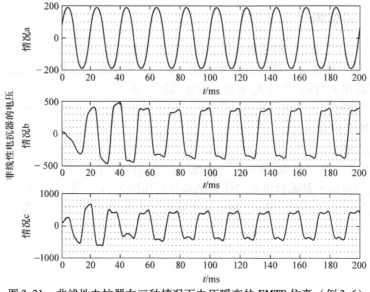

图 3.31　非线性电抗器在三种情况下电压瞬变的 EMTP 仿真（例 3.6）

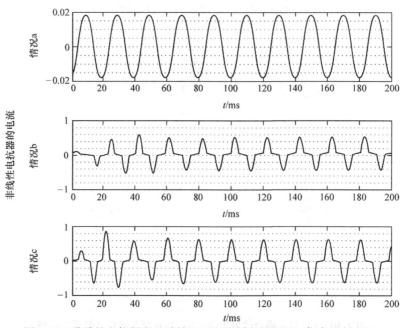

图 3.32　非线性电抗器在三种情况下电流瞬变的 EMTP 仿真（例 3.6）

3.9　电力电容器

电力电容器有许多应用（见作者《无源滤波器设计》中的第 1 章），而且本书也特别关注电力电容器在谐波滤波器中的应用。虽然在正弦电路中电力电容器不会产生谐波，但是通过谐振条件可以放大现有的谐波（第 9 章）。电容器应用在高压系统中用于高压输电线路的串联补偿（第 5 章）。这些可能引起产生扭转振动的次同步谐振，并且可能导致旋转电机的损坏。一些系统中配置的电力电容器可当作滤波器使用，通过充当所滤谐波的吸收器来限制电力系统中的谐波。电力电容器的浪涌电流频率非常高，主要取决于开关电路中的电抗。作者《无源滤波器设计》中的第1章讨论了开关瞬变。这些内容将会是本书在有关章节中分析和讨论的主题。

3.10　输电线路

如果通过分布参数测试远距离输电线（频率扫描）的阻抗与频率，即使没有谐波或非线性负载（见作者《无源滤波器设计》中的第2章），也会出现一些自然的谐振频率。输电线路本身不会产生谐波，但是线路中的非线性负载总是存在的。第5章将讨论通过直流环节连接两个不同频率如50Hz和60Hz下交流电力系统而引起的谐波。

参 考 文 献

1. M. Heathoter. J&P Transformer Book, 13th Edition, Newnes, New York, 2007.
2. J. C. Das, Power System Analysis- Short-Circuit Load Flow and Harmonics, 2nd Edition, CRC Press, Boca Raton, 2012
3. ANSI/IEEE Std. C57.12, General requirements for liquid immersed distribution, power and regulating transformers, 2006.
4. C. E. Lin, J. B. Wei, C. L. Huang, C. J. Huang, "A new method for representation of hysteresis loops," IEEE Transactions on Power Delivery. vol. 4, pp. 413–419, 1989.
5. J. C. Das, Transients in Electrical Systems, McGraw-Hill, New York 2011.
6. J. Grainger and W. Stevenson, Jr. Power System Analysis, McGraw-Hill, New York, 1994.
7. GE, "B30 Bus Differential Relay," GE Instruction Manual GEK-1133711, 2011.
8. J. L. Blackburn. Symmetrical Components for Power System Engineering, Marcel & Dekker, New York 1993.
9. C. O. Calabrase. Symmetrical Components Applied to Electrical Power Networks. Ronald Press Group, New York 1959.
10. J. D. Green, C. A. Gross, "Non-linear modeling of transformers," IEEE Transactions on Industry Applications, vol. 24, pp. 434–438, 1988.
11. S. Lu, Y. Liu, J. D. R. Ree, "Harmonics generated from a DC biased transformer," IEEE Transactions on Power Delivery, vol. 8, pp. 725–731, 1993.
12. D. L. Dickmander, S. Y. Lee, G. L. Désilets and M. Granger. "AC/DC harmonic interaction in the presence of GIC for the Quebec-New England phase II HVDC transmission," IEEE Transactions on Power Delivery, vol. 9, no. 1, pp. 68–75, 1994.
13. A. E. Fitzgerald, Jr. S. D. Umans, and C. Kingsley, Electrical Machinery, McGraw Hill Higher Education, New York, 2002.
14. C. Concordia, Synchronous Machines, John Wiley, New York, 1951.
15. R. H. Park, Two reaction theory of synchronous machines, part-1," AIEEE Transactions vol. 48, pp. 716–730, 1929.
16. NEMA. Large machines—synchronous generators. MG-1, Part 22.
17. R. H. Park. Two reaction theory of synchronous machines, part I. AIEE Transactions vol. 48, pp. 716–730, 1929.
18. R. H. Park. Two reaction theory of synchronous machines, part II. AIEE Transactions vol. 52, pp. 352–355, 1933.
19. C. V. Jones. The Unified Theory of Electrical Machines. Pergamon Press, NY, 1964.
20. A. T. Morgan, General Theory of Electrical Machines, Heyden & Sons Ltd., London, 1979.
21. IEEE Standard115, Test proceedure for synchronous machines Part I-acceptance and performance testing, Part II-test proceedures and parameter determination for dynamic analysis, 2009.
22. IEEE C37.102. IEEE guide for AC generator protection.
23. J. C. Das. "13.8 kV selective high-resistance grounding system for a geothermal generating plant--a case study," IEEE Transactions on Industry Applications, vol. 49, no. 3, pp. 1234–1343, 2013.
24. ANSI/IEEE Standard C57.13. Requirements for instrument transformers, 1993.
25. J. R. Linders, "Relay performance considerations with low-ratio CTs and high fault currents," IEEE Transactions on Industry Applications, vol. 31, no. 2, pp. 392–405, 1995.
26. R. H. Hopkinson, "Ferroresonance during single-phase switching of three-phase distribution transformer banks," IEEE Transactions on PAS, vol.84, pp. 289–293, 1965.
27. D. R. Smith, S. R. Swanson, and J. D. Borst, "Overvoltages with remotely switched cable fed grounded wye–wye transformers," IEEE Transactions on PAS, vol. PAS-94, pp. 1843–1853, 1975.
28. D. R. Crane, G. W. Walsh, "Large mill outage caused by potential transformer ferroresonance," IEEE Transactions on Industry Applications, vol. 24, no. 4, pp. 635–640, 1988.

第4章 谐波产生2

4.1 静态功率变换器

电力系统中的谐波主要来自功率变换器、整流器、逆变器、双向触发二极管、三端双向晶闸管、门极关断晶闸管和可调速驱动器。特征谐波是电力电子变换器在正常运行中产生的，其频率是电力系统基频的整数倍。因为在实践中无法提供换相控制的理想环境（在本章中将进一步讨论），所以静态变换器会产生一些非特征或非典型谐波。触发延迟角可能不同，且电源电压和桥接电路也可能不平衡。各相的谐波电压将会不平衡，并且需要借助计算机计算三相模型。谐波滤波器多用于特征谐波，用于非特征谐波时可能会引起相当大的问题。

4.2 单相桥式电路

首先，单相整流全桥电路被认为建立了交流和直流侧与谐波起源之间的关系，如图 4.1a所示。假定没有电压降落和泄漏电流，开关是瞬时的，电压电源是正弦的，并且负载是阻性的。

定义：

V_{dc}、V_{rms}分别为直流输出电压的平均值和方均根值；

I_{dc}、I_{rms}分别为直流输出电流的平均值和方均根值，即负载电流；

V_m、V分别为输入电压的峰值和方均根值。

对全波传导来说，输入和输出电流的波形如图 4.1b 和 c 所示。直流电流的平均值是

$$I_{dc} = \frac{1}{2\pi}\int_0^{2\pi} \frac{V_m}{R}\sin\omega t d(\omega t) = \frac{2}{2\pi}\int_0^\pi \frac{V_m}{R}\sin\omega t d(\omega t)$$
$$= \frac{2V_m}{\pi R} \qquad (4.1)$$

包括所有谐波在内的输出电流的方均根值是

$$I_{rms} = \sqrt{\frac{2}{2\pi}\int_0^\pi \left(\frac{V_m}{R}\right)^2 \sin^2\omega t d(\omega t)} = \frac{V_m}{\sqrt{2}R} \qquad (4.2)$$

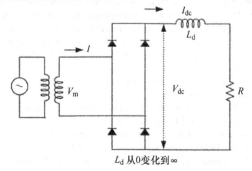

a)

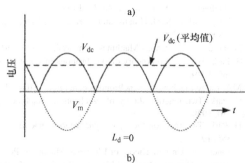

b)

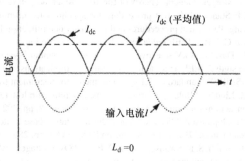

c)

图 4.1 a）带阻性负载的单相全波桥式整流电路；
b）和 c）没有直流电抗器的波形

输入电流没有谐波，如图 4.1c 所示。直流电压的平均值为

$$V_{dc} = \frac{1}{\pi}\int_0^{\pi}\sqrt{2}V\sin\omega t\,d(\omega t) = \frac{2\sqrt{2}}{\pi}V = 0.9V = 0.637V_m$$

$$V_{rms} = \sqrt{\frac{1}{2\pi}\int_0^{\pi}(\sqrt{2}V\sin\omega t)^2\,d(\omega t)} = 0.707V_m$$

$$I_{rms} = \frac{0.707V_m}{R}$$

交流输出功率定义为

$$P_{AC} = V_{rms}I_{rms} = \frac{(0.707V_{rms})^2}{R} \qquad (4.3)$$

式中，V_{rms} 是谐波对输出的影响。直流输出功率是

$$P_{DC} = V_{dc}I_{dc} = \frac{(0.4057V_m^2)}{R} \qquad (4.4)$$

整流率表示为 P_{DC}/P_{AC}（1%）。形状因数是测定输出电压或电流形状的一种方法，被定义为

$$FF = \frac{I_{rms}}{I_{dc}} = \frac{V_{rms}}{V_{dc}} = 1.11 \qquad (4.5)$$

纹波因数是用来测量输出电流或电压的波形含量，被定义为包括所有谐波在内的输出电压或电流的方均根值除以平均值：

$$RF = \sqrt{\left(\frac{I_{rms}}{I_{dc}}\right)^2 - 1} = \sqrt{FF^2 - 1} \qquad (4.6)$$

带有电阻负载的单相桥式电路的纹波因数是

$$RF = \sqrt{\left(\frac{I_{rms}}{I_{dc}}\right)^2 - 1} = 0.48 \qquad (4.7)$$

这表明直流输出电压或者电流的纹波含量很高（见图 4.1b）。即使对于最简单的应用这也是不能接受的。将串联电抗器接入直流电路，负载电流不再是整流的正弦波，但是平均电流仍等于 $2V_m/\pi R$。交流线电流不再是正弦曲线，不否认其是一种接近叠加纹波的方波（见图 4.2a 和 b）。电感通过增加交流线电流的谐波量，减少了负载电流的谐波量。当电感较大时，负载两端的纹波可忽略不计，并且负载电流可假定为恒定。此时，交流电流波为方波（见图 4.2c 和 d）。

4.2.1 相位调控

晶闸管可以采用短脉冲打开，通过自然换

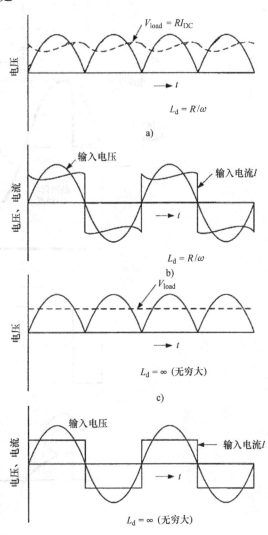

图 4.2　a）和 b）带有小型直流电抗器的单相全波桥式整流器的波形；c）和 d）带有大型直流电抗器的单相全波桥式整流器的波形

相或者电网换相关闭。图 4.3a 为带直流电抗器和阻性负载的单相全控桥式整流电路。在输入电压开始变为正值之后直到晶闸管被触发导通的角度称为触发延迟角，即图 4.3b 中的 α 角。图 4.3b 给出了大型直流电抗器的波形。晶闸管 1 和 2、3 和 4 是成对被触发的，如图 4.3b 所示。即使在电压极性是反向时，电流也不断地流向晶闸管 1 和 2，直到晶闸管 3 和 4 被触发，如图 4.3b 所示。晶闸管 3 和 4 的触发使晶闸管 1 和 2 反向偏置，并将其关闭（这被称为 F 类强制换相或电网换相）。直流电压的平均值是

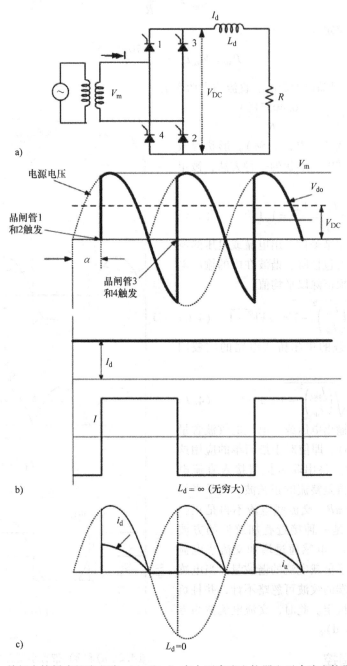

图 4.3　a）单相全控桥式整流电路；b）和 c）有大型直流电抗器和无直流电抗器的波形

$$V_{dc} = \frac{2}{2\pi}\int_{\alpha}^{\pi+\alpha} V_m \sin\omega t \, d\omega t = \frac{2V_m}{\pi}\cos\alpha \tag{4.8}$$

图 4.3b 所示的方波电流的傅里叶分析为（见第 2 章）

$$a_h = -\frac{4I_a}{h\pi}\sin h\alpha, \qquad h = 1,3,5,\cdots \tag{4.9}$$

$$= 0 \quad h = 2,4,6,\cdots$$

$$b_h = \frac{4I_a}{h\pi}\cos h\alpha \qquad h = 1,3,5,\cdots \tag{4.10}$$

$$= 0 \quad h = 2,4,6,\cdots$$

（需注意的是谐波次数在第 2 章中用字母"n"表示，在本章中用字母"h"表示）

因为

$$I = \sum_{h=1,2,\cdots}^{\infty}\left[a_h\cos(h\omega t) + b_h\sin(h\omega t) \right] \tag{4.11}$$

所以输入电流为

$$I = \frac{4}{\pi}I_d\left[\sin(\omega t - \alpha) + \frac{1}{3}\sin 3(\omega t - \alpha) + \frac{1}{5}\sin 5(\omega t - \alpha) + \cdots \right] \tag{4.12}$$

当输出电抗器较小时，输入电流波形不再是矩形的，并且线路谐波增加。当 $L_d = 0$ 时，电流波形如图 4.3c 所示。

图 4.4 所示为谐波与阻性负载触发延迟角之间的关系[1]，3 倍次谐波是存在的，重叠角（后面定义）降低了谐波幅值。

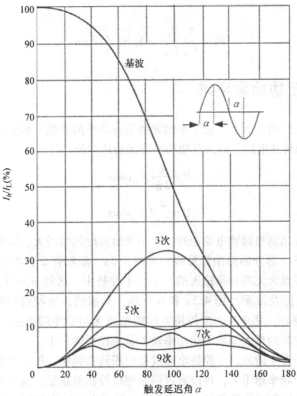

图 4.4　阻性负载的相角控制与谐波产生的关系[1]

我们可以将瞬时输入电流写为

$$i_{input} = \sum_{h=1,2,\cdots}^{\infty} \sqrt{2}I_h \sin(\omega t + \phi_h) \qquad (4.13)$$

式中

$$\phi_h = \tan^{-1}\left(\frac{a_h}{b_h}\right) = -h\alpha \qquad (4.14)$$

$\phi_h = -h\alpha$，是 n 次谐波电流的相移角。h 次谐波输入电流的方均根值是

$$I_h = \frac{1}{\sqrt{2}}(a_h^2 + b_h^2)^{1/2} = \frac{2\sqrt{2}}{h\pi}I_d \qquad (4.15)$$

基波的方均根值是

$$I_1 = \frac{2\sqrt{2}}{\pi}I_d \qquad (4.16)$$

因此，输入电流的方均根值是

$$I = \left(\sum_{h=1,2,\cdots}^{\infty} I_h^2\right)^{1/2} \qquad (4.17)$$

谐波因数是

$$HF = \left[\left(\frac{I_{rms}}{I_1}\right)^2 - 1\right]^{1/2} = 0.4834 \qquad (4.18)$$

相移因数是

$$DF = \cos\phi_1 = \cos(-\alpha) \qquad (4.19)$$

功率因数是

$$PF = \frac{V_{rms}I_1}{V_{rms}I_{rms}}\cos\phi_1 = \frac{2\sqrt{2}}{\pi}\cos\alpha \qquad (4.20)$$

4.3 换流器的无功功率要求

我们在第 1 章讨论了功率因数、总功率因数和谐波功率的概念。基波输入功率因数角等于触发延迟角 α。对于单相桥式电路，输入有功功率和无功功率分别是

$$P = \frac{4}{2\pi}I_d V_m \cos\alpha \qquad (4.21)$$

$$Q = \frac{4}{2\pi}I_d V_m \sin\alpha \qquad (4.22)$$

当大型相位控制应用到换流器电路中时，会出现触发延迟角增大、功率因数降低的情况。半控桥（由二极管代替下半部分的晶闸管形成，见图 4.3a，晶闸管 2 和 4 被二极管代替）的最大无功功率输入是全控桥最大无功功率输入的一半。半控桥中，区间 $\pi \sim (\pi + \alpha)$ 的输出电压和输入电流为 0。单相电路及波形如图 4.5a 和 b 所示。类似的，全控桥的傅里叶分析可以实现。图 4.5c 给出了有功功率输入和全控、半控桥电路的基波无功功率的关系。假设两个电路的输出电流是稳定电流。半控桥的最大基波无功功率输入是全控桥的一半。

然而，由于可能会产生谐波，半控桥电路没有应用到实践中，见 4.7.1 节。对换流器的无功功率要求在许多装置中越来越重要，可以通过限制相位控制的总量、减少整流变压器电抗以降低无功功率要求，同时也限制了换流器的 μ（重叠角，稍后定义）和控制顺序，此处提到的换流器常用于高压直流输电系统。在顺序控制中，两个或更多的换流器可以串联运行，一部分完全接

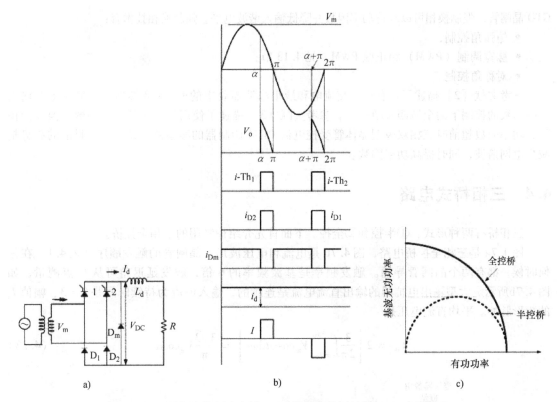

图 4.5　a) 单相半控桥式电路；b) 单相半控桥波形；c) 半控桥和
全控桥基波无功功率损耗（同样适用于三相桥）

入，其他部分则增加或者减去第一部分的电压（见图 4.6）。

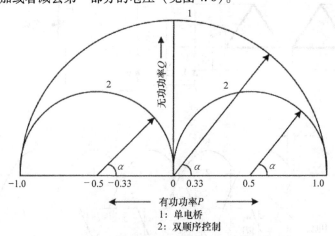

1：单电桥
2：双顺序控制

图 4.6　通过顺序控制换流器来降低无功功率要求

　　换流器消耗的无功功率可由并联电容器和滤波器提供。在这些情况下，电网换相换流器的效率
更高并且广泛用于高压直流输电中。根据设备原理，基于晶闸管的换流器在大功率处理能力中更有
效率，晶闸管可处理的功率比 GTO（门极关断）晶闸管、IGBT（绝缘栅双极型晶体管）和 MTO
（金属氧化物半导体关断）晶闸管处理的功率大 2~3 倍。电流源换流器种类很多，比如谐振换流
器、混合换流器、人工换相换流器等（详细说明见第 6 章）。现在正在开发新的换流器拓扑，通过

GTO 晶闸管，强制换相可以改善功率因数并降低输入谐波电平。强制换相技术有：
- 熄弧角控制；
- 脉宽调制（PWM）和正弦 PWM，见 4.13 节；
- 对称角控制。

参考文献［2］描述了具有正弦交流电和最小滤波器要求的 PWM 变换器，还描述了在输入功率因数的控制下的全域四象限运行。参考文献［3］描述了使用接近单位功率因数变换器的拓扑，功率因数超前时三相双极型晶体管受控电流 PWM 调制器的实验测试结果[4]。目前的趋势是减少电网谐波，同时提高功率因数。

4.4　三相桥式电路

三相桥有两种形式：①半控和②全控。下面首先介绍最常用的三相全控桥。

图 4.7a 是三相全控桥电路，图 4.7b 是电流和电压波形。晶闸管的触发顺序见表 4.1。在任何时候，都有两个晶闸管导通。触发频率是基波频率的 6 倍，触发延迟角可从 O 点测量，如图 4.7b 所示。大型输出电抗器的输出直流电流是连续的，输入电流为持续时间是 $2\pi/3$、幅值 I_{d} 的矩形脉冲。平均直流电压是

$$V_{\mathrm{dc}} = 2\left[\frac{3}{2\pi}\int_{-\pi/3+\alpha}^{\pi/3+\alpha} V_{\mathrm{m}}\cos\omega t\mathrm{d}\omega t\right] = \frac{3\sqrt{3}}{\pi}V_{\mathrm{m}}\cos\alpha \tag{4.23}$$

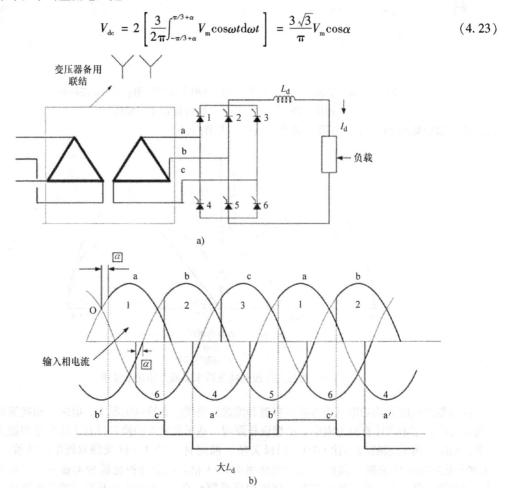

图 4.7　a）三相全控桥电路；b）触发延迟角 α 下的电压和电流波形

式中，V_m 是电网到中性点电压的峰值。触发延迟角大于 $\pi/2$ 时，电路可以充当逆变器，即直流功率反馈到交流系统中。这就要求在输出端连接极性相反的直流电源。功率因数滞后于整流器运行，超前于逆变器运行。

表 4.1　6 脉冲全桥变换器中晶闸管的触发顺序

晶闸管导通	5, 3	1, 5	6, 1	2, 6	4, 2	3, 4
晶闸管触发	1	6	2	4	3	5
晶闸管关闭	3	5	1	6	2	4

图 4.7 所示为三相全控桥的连接图和波形，三相全控桥是以 $\Delta - \Delta$ 接法或者 $Y - Y$ 接法连接到整流变压器的，也就是说，三相变压器绕组中的相移是 $0°$。我们还可以使用任何三相变压器绕组连接其一次绕组和二次绕组（第 3 章）。

如果假设触发延迟角为 0，那么输入电流是矩形电流，a 相电流的傅里叶分析为

$$i_a = \frac{2\sqrt{3}}{\pi} I_d \left[\cos\omega t - \frac{1}{5}\cos 5\omega t + \frac{1}{7}\cos 7\omega t - \frac{1}{11}\cos 11\omega t + \frac{1}{13}\cos 13\omega t - \cdots \right] \tag{4.24}$$

因此，最大的基频电流是

$$\frac{2\sqrt{3}}{\pi} I_d \quad (峰值) = \frac{\sqrt{6}}{\pi} I_d \quad (方均根值) \tag{4.25}$$

如果整流变压器是以 $\Delta - Y$ 接法连接的，输入电流是阶跃的（未显示），得出的电流波形傅里叶级数为

$$i_a = \frac{2\sqrt{3}}{\pi} I_d \left(\cos\omega t + \frac{1}{5}\cos 5\omega t - \frac{1}{7}\cos 7\omega t - \frac{1}{11}\cos 11\omega t + \frac{1}{13}\cos 13\omega t - \cdots \right) \tag{4.26}$$

根据以上等式，可得出以下观察结果：

1）电网谐波次数为

$$h = pm \pm 1, m = 1, 2, \cdots \tag{4.27}$$

式中，p 是脉波数。脉波数被定义为在没有相位控制时，每个周期的变换器电路内发生的连续非同时换相的总数。这一关系也适用于单相桥式变换器，因为单相桥式电路的脉波数为 2。式 (4.27) 中的谐波是基频的整数倍，称为特征谐波，其他的谐波则称为非特征谐波。

2）没有 3 倍次谐波，这是因为假定有理想的矩形波形和触发延迟角处电流瞬时传输。在实际操作中，也会产生一些非特征谐波。

3）h 次谐波方均根值的大小是 I_f/h，即 5 次谐波的最大值是基波的 20%：

$$I_h = \frac{I_f}{h} \tag{4.28}$$

4）输入电流的傅里叶级数是

$$a_h = -\frac{4I_d}{h\pi} \sin\frac{h\pi}{3} \sin(h\alpha) \quad h = 1, 3, 5, \cdots$$

$$b_h = -\frac{4I_d}{h\pi} \sin\frac{h\pi}{3} \cos(h\alpha) \quad h = 1, 3, 5, \cdots \tag{4.29}$$

因此

$$I = I_h \sin(h\omega t + \phi_h), \phi_h = \tan^{-1}\frac{a_h}{b_h} = -h\alpha \tag{4.30}$$

n 次谐波输入电流的方均根值是

$$I_h = (a_h^2 + b_h^2)^{1/2} = \frac{2\sqrt{2}}{h\pi}\sin\frac{h\pi}{3} \tag{4.31}$$

基波电流的方均根值是

$$I_1 = \frac{\sqrt{6}}{\pi}I_d = 0.779I_d \tag{4.32}$$

输入电流（包括谐波）的方均根值是

$$\left[\frac{2}{\pi}\int_{(-\pi/3)+\alpha}^{(\pi/3)+\alpha}I_d^2\,\mathrm{d}\omega t\right]^{1/2} = I_d\sqrt{\frac{2}{3}} = 0.8165I_d \tag{4.33}$$

5）变换器输出的最低谐波是6次谐波。随着变换器脉波数的增加，直流输出电压纹波和输入电流谐波含量均减少。同时，对于给定的电压和触发延迟角，平均直流电压随脉波数增加而增加。

6）6脉冲全控整流器的纹波系数为

$$V_{\mathrm{rms}}^2 = \frac{3}{\pi}\int_{-\pi/6+\alpha}^{\pi/6+\alpha}(\sqrt{3}V_{\mathrm{m}}\cos\theta)^2\,\mathrm{d}\alpha$$

$$= \frac{9V_{\mathrm{m}}^2}{2\pi}\left[\frac{\pi}{3}+\frac{\sqrt{3}}{2}\cos2\alpha\right]$$

$$\mathrm{RF} = \frac{\sqrt{V_{\mathrm{rms}}^2 - V_{\mathrm{dc}}^2}}{V_{\mathrm{dc}}} = \frac{\sqrt{\frac{\pi}{2}\left[\frac{\pi}{3}+\frac{\sqrt{3}}{2}\cos2\alpha\right] - 3\cos^2\alpha}}{\sqrt{3}\cos\alpha} \tag{4.34}$$

当 $\alpha = 0$ 时，RF $= 0.0418$，为最小值。

7）根据式（4.33）得出，包含谐波的方均根电流是 $0.8165I_d$，根据式（4.32）得出基波电流是 $0.7797I_d$。那么总谐波电流为

$$I_h = \left[(0.8165I_d)^2 - (0.7797I_d)^2\right]^{1/2} = 0.24I_d \tag{4.35}$$

通过之前的分析，假设换相是瞬变的。通过交流系统的电感电路进行电流换相的过程会比较复杂。4.4.2 节对此问题进行了讨论。

例4.1：假设三相全控桥用于阻性负载，那么以下关系是成立的：

$$V_{\mathrm{dc}} = 1.6542V_{\mathrm{m}}$$

$$I_{\mathrm{dc}} = \frac{1.6542V_{\mathrm{m}}}{R}$$

$$V_{\mathrm{rms}} = 1.6554V_{\mathrm{m}}$$

$$I_{\mathrm{rms}} = \frac{1.6554V_{\mathrm{m}}}{R}$$

$$\mathrm{FF} = \frac{1.6554}{1.6542} = 1.0007$$

$$\mathrm{RF} = \sqrt{1.0007^2 - 1} = 0.0374 = 3.74\%$$

根据式（4.34）得出 RF 约为 3.74%。

例4.2：证明式（4.26）。

根据 ANSI/IEEE 标准[5]制造的变压器的绕组接线中的相移在第 3 章中已做了详述。回想一下，无论是星形还是三角形联结，低端电压相对于高端电压相到中性点电压矢量都有 30° 的相移。同样，对于负序列，该相移角也变为负的。

因此，式（4.24）变为

$$i_a = \frac{2\sqrt{3}}{\pi}I_d \Big[\sin(\omega t - 30°) - \frac{1}{5}\sin(5\omega t - 150°) + \frac{1}{7}\sin(7\omega t - 210°) \cdots \Big]$$

负序电压或电流相移 -30°时，正序电压或电流经过 +30°的偏移。

那么

$$i_a = \frac{2\sqrt{3}}{\pi}I_d \Big[\sin(\omega t - 30° + 30°) - \frac{1}{5}\sin(5\omega t - 150° - 30°)$$

$$+ \frac{1}{7}\sin(7\omega t - 210° + 30°) \cdots \Big]$$

$$= \frac{2\sqrt{3}}{\pi}I_d \Big[\sin(\omega t) + \frac{1}{5}\sin(5\omega t) - \frac{1}{7}\sin(7\omega t) \cdots \Big]$$

4.4.1 用相位乘法消除谐波

式 (4.24) 和式 (4.26) 表明，5 次、7 次、17 次谐波符号相反。我们知道，Δ - Y 联结变压器的一次和二次电压矢量间有 30°的相移，当变压器以 Y - Y 或 Δ - Δ 联结时，这个相移变为 0°。如果将负载平均分为两个变压器，一个是 Δ - Δ 联结，另一个是 Y - Δ 或者 Δ - Y 联结，5 次、7 次、17 次……谐波被消除，系统像 12 脉冲电路一样运行，这就叫相位乘法。图 4.8a 为电路，图 4.8b 为时域的波形。将这个概念延伸，用 4 个带有 15°相移的变压器就可以实现 24 脉冲操作。因为谐波的大小和脉波数成反比，所以大幅值的低次谐波会被消除。实际运行中很难具备理想条件，因此谐波不能 100% 被消除，变压器的比率和变阻应当相同，负载应当被平均承担，变换器的触发延迟角应当相等。在实际运行中，大约可以实现 75% 的谐波消除，在谐波分析案例中，剩余 25% 的谐波被建模。

相位乘法的一些实例详见第 6 章。变压器二次绕组中的相移可以改善输入波形。

4.4.2 源阻抗的影响

如果源阻抗为 0，那么电流可瞬时从一个晶闸管流向另一个晶闸管。源阻抗使电流换相延迟一个角度 μ，在这个过程中，传导设备发生短路，交流循环电流受源阻抗限制；μ 称为重叠角。当 $\alpha = 0°$ 时，短路条件为对应的最大不对称值，且 μ 值较大，即初始电流上升缓慢，重叠角 μ 如图 4.9 所示。当 $\alpha = 90°$ 时，在零不对称条件下，电流上升速度快。电流换相可以在每个周期产生 2 个主要陷波和 4 个幅值较小的二级陷波，这取决于其他桥臂的陷波反应（见图 4.10）。在感应源阻抗中，平均直流电压减少，由下式得出：

$$V_d = V_{do} - \frac{3\omega L_s}{\pi}I_d \tag{4.36}$$

式中，L_s 为源阻抗；对于 6 脉冲全控桥，V_{do} 由式 (4.23) 给出，与 V_{dc} 相同，称为整流器的内电压。

图 4.9 所示为叠加有助于减少输入电流波的谐波含量，输入电流波被磨平，更接近正弦波。叠加部分的交流电流谐波由下式得出[6]：

$$I_h = I_d \Bigg[\sqrt{\frac{6}{\pi}} \frac{\sqrt{A^2 + B^2 - 2AB\cos(2\alpha + \mu)}}{h[\cos\alpha - \cos(\alpha + \mu)]} \Bigg] \tag{4.37}$$

式中

$$A = \frac{\sin\Big[(h-1)\frac{\mu}{2} \Big]}{h-1} \tag{4.38}$$

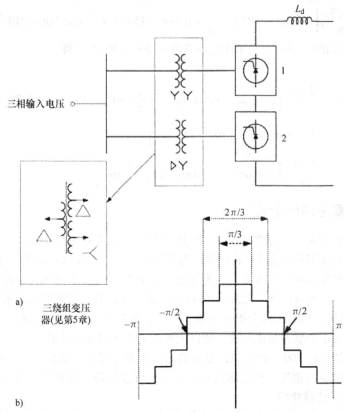

a)　三绕组变压器(见第5章)

b)

图 4.8　a) 相位乘法消除谐波的电路；b) 阶跃输入电流的波形

$$B = \frac{\sin\left[(h+1)\frac{\mu}{2}\right]}{h+1} \tag{4.39}$$

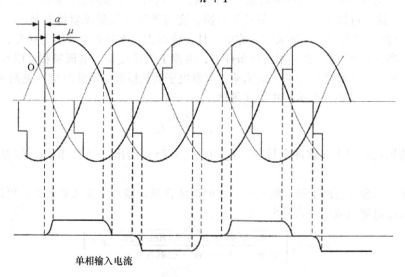

单相输入电流

图 4.9　重叠角对输入电流波形的影响

电压陷波的深度是由 IZ 电压降计算得出的，且是阻抗的函数。陷波宽度是换相角：

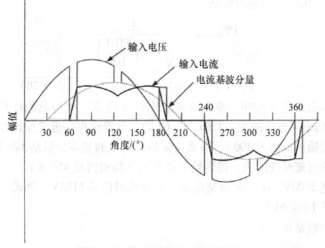

图 4.10 带输出直流电抗器的三相全控桥的电压凹陷

$$\mu = \cos^{-1}\left[\cos\alpha - (X_s + X_t)I_d\right] - \alpha \qquad (4.40)$$

$$\cos\mu = 1 - 2E_x/V_{do} \qquad (4.41)$$

式中，X_s 是变换器中的系统电抗（pu）；X_t 是变换器中的变压器电抗（pu）；I_d 是变换器中的直流电流（pu）；E_x 是换相电抗导致的直流电压降。陷波带来电磁干扰问题，并且使检测零交叉的电子设备操作不当（见第 8 章）。

叠加正弦纹波含量使得波形呈不规则四边形[6]。参考文献 [6-8] 提供了对带有纹波含量的谐波的估算（进一步计算见第 7 章）。由变换器产生的间谐波见第 5 章。

例 4.3：计算 6 脉冲变换器的总功率因数，相关数据为：最大额定值为 5MVA，负载电压为 2.4kV，负载电流为 500A，角 α 为 30°，13.8kV 整流变压器额定值为 5MVA，阻抗比为 5.5%，X/R 比为 8。畸变功率因数是多少？

首先计算重叠角。根据提供的数据：

以变换器为基础的变压器阻抗（pu）为 $X_t = 0.05457\text{pu}$，源阻抗为 X_s 且可忽略不计。

由式（4.40）可得 $\mu = 5.7°$。

忽略重叠角，6 脉冲变换器输入电流的方均根值（包括谐波影响）是 $0.8165I_d$。

$$\text{HF} = \left(\left[\frac{I_{\text{input,rms}}}{I_{\text{fund,rms}}}\right]^2 - 1\right)^{1/2} = 31.08\%$$

$$\text{DF} = \cos(-\alpha)$$

$$\text{PF} = \frac{3}{\pi}\cos\alpha = 0.9549\ \text{DF}$$

代入 α，DF（畸变因数）= 0.866，且 PF（功率因数）= 0.827。

式（4.37）中，考虑重叠角，忽略纹波含量。用式（4.37）得出的值见表 4.2。

表 4.2 谐波计算（例 4.2）

谐波次数	A	B	谐波（%）
5	0.049414	0.041025	25.43
7	0.058808	0.048439	21.54
11	0.047712	0.046840	11.95
13	0.046840	0.045820	9.70

由式（1.38），得出畸变功率因数是

$$PF_{\text{distortion}} = \frac{1}{\sqrt{1 + \left(\dfrac{\text{THD}_I}{100}\right)^2}}$$

$$\% \text{THD}_I = \sqrt{(0.2543)^2 + (0.2154)^2 + (0.1195)^2 + (0.0970)^2} = 0.364$$

因此，畸变功率因数是0.9396，涉及的谐波最多到13次。如果我们计算更高次谐波，那么THD_I会增加，畸变功率因数会减少。$\text{THD}_I = 0.62$时，计算结果接近之前计算的DF $= 0.866$。

如果给出的直流输出电流为500A，那么交流输入电流的基波分量是389.85A，见式（4.32）。根据前面算出的电流畸变因数，得到输入电流的方均根值是414.8A。

直流输出电压是2400V，$\alpha = 30°$时交流电压的方均根值是1185V，见式（4.23）。

那么输入功率是1474.6kVA。

因此，总功率因数是0.814。

4.5 输出（直流）侧的谐波

单相电路的输出波形（直流端）包含输入频率的偶次谐波，傅里叶展开是

$$V_{d0} = V_{dc} + e_2 \sin 2\omega t + e'_2 \cos 2\omega t + e_4 \sin 4\omega t + e'_4 \cos 4\omega t + \cdots \tag{4.42}$$

式中，e_m和e'_m（$m = 2, 4, 6, \cdots$）为

$$e_m = \frac{2V_m}{\pi}\left[\frac{\sin(m+1)\alpha}{m+1} - \frac{\sin(m-1)\alpha}{m-1}\right] \tag{4.43}$$

$$e'_m = \frac{2V_m}{\pi}\left[\frac{\cos(m+1)\alpha}{m+1} - \frac{\cos(m-1)\alpha}{m-1}\right] \tag{4.44}$$

可将变换器作为谐波电流源，偶次谐波进入负载，奇次谐波进入电源（见图4.11）。流入供电系统的谐波传播到电力系统可被放大或衰减。

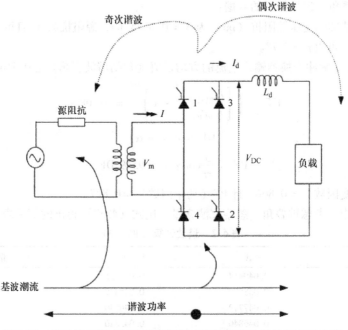

图4.11　将单相双脉冲可控整流器作为谐波产生和谐波潮流的来源

负载电路的谐波会对负载产生不利影响，但是一般情况下，仅影响连接的负载。与谐波电流相关的谐波功率是系统阻抗和负载端阻抗的函数（见第 1 章）。

对于三相全控 6 脉冲桥式电路，只有输入频率的 3 倍次谐波存在于输出直流电压中，分别是 6 次、12 次、18 次……因此，直流侧的谐波可写为

$$h = pm \quad m = 1,2,\cdots \tag{4.45}$$

图 4.12a 显示 6 脉冲桥式整流器直流输出电压的纹波含量。受触发延迟角和重叠角影响的波形如图 4.12b 所示。

图 4.13a 和 b 所示为受触发延迟角 α 和重叠角 μ 影响的直流输出谐波。谐波电压的方均根值由参考文献 [9] 得出：

$$V_h = \frac{V_{c0}}{\sqrt{2}(h^2-1)}\left\{\begin{array}{l}(h-1)^2\cos^2\left[(h+1)\frac{\mu}{2}\right]+(h+1)^2\cos^2\left[(h-1)\frac{\mu}{2}\right]- \\ 2(h-1)(h+1)\cos\left[(h+1)\frac{\mu}{2}\right]\cos\left[(h-1)\frac{\mu}{2}\right]\cos(2\alpha+\mu)\end{array}\right\}^{1/2} \tag{4.46}$$

式中，V_{c0} 是换相相间电压的方均根值。参考文献 [9] 提供了 $h=18$ 和 24 的相似图。

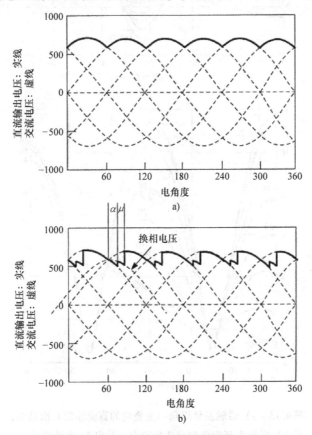

图 4.12　a）三相 6 脉冲桥式整流器直流输出电压的纹波含量；
b）受触发延迟角和重叠角影响的输出波形

3 脉冲半控桥中，最低的谐波是 3 次谐波。应用图 4.13a 和 b，假设 $a=\pi/4$，$\mu=10°$。那么，可从图中看出 6 脉冲变换器的输出谐波：

$$6 \text{ 次} = 0.19 \text{pu}$$

$$12 \text{ 次} = 0.055 \text{pu}$$

纹波因数是

$$RF = \frac{\sqrt{0.19^2 + 0.055^2}}{1} = 19.7\% \tag{4.47}$$

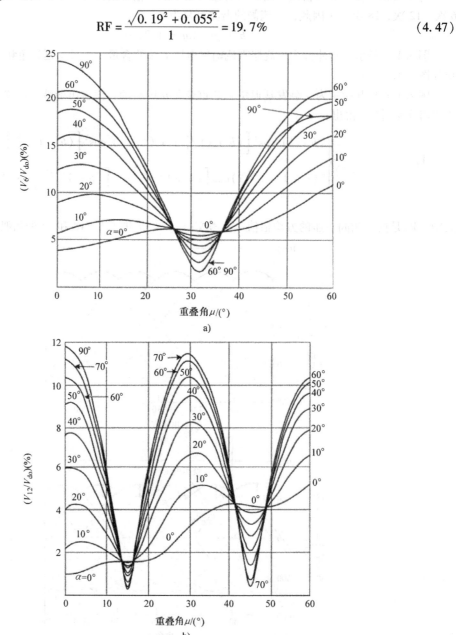

图 4.13 a）带触发延迟角和重叠角的直流输出 6 次谐波；

b）带触发延迟角和重叠角的直流输出 12 次谐波[9]

4.6 逆变器工作

从式（4.23）得出，90°触发延迟角的直流电压值是 0。随着触发延迟角的进一步增大，平均直流电压变为负电压。可通过绘制有触发延迟角 α 的输出电压波形进行检查，如图 4.14 所示。假设瞬间换相，那么触发延迟角是 180° 时的负电压与整流器触发延迟角是 0° 时的负电压一样大。然而，当角度是 180° 时，逆变器是不工作的，因为电流换相和附加时间需要一些延迟，该延迟用 γ 表示（称为裕度角），外部晶闸管需要角 δ，用来在两端电压反向流动时关断该晶闸管。否则，输出晶闸管将电流反向整流，会导致换相失败。触发延迟角限制在 $\pi \sim \gamma$ 之间。在高压直流输电中，两种工作模式被记为模式 1 和模式 2。在模式 1 中，触发延迟角不同且电流保持稳定。当内电压在一定水平时，晶闸管反向偏置的持续时间将达到最小值，且任何增加都会导致换相失败。因此，在模式 2 中，要等到裕度角或关断角稳定时逆变器才再次工作。

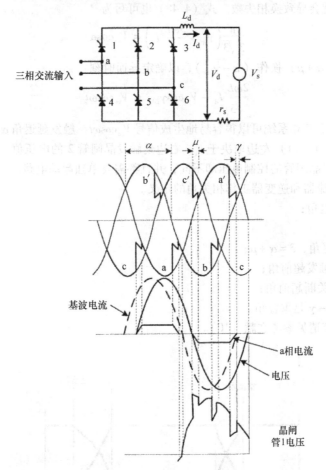

图 4.14 电路图和逆变器波形

6 脉冲桥的空载电压由式（4.23）得出。

那么，假设直流电压源电感（换相电感）下降，式（4.23）得出的电压值可改为

$$V_d = \frac{3\sqrt{3}V_m}{\pi}\cos\alpha - \frac{3\omega L_s L_d}{\pi}$$

$$= \frac{3\sqrt{3}V_m}{\pi}\cos(\alpha + \mu) + \frac{3\omega L_s I_d}{\pi} \qquad (4.48)$$

可将式（4.48）写为

$$V_{\mathrm{d}} = V_{\mathrm{do}} - \frac{3}{\pi}X_{\mathrm{c}}I_{\mathrm{d}} = V_{\mathrm{do}} - R_{\mathrm{c}}I_{\mathrm{d}} \qquad (4.49)$$

式中，R_{c} 是等价换相电阻，其不表现为实电阻，不消耗任何实功率。

对于整流器或逆变器的工作，晶闸管在换相（$\pi - \alpha - \mu$）后产生反向电压。然而，在逆变器工作中，角 $\alpha > 90°$。也就是说，同整流器工作相比，逆变器工作的晶闸管反向偏压的持续时间较短。因此，触发延迟角应当被限制，所以角 $\gamma = (\pi - \alpha - \mu)$ 适用于适当换相。角（$\pi - \gamma$）称为关断角。

图 4.14 所示为当 $\alpha = 5\pi/6$ 时的逆变器波形以及其中一个晶闸管两端的电压。若不能适当控制以保持裕度角，就会导致换相失败。式（4.48）也可写为

$$\frac{\pi}{3\sqrt{3}}\Big(V_{\mathrm{d}} + \frac{3\omega L_{\mathrm{s}}}{\pi}I_{\mathrm{d}} \Big) = V_{\mathrm{m}}\cos\alpha \qquad (4.50)$$

将 α 换作 ωt，（$\alpha + \mu$）换作（$\pi - \gamma_{\min}$），以确定导通时刻：

$$\frac{2\omega L_{\mathrm{s}}}{\sqrt{3}}I_{\mathrm{d}} - V_{\mathrm{m}}\cos\gamma_{\min} = V_{\mathrm{m}}\cos\omega t \qquad (4.51)$$

式中，$\gamma_{\min}$ 是恒定值。三相系统可以很容易地生成信号 $V_{\mathrm{m}}\cos\omega t$。触发延迟角 α 随 V_{d} 值调整，直至得到 $\gamma_{\min}$。因此，式（4.51）左边取决于 I_{d}，右边是触发晶闸管 2 的电压值。尽管右侧所有的晶闸管都是相同的，但晶闸管的控制电压却不同，并且都需要单独起动电路。

图 4.15 为与整流器和逆变器工作相关角的定义。

- α 是触发延迟角；
- μ 是重叠角；
- δ 是关断延迟角，$\delta = \alpha + \mu$；
- $\beta = \pi - \delta$ 是触发超前角；
- $\gamma = \pi - \alpha$ 是关断超前角；
- $\mu = \delta - \alpha = \beta - \gamma$ 是重叠角。

进一步了解细节请见参考文献［10］。

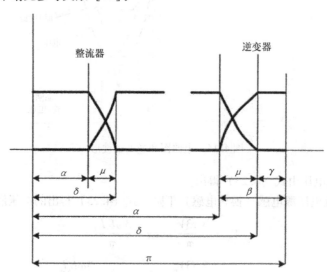

图 4.15　与整流器和逆变器工作相关的角

4.7 二极管桥式变换器

如前所述，电流源变换器具有以下条件：①前端二极管，不带任何直流控制。②带输出直流电抗器和前端晶闸管的变换器遵循直流链路电压：变换器控制直流电源的输出量从 0 到全直流输出。③电流源变换器可能带有关断器件（IGBT）。注入供电系统的谐波可由诺顿定理来表示。这类变换器用于电流源逆变器前端。

带容性负载的全波二极管桥式电路如图 4.16a 所示，是第二种类型的变换器。它将交流电转换为直流电，并且不控制直流功率大小。这种变换器不会导致线路陷波，但是汲取的电流更类似于脉冲电流，而不是全桥变换器的近似方波电流。电压和电流波形如图 4.16b 所示。戴维南定理可以更好地描述该电路，源阻抗对电路有较大的影响。

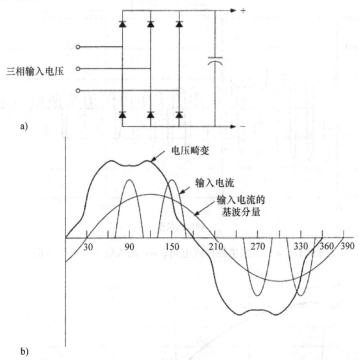

图 4.16 a）带直流侧电容的三相二极管桥式电路；b）输入电流波形和电压畸变

典型的电流谐波对照见表 4.3。与电流源变换器相比，在带直流侧电容的二极管变换器中，5 次谐波高出 3 ~ 4 倍，而 7 次谐波高出 3 倍。这类带直流侧电容的变换器用于电压源逆变器。在某些情况下，全控桥可以替代在直流侧电容前的二极管桥。

表 4.3 6 脉冲变换器和二极管桥式变换器的典型电流谐波，以基频电流的百分比表示[6]

电流谐波	6 脉冲变换器	二极管桥式变换器
5	17.94	64.5
7	11.5	34.6
11	4.48	5.25
13	2.95	5.89

4.7.1 三相半控桥式变换器

图 4.7a 中，只使用了 3 个（顶部）控制器件，三相全控桥底部的控制器件由价格更低的二

极管代替。三相半控桥式电路和半桥变换器用于较小输出功率等级（200kW 或以上）的工业应用，如应用在印刷机驱动器、塑料挤压机、造纸厂和其他要求将直流电压控制在有限范围内的设备。图 4.17a 所示为带有续流二极管的电路，图 4.17b 是图 4.17a 中"△"单侧的电流波形。注意正负半周的不对称性。触发延迟时，会产生谐波。奇次谐波和偶次谐波随触发延迟角变化。图 4.18 所示为偶次谐波（2 次和 4 次谐波）随频率和触发延迟角的变化。

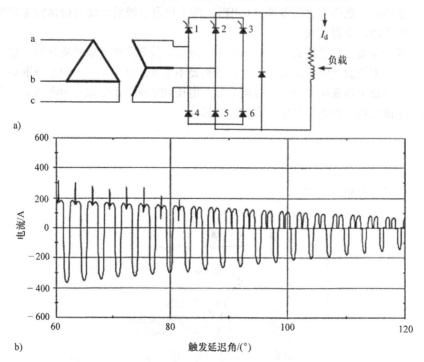

图 4.17　a）三相半控桥式电路；b）输入电流非对称波形

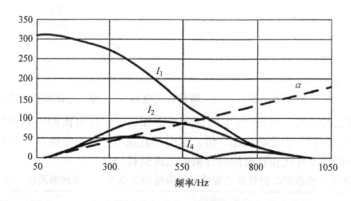

图 4.18　三相半控桥式电路产生的偶次谐波与频率的关系

当 $\alpha \geqslant \pi/3$ 时，间断输出电压为

$$V_{dc} = \frac{3\sqrt{3}}{2\pi} V_m \cos(1 + \alpha) \tag{4.52}$$

连接到 480V 三相输入电压的三相半桥变换器最大值 $V_{dc} = 324V$。

输出电压的方均根值为

$$V_{\text{rms}} = \sqrt{3}V_{\text{m}}\left[\frac{3}{4\pi}\left(\pi - \alpha + \frac{1}{2}\sin2\alpha\right)\right]^{1/2} \tag{4.53}$$

当 $\alpha = \pi/2$ 时，连接到 480V 三相输入电压的三相半桥变换器的方均根电压 $V_{\text{rms}} = 415.7\text{V}$。
傅里叶级数展开是

$$I = \frac{-2I_{\text{d}}}{h\pi}\left\{\left[\cos\frac{h\pi}{6} - \cos(h\alpha)\cos\frac{h\pi}{6}\right]\sin(h\omega t) + \sin(h\alpha)\cos\frac{h\pi}{6}\cos(h\omega t)\right\}$$

$$h = 偶数$$

$$I = \frac{-2I_{\text{d}}}{h\pi}\left\{\left[\sin\frac{h\pi}{6} - \cos(h\alpha)\sin\frac{h\pi}{6}\right]\cos(h\omega t) + \sin(h\alpha)\sin\frac{h\pi}{6}\sin(h\omega t)\right\}$$

$$h = 奇数 \tag{4.54}$$

由于直流电压不能逆转，半控桥不能作为独立逆变器工作。

4.8 开关电源

单相整流器应用于打印机、计算机、电视机和家用电器的电源中。在这些应用中，整流器使用直流滤波电容器并从交流电源中汲取脉冲电流。谐波电流比式（4.12）给出的更差。图 4.19a和 b 所示为常规电源电路和开关电源电路。在常规电源系统中，主纹波频率是 120Hz，汲取的电流是相对线性的。电容器 C_1、C_2 和电感器用作无源滤波器。在开关电源中，输入电压在线电压下被整流，高直流电压存储在电容器 C_1 中。高频（10～100kHz）时，晶闸管转换开关和控制装置调节 C_1 的直流电压。高频脉冲在变压器中降阶并整流。转换开关取代串联调节器并减少其在常规电源中的损失。DC－AC 变换的开关模式配有 4 个通用配置，即归零、推拉、半桥和全桥。这类开关电源的输入电流波形是高度非线性的，在正弦交流电压周期的一部分中以脉冲形式流动，如图 4.19c 所示。开关电源频谱见表 4.4，表中显示了 3 次和 5 次谐波的高幅值。几乎所有的办公室电子设备都是这种类型，如计算机、打印机、复印机、智能终端和外部设备。

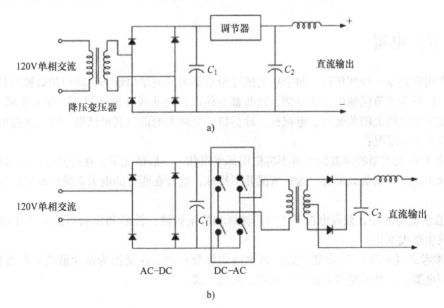

图 4.19 a）常规电源电路；b）开关电源电路；c）输入电流脉冲波形

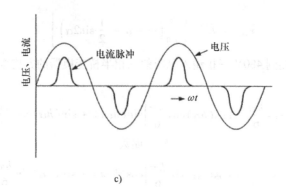

c)

图 4.19 a) 常规电源电路；b) 开关电源电路；c) 输入电流脉冲波形（续）

表 4.4 典型开关电源频谱[13]

谐波	幅值	角度	谐波	幅值	角度
1	100	−37	14	0.1	65
2	0.2	65	15	1.9	−51
3	67	−97	17	1.8	−151
4	0.4	−72	19	1.1	84
5	39	−166	21	0.6	−41
6	0.4	−154	23	0.8	−148
7	13	113	25	0.4	64
8	0.3	0.3	27	0.2	−25
9	4.4	−46	29	0.2	−122
11	5.3	−158	31	0.2	102
12	0.1	142	33	0.2	56
13	2.5	92			

4.9 家用电器

许多用户共享一台变压器，每个住宅的计量点都可以测量出谐波。将白炽灯照明替换为荧光灯照明，以及为了节能使用变频空调，这些都会使用户的非线性负载增多。参考文献［11，12］记录了在中压馈线上的荧光灯、电视机、计算机、空调器的谐波测量结果。家用电器的谐波发射主要有以下 3 种情况：

● 各种负载类型的谐波辐射将不再使用算术求和。一般情况下，在公共母线上测量谐波时，谐波会减少。对住宅负载来说，这种情况并不特殊，通常在所有的电力系统中都可能发生，见第 6 章。

● 在谐波分析中，假设电源是忽略谐波影响的正弦波，波形和发射可能会由于输入电源的畸变而发生很大变化。

● 参考式（4.28），特征谐波由谐波次数的倒数得出。这是因为奇次谐波波形近似为方波。对于家用电器，这种类型的表征尚未建立。给出下式：

$$I_h = \frac{I_1}{h^\alpha} \tag{4.55}$$

式中，α是决定电流谱衰减率的参数，通过家用电器标准化频谱的曲线拟合估算 α。

表 4.5 给出了住宅负载和谐波电流特征[13]，值得注意的是其变化范围大。

表 4.5 住宅负载和整屋谐波电流特征

负载类型	负载方均根电流/A	总谐波畸变率（%）	h_3	h_5	h_7	h_9
干衣机	25.3	4.6	3.9	2.3	0.3	0.3
灶台	24.3	3.6	3.0	1.8	0.9	0.2
冰箱1	2.7	13.4	9.2	8.9	1.2	0.6
冰箱2	3.2	10.4	9.6	3.7	0.8	0.2
台式计算机/打印机	1.1	140.0	91.0	75.2	58.2	39.0
传统热泵1	23.8	10.6	8.0	6.8	0.5	0.6
传统热泵2	25.7	13.2	12.7	3.2	0.7	0.2
ASD热泵1	14.4	123.0	84.6	68.3	47.8	27.7
ASD热泵2	27.7	16.1	15.0	4.2	2.3	1.9
ASD热泵3	13.0	53.6	48.8	6.3	17.0	10.1
彩色电视机	0.7	120.8	85.0	60.6	34.6	14.6
微波炉1	11.7	18.2	15.7	5.1	3.2	2.1
微波炉2	11.7	26.4	23.3	9.6	2.2	1.6
车辆充电器	0.5	51.7	43.2	26.9	2.6	4.2
调光器	1.6	49.7	41.2	16.0	12.1	10.0
电吹风	25.3	4.6	3.9	2.3	0.3	0.3
吊顶荧光灯	2.5	39.5	36.9	13.8	2.3	1.4
桌面荧光灯	0.6	17.6	17.1	3.4	2.0	0.6
真空吸尘器	6	25.9	25.7	2.7	1.8	0.4
住宅1	72.0	4.8	3.6	3.2	0.2	
住宅2	51.3	7.7	7.2	2.6	0.8	0.2
住宅3	41.6	10.9	8.6	6.5	1.5	0.2
住宅4	19.9	6.4	5.5	2.7	1.1	1.2
住宅5	6.6	16.2	11.7	10.2	4.1	1.2
住宅6	60.8	8.5	6.9	4.9	0.6	0.2
住宅7	30.4	11.8	10.7	5.0	0.3	0.3
住宅8	62.6	31.6	29.5	6.9	6.8	5.0

参考文献［14］主要介绍住宅负载的谐波。

4.10 电弧炉

电弧炉重量可能从几吨（额定功率 2～3MVA）到 400 吨（额定功率 100MVA）不等。由于弧的材料多样，电弧炉产生的谐波无法明确地进行预测。电弧电流是高线性的，并且揭示了整数次和非整数次谐波频率的连续谱（间谐波）。

电弧炉负载会带来严重畸变，并且由于移动电极和熔料的熔融物理现象，每个周期的电弧电流可能不同。低整数次谐波超过非整数次谐波，成为主导。熔融阶段和精炼阶段产生的谐波大大不同。随着熔料的增加，电弧炉更加稳定，电流也随着畸变的减少而变得稳定。图 1.3 所示为在废钢熔融期间，供应阶段的不稳定电弧电流。表 4.6 根据 IEEE 标准 519[6]，给出了典型电弧炉两个熔融阶段的典型谐波含量。表中显示的值并不能一概而论。其中都产生了奇次谐波和偶次谐波。电弧炉负载是供电系统中的恶劣负载，随之而来的问题有相位不平衡、闪变、谐波、冲击负载和可能存在的谐振。尽管表中只显示了 7 次谐波，更高次的谐波即占比 0.5% 的 8 次、9 次和

10 次谐波可以根据谐波分析研究模型推算出来。此外，比起电流谐波，更应该对电弧炉产生的电压谐波建模（见作者《无源滤波器设计》中的第 6 章）。

表 4.6 电弧炉电流谐波含量与基波的百分比[6]

h	初始熔融	精炼
2	7.7	0.0
3	5.8	2.0
4	2.5	0.0
5	4.2	2.1
7	3.1	

由图 4.20 可知，电弧炉是具有低滞后功率因数的负载。不稳定无功电流的较大摆幅使压降穿过交流系统的无功阻抗，造成终端电压不规则变化，这些电压变化导致白炽灯输出变化，称之为闪变，它是基于人眼对白炽灯光输出变化感知的敏感性定义的，进一步讨论见第 5 章。

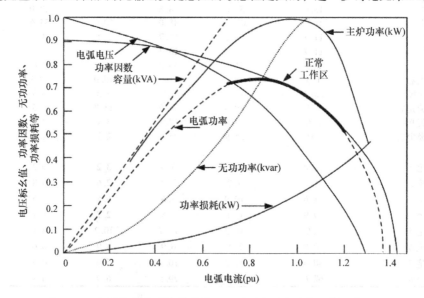

图 4.20 电弧炉的典型性能曲线，显示了电弧电流的正常工作区

4.10.1 感应加热

感应加热是谐波的另一主要来源。感应加热器通常在前端采用 6 脉冲晶闸管整流器电路，导致产生大量谐波电流。表 4.7 所示的谐波谱和图 4.21 中的波形是由 △ - Y 联结变压器的一次侧产生的，该变压器带有 3000kW 的感应加热器[13]。要注意产生的是偶次谐波。同时，在感应炉中产生了间谐波（第 5 章）。

表 4.7 △ - Y 联结 5000kVA、13.8 ~ 4.16kV 感应加热器负载的谐波谱

谐波次数	幅值	角度/(°)	谐波次数	幅值	角度/(°)
基波	100	-38	2	0.1	-59
3	1.5	-7	4	0.1	20
5	20.2	174	6	0.2	-161
7	13.6	101	10	0.2	75
9	0.9	122	12	0.2	8

（续）

谐波次数	幅值	角度/(°)	谐波次数	幅值	角度/(°)
11	8.2	-44	18	0.1	7
13	7.1	-118	20	0.3	151
15	0.8	-101	24	0.2	128
17	4.7	99	26	0.1	-77
19	4.7	25	30	0.3	-112
21	0.8	42	32	0.2	46
23	3.1	-120			
25	3.4	164			
27	0.6	170			
29	2.0	16			
31	2.4	-57			
33	0.5	-37			
35	1.4	165			
37	1.6	85			

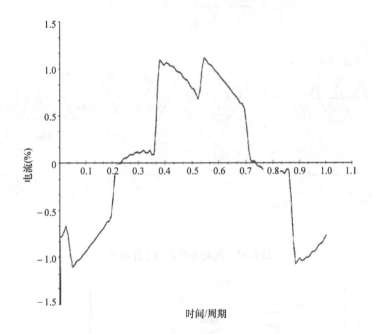

图 4.21　感应加热负载的输入电流波形

4.11　周波变换器

　　周波变换器应用范围广泛，从球磨机、碎石机、钢铁工业的轧机传动、直线电动机驱动到静止无功发生器都有使用。同步或异步电动机的使用范围为 1000 ~ 50000hp⊖。

　　图 4.22a 所示为合成 12Hz 输出的三相/单相周波变换器电路，图 4.22c 所示为带电阻负载的输出电压波形。正向变换器在输出频率的半个周期工作，负向变换器在另一半周期工作。输出电

⊖　1hp = 735.499W。

压由多个输入电压段构成（见图4.22b），一段电压的平均值由这一段的触发延迟角决定；α_p 是正向变换器的触发延迟角，$\pi - \alpha_p$ 是负向变换器的触发延迟角。输出电压包含谐波，输入功率因数不佳。交流电动机的控制需要可变频率的三相电压。图4.22a 所示的电流可以进行扩展，以提供三相输出，即全控工作共需要36个晶闸管。一个12脉冲周波变换器需要72个晶闸管。通过连接两个与适当的变压器串联的6脉冲周波变换器来引入相移[15,16]。脉冲数越高，产生的波形越接近于正弦波形。图4.23 给出了具有滞后负载电流的周波变换器工作情况，可通过限制不能传递负载的变换器来控制变换器中的环流。

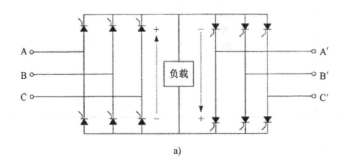

a)

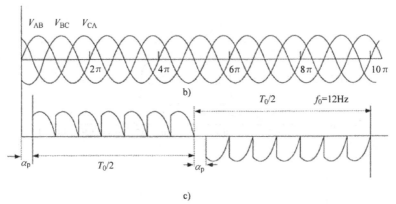

b)

c)

图4.22 周波变换器的工作原理

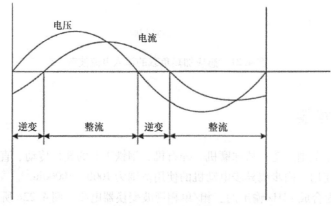

图4.23 具有滞后负载电流的周波变换器工作情况

三相6脉冲周波变换器在输入频率为60Hz、输出频率为5Hz情况下运行，其线电流谱如

图 4.24 所示[17]。

如果电压段的触发延迟角改变，那么其他分段的平均值尽可能与所需的正弦输出电压变化一致，输出的谐波被最小化。

三相平衡输出的周波变换器不受脉冲数限制，其特征谐波是

$$f_{ch} = [f \pm 6mf_0] \qquad m \geqslant 1 \tag{4.56}$$

式中，f_0 是周波变换器的输出频率；f_{ch} 是特征谐波，$m = 1，2，3，\cdots$（输出和输入谐波的详细描述见第 5 章）。周波变换器产生包括次谐波的谐波谱，比如，在 60Hz 源频率和 35Hz 输出频率下工作的三相 3 脉冲周波变换器会产生 40Hz 的谐波。

谐波是以下参数的一个函数：

- 脉波数；
- 输出频率与输入频率比；
- 输出电压的相对电平；
- 负载位移角；
- 导通瞬间的控制方法。

随着输出频率发生变化，谐波谱也跟着变化。谐波畸变分量是多个输出频率和输入频率的总和。因此，使用单调谐滤波器控制谐波就变得无效。参考文献［18］阐述的都是周波变换器。第 5 章将继续讨论。

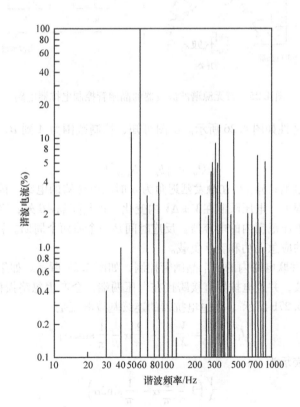

图 4.24　周波变换器的典型谐波谱[17]

4.12 晶闸管控制电抗器

图 4.25 所示为 FC - TCR（固定电容器 - 晶闸管控制电抗器）电路。该布置提供来自电容的离散超前无功功率和来自晶闸管控制电抗器的连续滞后无功功率。由于晶闸管控制产生大量谐波，电容器被用作调谐滤波器。

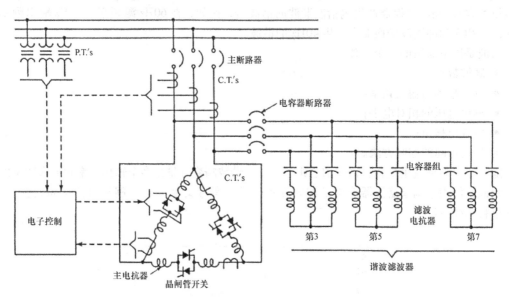

图 4.25　带无源谐波滤波器的晶闸管控制电抗器电路

FC - TCR 的稳态特性如图 4.26 所示。由图可知，控制范围为 A 到 B，具有正斜率，由触发延迟角控制决定：

$$Q_\alpha = |b_c - b_{1(\alpha)}|V^2 \tag{4.57}$$

式中，b_c 是电容器的电纳；$b_{1(\alpha)}$ 是在触发延迟角为 α 时的电感器的电纳。因为电感是多样的，所以电纳的变化范围也很大。电压限制在 $V \pm \Delta V$ 内变化。控制间隔 AB 外，FC - TCR 被用作高电压范围内的电感器和低电压范围内的电容器。反应时间是一个或两个周期。补偿器设计用于提供超过其连续稳态额定值的应急无功和容性负载。

假设 TCR 由反向并联电路内的两个晶闸管控制，如图 4.27 所示。如果两个晶闸管在最大电压处关断，则没有谐波，并且电抗器直接跨接在电压两端，会产生忽略损耗的 90°滞后电流。触发延迟时的波形如图 4.27b 所示 。通过电抗器的连续基波电流是

$$I_{LF}(\alpha) = \frac{V}{X}\left(1 - \frac{2}{\pi}\alpha - \frac{1}{\pi}\sin2\alpha\right) \tag{4.58}$$

导纳随 α 变化，表示为

$$\frac{V}{X}\left(1 - \frac{2}{\pi}\alpha - \frac{1}{\pi}\sin2\alpha\right) \tag{4.59}$$

式中，V 是线间基波电压的方均根值；α 是触发延迟角；β 是导通角；$X = \omega L$。电抗器中的电流可以表示为

$$i_L(\alpha) = \frac{V}{X}(\sin\omega t - \sin\alpha) \tag{4.60}$$

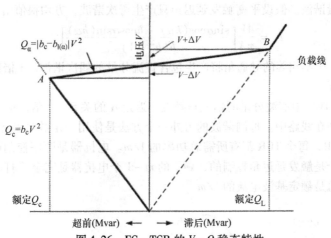

图 4.26　FC – TCR 的 V – Q 稳态特性

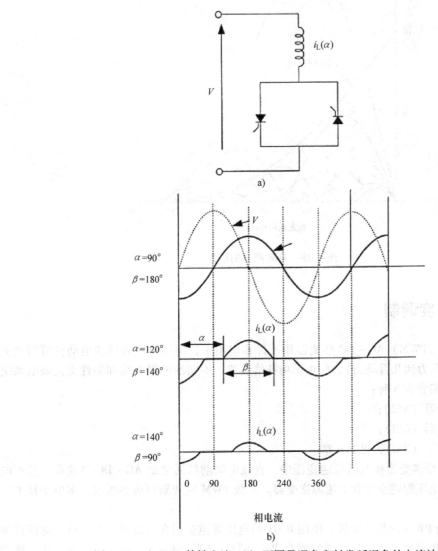

图 4.27　a）TCR 等效电流；b）不同导通角和触发延迟角的电流波形

电路会产生大量谐波。假设平衡触发延迟角只产生奇次谐波，方均根值由下式得出：

$$I_h = \frac{4V}{\pi X}\left[\frac{\sin\alpha\cos(h\alpha) - h\cos\alpha\sin(h\alpha)}{h(h^2 - 1)}\right] \tag{4.61}$$

式中，$h = 3$，5，7，…不相等的导通角将产生包含直流分量的偶次谐波。3 倍次电流在三角形联结变压器绕组中循环。

图 4.28 所示为 TCR 中谐波分量的幅值与触发延迟角 α 的关系。3 倍次谐波在三角形联结中循环，并且不会出现在线路中。抑制谐波的另外一个方法是使用一定数量顺序控制并联的 TCR。使用并联的 m 个 TCR，每个 TCR 都有所需总功率的 $1/m$。电抗器是顺序控制的，这意味着在 m 个电抗器中只有一个是触发延迟角控制的，剩下的 $m-1$ 个电抗器是完全"打开"的。这种方式下，每个谐波的幅值是额定基波电流的 $1/m$[19]。

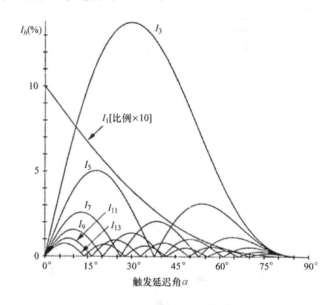

图 4.28　TCR 产生的谐波

4.13　脉冲宽度调制

脉冲宽度调制（PWM）AC - DC 整流器用于许多应用中，例如异步和同步电动机可调速驱动器（ASD，从小马力到几百马力）、静止无功补偿装置、不间断电源系统和柔性交流输电系统（FACTS）。逆变器通常有 3 种：
- 电压源逆变器（VSI）；
- 电流源逆变器（CSI）；
- 阻抗源逆变器（ZSI），见第 6 章。

在 ASD 的电压源逆变器和电流源逆变器中，直流电源前端通常是 AC - DC 整流器。三相电路中通常应用全波电压源逆变器和电流源逆变器。多级 PWM 逆变器可由多级或者多电平技术构建，见第 6 章。

图 4.29 所示为 PWM 的基本原理。使用 IGBT 的电压源逆变器在直流母线上运行。通过转换高频（5~20kHz）的直流母线电压，逆变器合成可变频率波形（V/f = 常数）的可变电压。逆变

器输出线间电压是有恒幅和变宽的串联电压脉冲。由于 IGBT 可以用于驱动低成本电路开关，因此其应用日益普遍，我们可以增加电动机低速转矩来提高稳定性。高频开关引起高 dv/dt，第 8 章讨论了对电动机绝缘、接合电缆和电磁干扰（EMI）的影响。软开关技术的最新发展趋势可以缩短上升时间（见图 4.29f 和 g）。

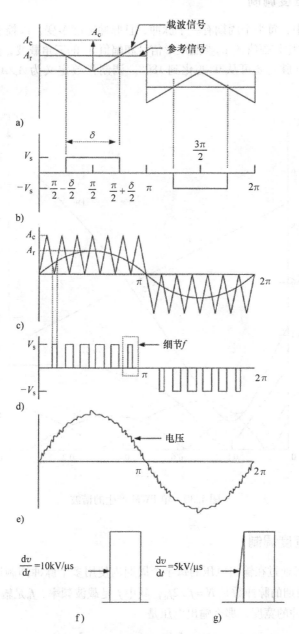

图 4.29　PWM：a）和 b）单 PWM；c）和 d）正弦 PWM
e）输入电流开关瞬态波形；f）高频开关产生的高 dv/dt　g）软开关导致 dv/dt 降低

PWM 技术包括：

- 单 PWM；

- 多 PWM;
- 正弦 PWM;
- 修正的正弦 PWM。

4.13.1 单脉冲宽度调制

在单 PWM 技术中，每半个周期有一个脉冲，且脉冲宽度多变，以控制逆变器输出电压（见图 4.29a 和 b）。通过比较幅值 A_r 的参照矩形信号和幅值 A_c 的三角载波，产生了选通信号。通过将 A_r 从 0 变化到 A_c，脉宽 δ 可从 0° 变化到 180°。调制指数定义为 A_r/A_c。谐波含量较高（见图 4.30）。

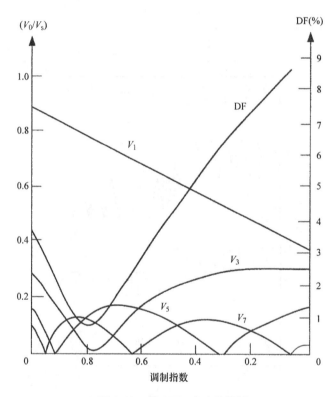

图 4.30 单 PWM 产生的谐波

4.13.2 多脉冲宽度调制

在多 PWM 中，可通过在输出电压的每半个周期内使用多个脉冲抑制谐波。这类调制也称为统一 PWM。每半个周期的脉冲数是 $N = f_c/2f_0$，其中 f_c 是载波频率，f_0 是输出频率。

如果 δ 是每个脉冲的宽度，那么输出电压是

$$V_0 = \left[\frac{2p}{2\pi} \int_{(\pi/p-\delta)/2}^{(\pi/p+\delta)/2} V_s^2 \mathrm{d}\omega t \right] \tag{4.62}$$

$$V_0 = V_s \sqrt{\frac{p\delta}{\pi}} \tag{4.63}$$

式中，V_0 是输出电压；V_s 是源电压。

瞬时输出电压的傅里叶级数是

$$v_0 = \sum_{h=1,3,5\cdots}^{\infty} \left[A_h \cos(h\omega t) + B_h \sin(h\omega t) \right] \tag{4.64}$$

式中，设正脉冲起点为 $\omega t = \alpha_m$，终点为 $\omega t = \alpha_m + \pi$，可计算出常数 A_h 和 B_h。

4.13.3 正弦脉冲宽度调制

在正弦 PWM 中，脉冲宽度与脉冲中心处正弦波的幅值成比例变化（见图 4.29c 和 d）。畸变因数和低次谐波幅值大大降低。通过比较参考正弦信号和频率 f_c 的三角载波，产生选通信号。参考信号的频率 f_r 决定逆变器输出频率 f_0，峰值幅值 A_r 控制调制指数和输出电压 V_0，这类调制消除了谐波并会产生近似的正弦波电压。脉冲宽度的形状使电流或电压波形呈正弦波形，但是位于开关频率的谐波是叠加的（见图 4.29e）。图 4.31 给出了 $p=5$ 的谐波分布。这消除了所有小于或者等于 $2p-1$ 次的谐波，最低次为 9 次谐波。

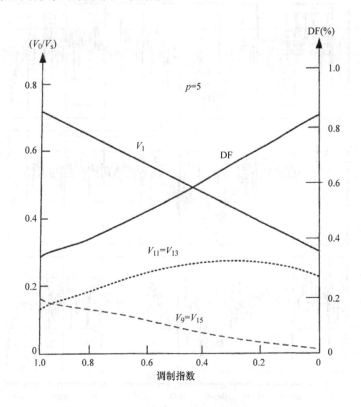

图 4.31 正弦 PWM 产生的谐波（$p=5$）

由图 4.29d 可看出，在 60°~120°间，脉冲宽度变化不大。在修正的正弦 PWM（MSPWM）中，采用 0°~60°和 120°~180°间的脉冲。

图 4.32a 给出了基于互联点特定系统阻抗计算得出的 ASD 的谐波电流谱。驱动系统是 18 脉冲 PWM。需要注意 A、B 和 C 相中的谐波发射的差异。尽管其可能用于谐波相位失衡时，但一般情况下不使用谐波潮流三相模型。谐波发射不大，并且无须附加滤波器即可满足 IEEE 519[6] 的要求。图 4.32b 给出了三相谐波电压畸变模式的长期测量结果。此外，在每个时间段三相畸变程度都有所不同。

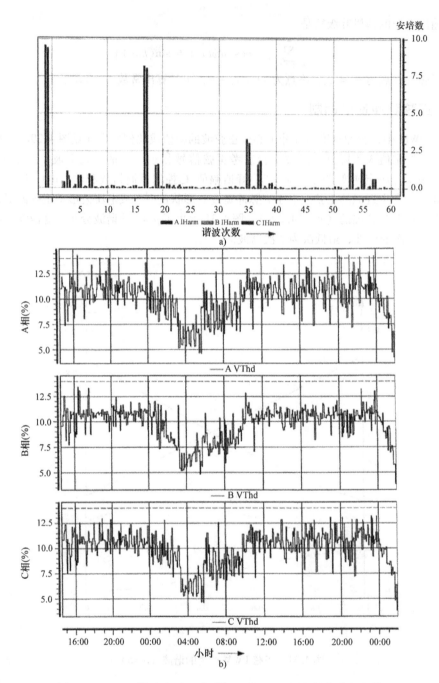

图4.32　a）18 脉冲中压驱动系统 A、B 和 C 相中的谐波电流谱；

b）三相谐波电压畸变模式的长期测量结果

4.14　电压源换流器

参考文献［19］中，FACTS 使用了电压源桥。电流源换流器广泛应用于高压直流输电。20 世纪90 年代引入了带 PWM 的电压源换流器的高压直流输电，商业上称为轻型高压直流输电[20]。

自动换相换流器有两个基本类型：

- 直流电流在电流源换流器中一直只具有一个极性，通过逆转直流电压极性使功率反转。
- 直流电流在电压源换流器中一直只具有一个极性，通过逆转直流电流极性使功率反转。

传统的晶闸管只具有导通控制功能，只能用于电流源换流器。像 GTO 晶闸管、IGBT、MTO 晶闸管和 IGCT 等开关装置既有导通控制功能，也有关断控制功能。基于关断装置的换流器可以是任意类型的。电压源换流器的要求是：

- 换流器应当可以充当带超前或者滞后无功功率的逆变器或整流器，即需要四象限运行，相比之下，电流源电网换相换流器是二象限运行的。此外需要关断装置。
- 有功功率和无功功率应当可通过控制相角实现单独控制。

电压源换流器的工作原理如图 4.33 所示。设直流电压保持不变，门极控制打开关断器件。那么直流电压的正值施加到终端 A，电流从 + V_d 流向 A，这就是逆变器作用。如果电流从 A 流向 + V_d，即使器件 1 打开，电流也会穿过并联二极管，这就是整流器作用。因此，功率可以在两个方向流动。关断器件和二极管组合的电极可以控制任一方向的功率。输出电压的幅值、相角和频率可以得到控制。

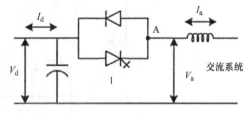

图 4.33　电压源换流器的工作原理

4.14.1　三电平换流器

图 4.34 所示为三电平换流器电路和相关波形。在图 4.34a 中，每半个桥臂被分成两个串联电路，通过二极管连接中点，二极管确保了两个部分之间的均压。

图 4.34b ~ e 中的波形和三相桥臂一致。图 4.34b 所示波形通过器件的 180° 导通获得。断开器件 1，当 $\alpha < 180°$ 时器件 2A 导通，获得图 4.34c 所示波形。在两个电容器的中点 N，交流电压 V_a 被限制为 0。出现这一电压是因为器件 1A 和 2A 导通并与二极管结合，把电压限制为 0。这持续了整个 2α 周期，直到断开器件 1A，器件 2 导通，电压为 $-V_d/2$，此时器件 2 和 2A 断开，器件 1 和 1A 导通。α 角是变化的，输出电压 V_a 是矩形波，$\sigma = 180° - 2\alpha$。当直流电压有三电平，即 $V_d/2$、0 和 $-V_d/2$ 时，这个换流器称为三电平换流器。

通过改变 α 角以改变交流电压的幅值，而直流电压幅值保持不变。图 4.34d 为电压 V_b，图 4.34e 为相间电压 V_{ab}。

谐波和基波电压的方均根值为

$$V_h = \frac{2\sqrt{2}}{\pi}\left(\frac{V_d}{2}\right)\frac{1}{2}\sin\frac{h\alpha}{2}$$

$$V_f = \frac{2\sqrt{2}}{\pi}\left(\frac{V_d}{2}\right)\sin\frac{\alpha}{2} \qquad (4.65)$$

$\alpha = 0°$ 时，$V_h = 0$；$\alpha = 180°$ 时，V_h 为最大值。

静止同步补偿器[19] 可能使用多个经过磁性转变的 6 脉冲换流器改变相移，为输电系统提供 24 个或者 48 个脉冲。输出波形近似为正弦波，输出电流和电压显示的谐波较小。这就确保了没有无源滤波器时的波形质量（见第 6 章）。

通过使用两个三角载波信号得到 PWM 信号，并将两个相反符号 PWM 信号添加到三角形波形中，以得到所需的载波。将这些与参考电压波形和输出做比较，并将其用于选通信号——4 个

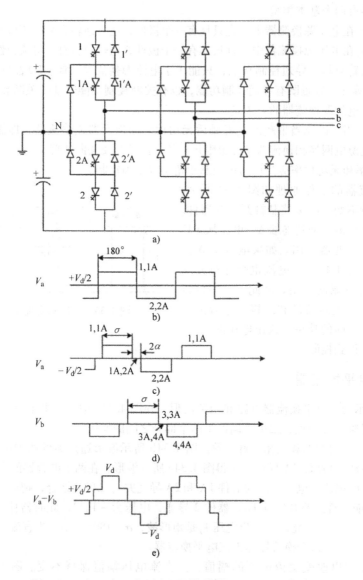

图 4.34　a）三相三电平电压源换流器；b）~e）工作波形

选通信号为 IGBT 中控制引脚的输入。五电平换流器的讨论见参考文献［21，22］。

4.15　风力发电

目前，可再生能源的发展正迅猛兴起，这些会产生谐波，作者在《无源滤波器设计》中的第 6 章讨论了风能和太阳能发电厂谐波产生的典型案例。风电场的谐波产生取决于一些因素，如风力发电机类型、电力电子技术、是否有滤波器以及电网接线。图 4.35 为一些基本的系统配置和电网接线。

4.15.1　直接耦合感应发电机

　　直接耦合感应发电机通常是 4 极的，齿轮箱提高转子转速，使发电机以高于同步转速的速度运行。这需要电网或者辅助设备中的无功功率，且停机后的重新起动也是一个问题。依靠风力发电的电涌产生压降和电压闪变。电网连接通过导通后晶闸管开关的旁路实现。绕线转子电机可通过将电阻接入转子电路来调整转差率和转矩特性，并且可通过增加损耗和加大重量来增大转差率（见图 4.35a）。这个系统无法实现电网的电流调节，对于孤立系统或许是可以接受的。因为在正常运行期间晶闸管软起动被旁路，所以谐波发射就无须考虑了。

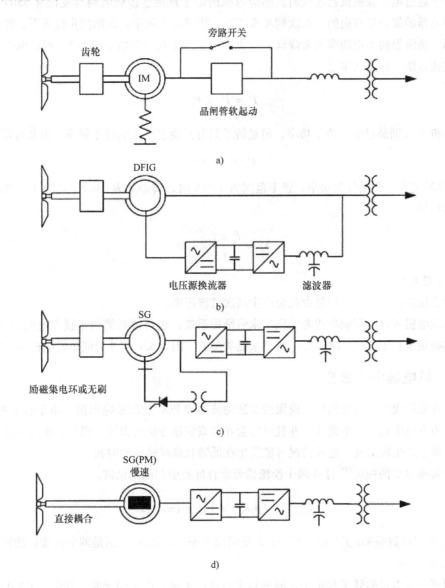

图 4.35　风力发电机并网：a）带失速调节的感应发电机直接连接；
b）带桨距调节的双馈感应发电机（DFIG）连接；c）带电压源换流器和
桨距调节的有刷或无刷同步发电机连接；d）低速永磁同步发电机的无齿轮连接

4.15.2 通过全功率换流器连接到电网的感应发电机

感应发电机通过两个背靠背电压源换流器连接到电网。由于逆变器具有全额定功率，故电子器件的成本很高。风力发电峰值被直流环节抑制。电网侧逆变器不需要频繁切换，谐波污染随之产生。

4.15.3 双馈感应发电机

当转子通过电压源换流器连接时，感应电机的定子直接连接到电网（见图 4.35b）。流经转子电路换流器的能量是双向的。在次同步模式下，能量流入转子；在超同步模式下，能量从转子流入电网。换流器的额定功率大大降低，一般情况下，降低到全功率的 1/3，而且取决于风力发电机的变速范围。额定功率是

$$P = P_s \pm P_r \tag{4.66}$$

式中，P_s 和 P_r 分别是定子和转子功率。但是转子只有其绕组产生的转差频率，因此可以写为

$$P_r = P_a \times s \tag{4.67}$$

式中，s 是转差率；P_a 是气隙功率。速率范围为 ±30% 时，转差率为 ±0.3，需要 1/3 的换流器功率。可以写为

$$n_s = \frac{f_r \pm f}{p} \times 120 \tag{4.68}$$

式中，p 是极对数。

这种连接方法很常见，但是由此会产生高次谐波污染。

同步发电机可以是有刷型或者无刷型永磁励磁系统，也可以是类似于接入电网的异步电机。励磁功率必须来自于电源，除非发电机是永磁类型的。图 4.35c 和 d 为同步发电机的典型连接。

4.15.4 风电场中的谐波

谐波发射取决于换流器拓扑、应用的谐波滤波器和 PCC 处的短路电流。由于有不对称半波，甚至在风力发电中也会产生谐波，并且可能会在负载快速变化时出现。当其频率与基波频率不同步时，可能会产生次谐波，这种情况可能发生在低频和高频转换的时候。

可以根据 IEC 的规定[23]计算两个换流器背靠背配置引起的间谐波。

$$f_{n,m} = [(p_1 k_1) \pm 1]f \pm (p_2 k_2)F \tag{4.69}$$

式中，$f_{n,m}$ 是间谐波频率；f 是输入频率；F 是输出频率；p_1 和 p_2 分别是两个换流器的脉冲数；k_1 和 $k_2 = 1, 2, 3\cdots$

双馈感应发电机的转子和定子之间的频率转换也可能会产生间谐波，并作为 PWM 换流器特征谐波的旁瓣。

电网失衡可能会产生非特征谐波，操作失误导致的不对称甚至可能会产生偶次谐波。

参考文献 [24] 描述了为多兆瓦风力发电机提供无功功率控制和减少谐波的电流源换流器。

它利用了全控开关和位于输入侧联络变压器双串联连接的三相逆变器。两个换流器接入两个三相星形联结的绕组，三角形联结的绕组在输入侧。在换流器输出中使用三相有源谐波电流补偿器。

风力发电机数量越大，谐波和次谐波幅值就越低，尤其是低次谐波。当 6 脉冲晶闸管功率换流器耦合到风力发电机时，谐波幅值最高。图 4.36 所示为带变速发电机和通过电网换相换流器并网的风力发电机的电压畸变率。

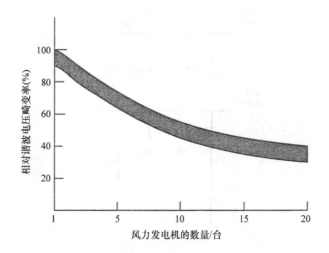

图 4.36　通过电网换相换流器连接的风力发电机的电压畸变率；
波段显示了上限值和下限值

商用风电场谐波发射测量见参考文献 [25]，文献描述了 40 个风力发电机组，每个机组通过 1.75MVA 升压变压器连接到 34.5kV 电压源。变电站电网变压器的额定值为 82MVA、34.5 ~ 138kV（见图 4.37），风力发电机类型为双馈感应发电机。在母线 3 上进行短期测量，并测量每 12s 风电场的谐波发射。在母线 4 上进行长期测量，测量是使用快速傅里叶算法进行的，矩形窗口宽度为 12 个周期，精度为 5Hz（见第 2 章）。为了避免频谱泄漏，IEC 61000 – 4 – 7 建议采用分组法。n 次谐波的群幅值 G_n 是由快速傅里叶算法计算的频率 nf_1 及其 $nf_1 \pm 5Hz$ 旁瓣结果的总和。间谐波方程为

$$C_{\text{isg},n}^2 = \sum_{k=2}^{10} C_{k+1}^2 \tag{4.70}$$

式中，C_{k+1} 是离散快速傅里叶变换得出的相应谱分量的方均根值；$C_{\text{isg},n}$ 是 n 次间谐波的方均根值。

图 4.38 所示为 A 相的整数谐波谱，谐波谱在相间略有变化。图 4.39 所示为 A 相的间谐波谱，间谐波谱在相间也略有变化。长期测量得出的概率分布函数随 5 次谐波电流变化如图 4.40 所示。

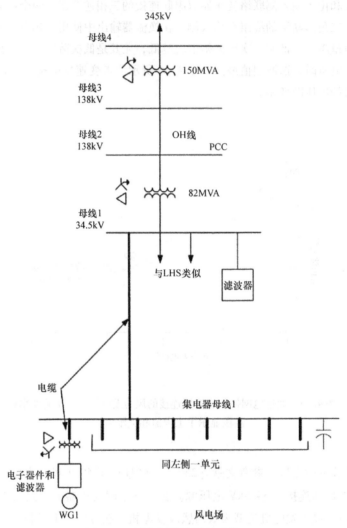

图 4.37　风电场谐波测量系统配置

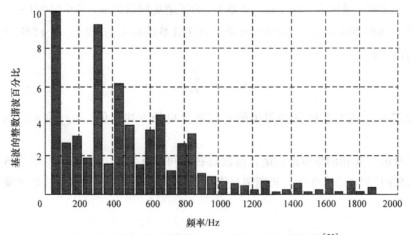

图 4.38　图 4.37 中母线 3 的 A 相风电场的谐波谱[25]

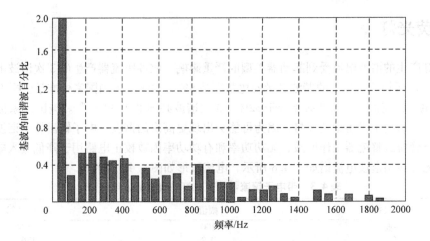

图 4.39 图 4.37 中母线 3 的 A 相风电场的间谐波电流谱[25]

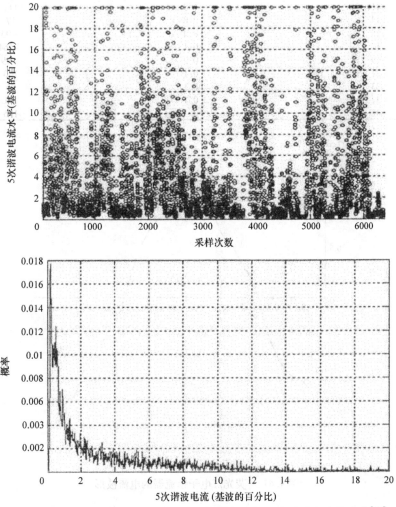

图 4.40 长期测量计算出的概率分布函数随风电场 5 次谐波电流的变化[25]

4.16 荧光灯

荧光灯产生的谐波电流受到起动器类型的严重影响。磁性镇流器产生的 3 次谐波电流约是基波的 20%。电子镇流器生成的谐波容量变化范围是 8% ~ 32%。美国国家标准学会标准C82.11 - 1993 规定电子镇流器电流谐波必须低于 32%,3 次谐波必须低于 30%[26]。美国国家标准学会发布的标准并不适用于紧凑型荧光灯,因为可能会出现更高次的谐波。电子镇流器中谐波电流是由于单相二极管桥式整流器工作所致,无功功率和有功功率因数校正电路用于降低输入电流的畸变水平。荧光灯典型谐波电流谱如表 4.8 所示,电流波形如图 4.41 所示。

表 4.8 带电子镇流器的荧光灯的典型谐波电流谱

谐波次数	幅值	角度/ (°)
基波	100	-124
2	0.2	136
3	19.9	144
5	7.4	62
7	3.2	-39
9	2.4	-171
11	1.8	111
13	0.8	17
15	0.4	-93
17	0.1	-164
19	0.2	-99
21	0.1	160
23	0.1	86
27	0.1	161
32	0.1	156

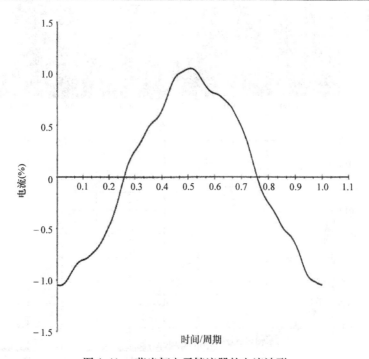

图 4.41 荧光灯电子镇流器的电流波形

照明镇流器可能产生大量的波形畸变和中性的 3 次谐波电流。新型快速起动镇流器具有较低的谐波畸变率。照明镇流器的电流谐波限制如表 4.9 和表 4.10 所示。如表 4.9 所示，与之前的镇流器相比，新型镇流器的限制要少得多（见表 4.10）。同时，作者也将照明镇流器产生的畸变和其他办公室设备做了比较。

表 4.9　照明镇流器的电流谐波限制

谐波	最大值（%）
基波	100
2 次谐波	5
3 次谐波	30
11 次以上谐波	7
奇 3 倍次谐波	30
谐波因数	32

表 4.10　不同类型照明镇流器的总谐波畸变率范围

驱动类型	总谐波畸变率（%）
老式快速起动磁式镇流器	10 ~ 29
电子集成电路镇流器	4 ~ 10
电子离散镇流器	18 ~ 30
新型快速起动电子镇流器	< 10
新型立即起动电子镇流器	15 ~ 27
高强度气体放电镇流器	15 ~ 27
办公设备	50 ~ 150

4.17　可调速驱动器

可调速驱动器（ASD）在工厂非线性负载中所占的比例最大。可以将 ASD 分为以下主要类别：
- 笼型感应电动机；
- 绕线转子感应电动机；
- 同步电动机；
- 永磁电动机；
- 直流电动机。

笼型感应电动机的功率范围从几马力到几千马力不等。弗吉尼亚州 NASA 国家跨音速实验室安装的 135000hp 同步电动机 ASD 是世界上最大的驱动器。另一个例子是波音风洞风扇上安装的 18800hp 同步电动机 ASD，可以产生 435km/h 的风速。驱动系统的工作、控制和电力电子设备是一个庞大的课题，但我们感兴趣的是谐波的产生。

感应电动机可能带有：
- 变压恒频控制；
- 变压变频控制；
- 变流变频控制；
- 变压控制或者转差功率调节控制。

电力电子设备的选择取决于多个因素，其中之一是谐波污染。转矩脉动、电压反射、转矩和速度控制、噪声是其他一些考虑因素。共模电压是可以损坏电动机绝缘的高频电压（见第8章），输出滤波器可以解决这个问题。

下面详细描述输出滤波器的主要拓扑结构。

4.17.1 电压反馈逆变器

系统由恒定直流电压源、可用于控制源谐波的6/12/24脉冲整流器、位于直流环节上可以使直流电压稳定并为电动机提供无功功率的电容器、使用门极关断晶闸管的自换相逆变器组、高压IGBT或IGCT组成。根据输出要求和中性点钳位（NPC）型，逆变器可以是多电平逆变器（见第6章）。在PWM技术中，电动机电压的频率和幅值会受到控制，而在直接转矩控制（DTC）中，电动机的磁通和转矩则被逆变器直接控制。通过使用输出滤波器和中性点钳位型，可获得近似正弦的输出电压，带三电平逆变器的笼型感应电动机的功率可高达约10000hp。

4.17.2 电流源逆变器

系统包括带直流环节电抗器的电流源逆变器，这可能会变得非常庞大。电动机电流的幅值可以通过可控整流器调整，频率可由逆变器控制。笼型感应电动机的功率范围可高达10000hp。

4.17.3 负载换相逆变器

负载换相逆变器只应用于同步电动机。直流链路由线路换相可控整流器和直流电抗器组成。负载换相逆变器在同步电动机的可变电机电压和频率下工作。同步电动机如同直流电动机工作，逆变器作为静态换相器工作，控制器可防止电动机失步。

4.17.4 周波变换器

周波变换器可以是6脉冲或者12脉冲的。输入频率被转换为不带中间直流电压的输出负载频率，但是负载频率通常限制到线频率的40%。

转差频率恢复方案和谢尔比斯驱动器见4.20节。

表4.11总结了不同的驱动技术，也给出了相对的谐波污染和功率因数。当需要低速时，PWM逆变器比6阶电压源逆变器更可取，以实现更平滑的波形和更高的功率因数。在较小驱动中选择更高的脉波数能够减少谐波发射。直接转矩控制是一项新技术，即使是在低速情况下，也可以提供精确的速度和转矩控制。将直接转矩控制电动机磁通和转矩用作主要的控制变量，无需反馈设备就可以直接控制。通过快速25μs控制回路，将实际值和参考值做对比，且稳态速度误差仅为正常速度的0.1%~0.5%。本书未讨论驱动系统控制。

表4.11 可调速驱动器（ASD）

驱动类型	直流驱动	电流源逆变器	电压源逆变器	绕线转子转差恢复	负载换相逆变器	周波变换器
电动机类型	直流	笼型感应	笼型感应	绕线转子集电环	同步、无刷或集电环励磁	同步或笼型感应
功率范围（典型）	1~10000hp	100~10000hp	100~10000hp	500~30000hp	1000~100000hp	1000~40000hp

（续）

驱动类型	直流驱动	电流源逆变器	电压源逆变器	绕线转子转差恢复	负载换相逆变器	周波变换器
速度范围（典型）	50 ~ 1	0 ± 75 Hz	0 ± 200 Hz	3 ~ 1（次同步）	最大转速 7500 r/min	最大转速 对于 50/60 Hz 电源，600 ~ 720 r/min
变流器类型	相控、电网换相	电流环节、强制换相	电压环节、自换相多电平变换器、强制换相逆变器（早期设计）	电流环节、电网换相克雷默（Kramer）驱动	电流环节、负载换相	周波变换器，三相电流源
特征	低变流器成本，宽调速范围	简单可靠控制	简单可靠控制	窄调速范围，低成本	简单控制和宽调速范围	宽调速范围和快速响应
谐波	见电网谐波部分	依赖于脉波数的电网谐波	依赖于脉波数的电网谐波	高谐波污染	依赖于脉波数的电网谐波	近似正弦的电压和电流波形
间谐波	未生成	可能生成	可能生成	间谐波可能性大	可能生成	间谐波可能性大
功率因数	由于相位控制，较低	低	可能高，接近 1	低于前几栏	低，电机功率因数稍超前	电网功率因数低且在整个速度范围内有变化，电动机功率因数可能为 1
应用	挤压机、输送机、机床、焊接机、通用工业驱动	泵、风机、压缩机、中功率工业驱动	输送机、机床、通用工业驱动	在次同步区限制速度的大型泵和风机、破碎机、磨粉机、木片切削机	高速压缩机、风洞风扇、辊轧机、挤压机；变速发电机与恒频公用电网的耦合	高功率低速驱动器、球磨机、水泥磨机、矿井提升机、风洞风扇、船舶推进器、辊轧机

我们参考了 4.2.1 节的强制换相或电网换相，也叫作 F 类换相，用于相控桥电路的整流和逆变。电动机控制和稳压电源使用了多种类型的 AC - DC 变换器、直流平滑电抗器并利用不带外部换相元件的电网换相器。换相电路的其他类型如下：

- 类型 A：谐振换相；
- 类型 B：自换相；
- 类型 C：辅助换相；
- 类型 D：互补换相；本文未讨论。

感应电动机 ASD 的自换相逆变器电路如图 4.42 所示。不同于负载换相逆变器，自换相逆变器利用分流器电路，应用于同步电动机。这使得逆变器在低频换相，输出滤波器能够平滑波形。和传统的负载换相逆变器一样，在正常运行中，前端变换器通过线电压换相，逆变器通过负载换相，分流器电路在低频工作时换相。因为有相应的滤波器设计，所以在 60 Hz 时电流畸变率低于 20%[16,27]。

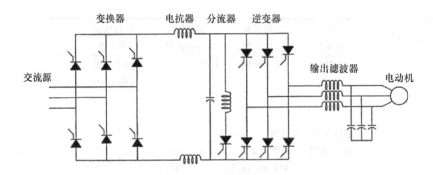

图 4.42 带分流器和输出滤波器驱动系统的自换相逆变器电路

4.18 脉冲突发调制

脉冲突发调制（PBM）的典型应用有烤箱、熔炉、模温机和点焊机，即使负载是阻性的，三相脉冲突发调制电路也可以将直流电输入到系统中。对于 n 个周期的整数半周期 γn，半导体开关保持打开（见图 4.43a 和 b）。控制比 $0 < \gamma < 1$ 通过反馈控制进行调节。整数周期控制使 EMI 最小，电路会将主要直流电流输入到电力系统中。中性线在开关开合时传输电流脉冲，这些脉冲具有较高的谐波含量，取决于控制比 γ。100 ~ 400Hz 波段的谐波电流可以达到线路电流的 20%。值得关注的是产生 3 倍次和 5 次谐波的中性点负载，谐波谱缺少高次谐波。图 4.43c 为当 $\gamma = 0.5$ 时，中性点谐波含量所占电流的百分比[28]。

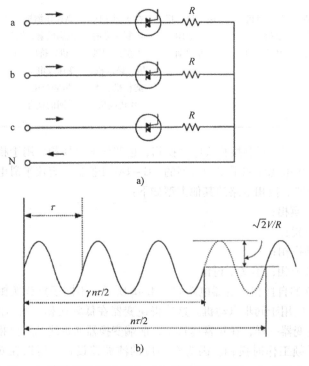

图 4.43 a）脉冲突发调制电路；b）脉冲突发控制；c）谐波生成

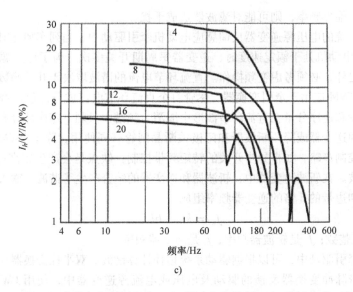

c)

图 4.43 a）脉冲突发调制电路；b）脉冲突发控制；c）谐波生成（续）

4.19　斩波电路和电牵引

直流牵引电源是通过公用交流电源的不平滑整流在整流变电站中获得的，常见的是 12 脉冲桥式整流器。换相时的开关瞬变会发生，谐波被输入到供电系统中。牵引车辆中的辅助变换器也会产生谐波，而开关设备中电流和电压的快速变化会产生电磁干扰辐射。

带高感性负载的斩波电路如图 4.44 所示，输入电流是脉冲的并且认为其是矩形的。傅里叶级数是

$$i_c(t) = \frac{I_a}{h\pi}\sum_{h=1}^{h=\infty}\sin 2h\pi k \cos 2h\pi f_c t +$$

$$\frac{I_a}{h\pi}\sum_{h=1}^{h=N}(1 - \cos 2h\pi k)\sin 2h\pi f_c t$$

(4.71)

式中，f_c 是斩波频率；k 是标志周期比（斩波的占空比为 t_1/T）。基波分量设为 $h=1$。在铁路直流反馈牵引驱动中，晶闸管斩波器的工作频率可高达 400Hz。斩波电路在固定频率下运行，在电网谐波上附加间歇频率。有关文献中提到的输入低通滤波器通常是连通的，用以滤除斩波器生成的谐波，并控制大的纹波电流。因为滤波器的物理尺寸大，所以滤波器的谐振频率低。标志周期比为 0.5 时，谐波是最严重的。斩波器相中的缺陷和不平衡会改变谐波分布，并在所有斩波器频率上产生额外的谐波。当列车起动时，瞬态涌流流入滤波器，并且

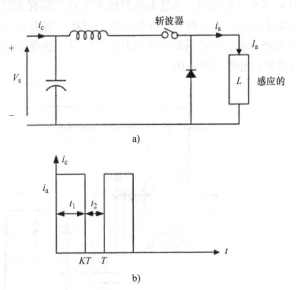

图 4.44 a）带输入滤波器的斩波电路；b）电流波形

如果瞬态涌流包含临界频率，则可能对滤波器造成干扰。

在直流牵引系统的电压源逆变器反馈感应电动机牵引驱动中，当列车加速时，逆变器基频从0增长到120Hz。电动机处于额定速度时，逆变器每周期开关多次。为了计算源电流谐波，除逆变器的三相操作之外，必须考虑变频操作。直流环节电流的谐波取决于开关函数的频谱。优化的四分之一波对称 PWM 应用于牵引变换器，尽管每个直流环节电流成分都包含奇次谐波和偶次谐波，但是正序分量和逆序分量在直流环节波形中取消，频谱中只剩下零序部分和 3 倍次谐波。

多电平电压源逆变器或降压斩波器和门极关断晶闸管一同使用，除了 PWM，电压源逆变器可以使用不同的控制策略，如带异步开关的转矩频带控制，缺点是会产生较高的 6 次谐波、3 次谐波和一些子谐波。在斩波逆变器中，斩波器和逆变器的结合产生了谐波。输入谐波电流谱由斩波器频率的倍数和边带的 6 倍的逆变器频率组成：

$$f_h = kf_c \pm 6hf_i \tag{4.72}$$

式中，k 和 h 是正整数；f_c 是斩波器频率；f_i 是逆变器频率。

在交流反馈牵引驱动中，可以根据驱动系统拓扑计算谐波。双半控变换器和直流电动机产生丰富的谐波。在带脉冲变换器反馈的驱动及电压或电流源逆变器中，使用 PWM 控制电网变换器，调节电压源逆变器，保持功率因数接近 1。电网脉冲变换器是源电流谐波产生的主要原因。

4.20 转差频率恢复系统

转差频率恢复系统可以恢复大型感应电动机的转差功率，并反馈到供电系统。图 4.45 为绕线转子感应电动机与逆变器串联的例子。转子电压被整流，转子功率通过电网换相逆变器被送入到供电系统中，这种方案称为转差频率恢复驱动（SPRD），可应用于鼓风机、风扇和泵中。图 4.45 所示电路中，尽管电动机的无功功率损耗无法调整，但感应电动机的速度可根据需要在次同步范围内进行调节，而不会产生损耗。转差频率电流被整流，并转换为供电系统频率。如图 4.45 所示，可在系统中增加升压变压器。逆变器的触发延迟角被控制，因此，在同步转速时，电动机的电磁转矩是 0。

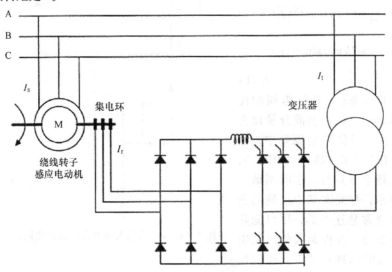

图 4.45 克雷默驱动转差频率恢复系统

参考文献［29］报告了电压为 415V、功率为 10hp、频率为 60Hz 的小型电动机谐波生成的研究。转子电流不是矩形的，且纹波含量高，其峰值可达到平均直流电流的 25%～33%（见图 4.46a）。定子电流是非周期性的（见图 4.46b），其中包含谐波，谐波的频率会随转子速度改变，电流波形从一个周期到另一个周期发生变化。受定子电流谐波影响的转子电流谐波如下：

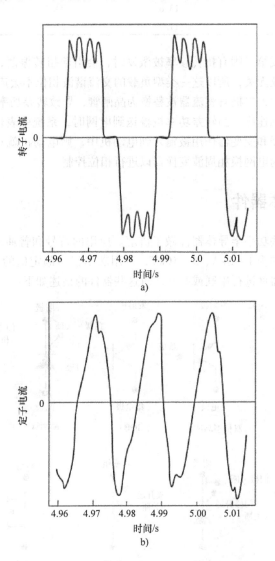

图 4.46　a）转子电流波形；b）定子电流波形

$$[1 + (h-1)s]f \quad h = 7,13,\cdots \quad （正序谐波）$$
$$[1 - (h+1)s]f \quad h = 5,11,\cdots \quad （负序谐波） \tag{4.73}$$

当转差率为 0.057 时，定子的 5 次和 7 次谐波分别是 2.42f 和 4.42f。表 4.12 给出了转子电压和电流（I_r）以及变压器电流（I_t）的谐波畸变率百分比，失真情况很严重。非周期谐波使得定子电流谐波分量无法轻易预测，非整数倍电流分量甚至会产生偶次谐波。

表 4.12   电动机转差率、触发延迟角和总谐波畸变率[28]

$\alpha/(°)$	转差率	转子电压 总谐波畸变率(%)	转子电流 I_R	变压器电流 I_t
100	0.20	24.3	25.1	30.1
120	0.57	13.6	24.3	31.4
140	0.86	11.2	23.6	29.2

当机械系统的第一或第二固有扭转频率被激发时，会引起扭转振荡，导致产生轴应力[10,30]。因为直流波纹与整流波纹无关，所以这一类型负载的交流谐波相位不会成倍增加或减少。

谢尔比斯驱动系统中，二极管整流器被替换为晶闸管，导致转差功率流向另一端。在次同步和超同步区域均可以控制速度。当转差功率被输送到电网时，系统就表现为克雷默驱动，但是，如果转差功率通过整流器和逆变器作用被输入到电动机中，则电动机就只在超同步区域中运行。双变换器系统可以替换为电网换相周波变换器以进行相位控制。

4.21   功率半导体器件

本章中，我们对一些功率半导体器件做了讲解。应用的符号和普通术语如图 4.47 所示。大型功率器件的额定值范围为 1～5kA、5～10kV，可用功率仅为额定值的 25%～50%。为了获得更高的功率，可对一些器件进行串联或并联。对这些器件的描述如下：

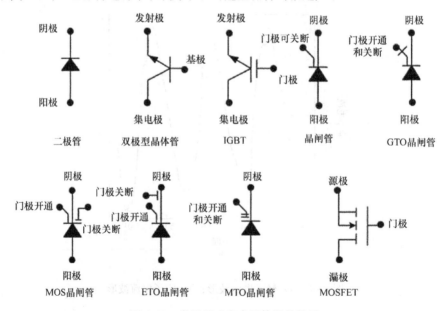

图 4.47   常用的功率半导体器件符号

- 多数功率半导体应用中，二极管是最主要的器件。
- 晶体管是一种 4 层 3 端器件。IGBT 是晶体管的一种，多用于高达 10MW 的中型功率场合，开关频率可高达 30kHz 甚至更高。MOSFET 适用于低压和高开关频率（大于 100kHz）。BJT 已经被 MOFSET 和 IGBT 取代。
- 晶闸管和可控硅整流器（由通用电气公司开发）是一种 4 层器件。当起动脉冲应用到栅极时，晶闸管向前完全导通。当通过外部手段将电流变为 0 或电流降为 0 时，晶闸管恢复到关断状态。该器件应用于高电压或大电流水平。

● 美国通用电气公司研发的门极关断晶闸管现在称为 GTO 晶闸管。同晶闸管一样，其有导通功能，并且当电流降为 0 时可恢复到关断状态，但可以使用相反方向的门极脉冲关断。

● MTO 晶闸管是由 Silicon Power 公司 Harshad Mehta 发明的，是 MOS 可关断晶闸管，使用晶闸管来辅助关断，使关断的损失降低以实现快速关闭的功能。其中 MOS 器件采用垂直扩散结构。

● 集成门极换相晶闸管（GCT 或 IGCT）由三菱和 ABB 公司研发。类似于 MTO 晶闸管，可快速关断并降低开关损耗。

● 由通用电气公司研发的 MOS 可控晶闸管（MCT）也许是晶闸管系列的终极产品，包括用于关断和开通的 MOS 结构。

从各种拓扑中产生的谐波及其控制是最值得关注的问题。在实际应用中提供来自所有电力电子器件拓扑的谐波发射的描述是不切实际的。本章描述了各类器件谐波发射的差异，这是由拓扑而定的。这样的拓扑有成千上万个，且每年都会增加新的。为了实现谐波潮流和谐波滤波器的设计，应当首先对负载的谐波发射进行评估。由于拓扑种类多，评估并非易事。在多数情况下，应从制造商那里确定适当的频谱和谐波角，最好通过适当的测量来确定。此外，谐波发射还是负载和系统源阻抗的函数，本书会对这些内容做进一步讨论。

参 考 文 献

1. Westinghouse Training Center. Power system harmonics, course C/E 57, 1987.
2. L. Malesani, P. Tenti. "Three-phase AC/DC PWM converter with sinusoidal AC currents and minimum filter requirements," IEEE Transactions on Industry Applications, vol. IA-23, no. 1, pp. 71–78, 1987.
3. B. T. Ooi, J. C. Salmon, J. W. Dixon, A. Kulkarni. "A three-phase controlled-current PWM converter with leading power factor," IEEE Transactions on Industry Applications, vol. IA-23, no. 1, pp. 78–84, 1987.
4. J. Cardosa, T. Lipo. Current stiff converter topologies with resonant snubbers, IEEE Industry Application Society Annual Meeting, New Orleans, LA, pp. 1322–1329, 1997.
5. IEEE Standard C57.1200, General requirements of liquid immersed distribution power and regulating transformers, 2006.
6. IEEE Standard 519, IEEE recommended practices and requirements for harmonic control in power systems, 1992.
7. J. C. Read. "The calculations of rectifier and inverter performance characteristics," Journal of the Institution of Electrical Engineers (UK), pp. 495–509, 1945.
8. M. Grotzbech and R. Redmann. "Line current harmonics of VSI-fed ASDs," IEEE Transactions on Industry Applications, pp. 683–690, 2000.
9. E. W. Kimbark. Direct Current Transmission, Vol. 1, John Wiley & Sons, New York, 1971.
10. J. C. Das. Transients in Electrical Systems, McGraw Hill, New York, 2012.
11. A. E. Emanuel, J. A. Orr, D. Cyganski and E. M. Gulachenski, "A survey of harmonic voltages and currents at the consumer's bus," IEEE Transactions on Power Delivery, vol. 8, no. 1, pp. 411–421, 1993.
12. A. E. Emanuel, et al., "Voltage distortions in distribution feeders with non-linear loads," IEEE Transactions on Power Delivery, vol. 9, no. 1, pp. 79–87, 1994.
13. IEEE P519.1. Draft guide for applying harmonic limits on power systems, 2004.
14. A. Nasif, Harmonics in Power Systems. VDM Verlag, 2010.
15. M. H. Rashid. Power Electronics. Prentice Hall, New Jersey, 1988.
16. F. L. Luo, H. Ye and M. H. Rashid. Digital Power Electronics and Applications. Academic Press, Elsevier, San Diego, California, 2005.
17. IEEE Working Group on Power System Harmonics. "Power system harmonics: An Overview," IEEE Trans on Power Apparatus and Systems PAS, vol. 102, pp. 2455–2459, 1983.

18. B. R. Pelly. Thyristor Phase-Controlled Converters and Cycloconverters, Operation Control and Performance. John Wiley, New York, 1971.

19. N. G. Hingorani, L. Gyugyi. Understanding FACTS. IEEE Press, NJ, 2001.

20. B. Jackson, Y. J. Hafner, P. Rey, and G. Asplund. HVDC with voltage source converters and extruded cables for up ±to 300 kV and 1000 MW, in Proceedings on CIGRE, pp. 84–105, 2006.

21. N. Hatti, Y. Kondo and H. Akagi. "Five level diode-clamped PWM converters connected back-to-back for motor drives," IEEE Trans. Industry Applications, vol. 44, no. 4, 1268–1276, 2008.

22. H. Akagi, H. Fujita, S. Yonetani, and Y. Kondo. "A 6.6 kV transformer-less STATCOM based on a five level diode-clamped PWM converter: System design and experimentation of 200-V, 10 kVA laboratory model," IEEE Trans. Industry Applications, vol. 44, no. 2, pp. 672–680, 2008.

23. IEC 61000-2-4, Electromagnetic compatibility, Part 2. Environmental Section 4: compatibility levels in industrial plants for low-frequency conducted disturbances.

24. P. Tenca, A. A. Rockhill and T. A. Lipo. "Wind turbine current-source converter providing reactive power control and reduced harmonics," IEEE Trans. Industry Applications. vol. 43, no. 4, pp. 1050–1060, 2007.

25. S. Liang, Q. Hu, W. J. Lee. "A survey of harmonic emissions of a commercially operated wind farm," IEEE Trans. Industry Applications, vol. 48, no. 3, pp. 1115–1123, 2012.

26. ANSI Standard C82.11 High-frequency Fluorescent Lamp Ballasts, 2011.

27. B. K. Bose (ed.) Adjustable Speed AC Drive Systems, IEEE Press, New York, 1981.

28. A. E. Emanuel, B. J. Pileggi. "Disturbances generated by three-phase pulse-burst-modulated loads and the remedial methods," IEEE Transactions on PAS, vol. 100, no. 11, pp. 4533–4539, Nov. 1981.

29. Y. Baghzzouz, M. Azam. "Harmonic analysis of slip-power frequency drives," IEEE Transactions on Industry Applications, vol. 28, no. 1, pp. 50–56, Jan./Feb. 1992.

30. H. Flick. "Excitation of subsynchronous torsional oscillations in turbine generator sets by a current-source converter," Siemens Power Engineering vol. 4, no. 2, pp. 83–86, 1982.

第 5 章　间谐波和闪变

5.1　间谐波

IEC[1]将间谐波定义为"在工频电压和电流间可以检测到的、不是基波整数倍的其他频率的谐波"，它们表现为离散频率或宽带频谱。间谐波最新的定义是：频率不是基频整数倍的任何谐波（第 1 章）都称为间谐波。

5.1.1　次同步间谐波（次谐波）

一组特征为 $h<1$ 的谐波，即这些谐波具有大于基波的周期，通常被称为次同步频率分量或次同步间谐波。在以前的文献中，这些谐波被称为次谐波。次谐波一词在工程界应用得很多，但是没有官方的定义。另见 IEEE 工作组对谐波的建模与仿真[2]。IEEE 519 中未涉及间谐波，但是关于这个主题的出版物有许多。

5.2　间谐波的来源

周波变换器是间谐波的一个主要来源。20 世纪 70 年代出现了使用高达 8MVA 周波变换器的大型轧机电动机驱动器。1995 年，出现了 56MVA 的轧机驱动器，它们同样也被用于 25Hz 的铁路牵引电力系统。有关谐波产生的波形和表达式见第 4 章。周波变换器可以认为是变频器。直流电压由变换器的输出频率调制，间谐波电流也会出现在输入端。本书会对此做进一步讨论。

电弧炉（EAF）是间谐波的另一个主要来源。电弧装置包括电弧焊机。这些负载会导致低频电压波动进而引起闪变，也会产生更高频率的间谐波分量。滤波器的设计必须考虑到限制间谐波。间谐波的其他来源如下：

- 感应炉。
- 积分循环控制。
- 低频电力线载波；纹波控制。
- 高压直流输电。
- 牵引驱动。
- 可调速驱动器（ASD）。
- 转差频率恢复系统。

5.2.1　不完善的系统条件

实际上，不理想的运行条件会导致非特征谐波和间谐波产生。因此，需考虑以下几点：

- 交流系统中的三相电压并不完全平衡。公用事业和工业电力系统也有一些导致三相电压不平衡的单相负载。当相电压下降 1% 时，标准 12 脉波变换器中会产生大约 7% 的 3 次谐波和 4.3% 的 5 次谐波。
- 三相中的阻抗不完全相等，特别是换流变压器中的换相电抗不相等或相阻抗不相等。

- 当每相的换相电抗为0.20pu且变化率为7.5%，触发延迟角为15°时，会产生相对于基波含量为33%的5次谐波。
- 直流调制和交叉调制。直流侧产生的 n 次谐波传输到交流侧，这些谐波次数不同、相位相同。双变频代表着间谐波发生的最坏情况。假设两个交流系统通过直流链路相互连接并在不同频率下工作，等效电路如图5.1所示。图中的纹波源是直流母线的远端电压及变换器本身引起的畸变，纹波电流取决于直流母线的电抗器。该系统可以代表 HVDC 输电线路，其中包括以不同频率工作的交流电源系统（见5.2.3节）。

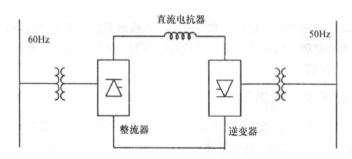

图5.1 通过直流环节连接的两个交流系统的等效电路

传统的6脉冲三相桥式电路被认为是开关功能和调制功能的组合。开关函数定义为

$$s(t) = k\Big[\cos\omega_1 t - \frac{1}{5}\cos5\omega_1 t + \frac{1}{7}\cos7\omega_1 t - \cdots \Big] \tag{5.1}$$

调制函数为直流电流和叠加纹波含量的总和：

$$i(t) = I_d \sum_{z=1}^{\infty} a_z \sin(\omega_z t + \phi) \tag{5.2}$$

式中，a_z 是正弦分量的峰值；ω_z 可以是任意值，不一定是 ω_1 的整数倍。那么交流侧的谐波如下：

$$i_{AC}(t) = i(t)s(t) \tag{5.3}$$

12 脉冲运行时，交流侧的谐波用下式表示：

$$
\begin{aligned}
i_{AC} = &\ ki_d(12\,次, 13\,次, 23\,次, \cdots\cdots) \\
&+ \frac{kb}{2}\big[\sin(\omega_1 t + 12\omega_2 t + \phi_{12}) - \sin(\omega_1 t - 12\omega_2 t - \phi_{12}) \big] \\
&- \frac{kb}{22}\big[\sin(11\omega_1 t + 12\omega_2 t + \phi_{12}) - \sin(11\omega_1 t - 12\omega_2 t - \phi_{12}) \big] \\
&+ \frac{kb}{26}\big[\sin(13\omega_1 + 12\omega_2 t + \phi_{12}) - \sin(13\omega_1 t - 12\omega_2 t - \phi_{12}) \big] \\
&- \frac{kc}{46}\big[\sin(23\omega_1 + 24\omega_2 t + \phi_{24}) - \sin(23\omega_1 t - 24\omega_2 t - \phi_{24}) \big] \\
&+ \frac{kc}{50}\big[\sin(25\omega_1 + 24\omega_2 t + \phi_{24}) - \sin(25\omega_1 t - 24\omega_2 t - \phi_{24}) \big] \\
&- \frac{kd}{70}\big[\sin(35\omega_1 + 36\omega_2 t + \phi_{36}) - \sin(35\omega_1 t - 36\omega_2 t - \phi_{36}) \big] \\
&\ \cdots
\end{aligned}
\tag{5.4}
$$

式中，$k = 2\sqrt{3}\pi$；b、c、d 是直流侧12次、24次和36次谐波电流的大小。

通过整流器 - 直流线路 - 变换器连接的两个独立交流系统中，如果两个系统存在 Δf_0 的频率差，那么在 12 相脉冲系统中，频率为 $12n(f_0 + \Delta f_0)$ 的直流侧电压将会被另一侧的变换器调制。

$$(12m \pm 1)f_0 + 12n(f_0 + \Delta f_0) \tag{5.5}$$

在交流侧，除其他频率外，还包括以下频率：

$$f_0 + 12n\Delta f_0 \tag{5.6}$$

这将使基波分量以 $12n\Delta f_0$ 的频率产生闪变及闪变电流。

电子开关器件的控制系统和电子控制设备不是完全对称的，因此，控制系统会引发非特征谐波和间谐波，但如果系统是完全对称的，那么非特征谐波和间谐波就不会产生。

5.2.2　可调速驱动器的间谐波

间谐波可以通过直流母线与电源之间的谐波相互作用而由变换器产生。150Hz 谐波与 60Hz 基波相互作用可得到图 5.2 所示的电流波形，通过 EMTP 仿真可得到这两部分的叠加和相消波形。

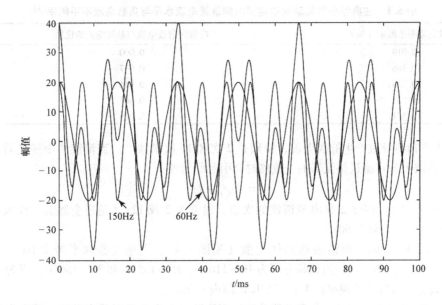

图 5.2　两个不同幅值、不同频率谐波的相互作用的 EMTP 仿真

假设一个 ASD，电机以 44Hz 的频率运行。该频率将以 44Hz 纹波乘以逆变器的脉冲数出现在直流链路上，产生 44Hz 脉冲数的波形。直流链路上的电流包含 60Hz 和 44Hz 纹波。因为 44 倍脉冲数不是 60Hz 的整数倍，所以 44Hz 的纹波将作为间谐波传递到输入端。

如果 m 是电机的 m 次谐波，n 是 PWM 逆变器的 n 次谐波，ω 是变频器的工作频率，那么变频器输入电流的有效分量的频率为 $(n \pm m)\omega$，其中 n 具有显著的开关频率分量，m 具有明显的电机谐波电流分量。

假设 ASD 具有前端二极管桥式整流器、直流链路电抗器和 PWM 逆变器（见图 5.3）。当逆变器的谐波电流通过直流链路传播时，会在电力系统中产生间谐波。

在逆变器线性调制的平衡情况下，直流链路高次谐波会被直流电感阻断。

负载不平衡或过调制情况将产生大量间谐波。间谐波电流值和负载不平衡之间的关系如表 5.1 所示。负载电流不平衡可以定义为最大和最小相电流幅值之差除以相电流幅值的平均值。因为频率调制指数 m_f 已经确定，所以开关频率应在 $1.8 \sim 2\text{kHz}$ 的范围内，幅值调制比为 $m_a =$

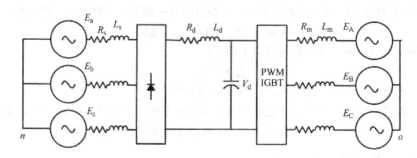

图 5.3 具有前端二极管桥式电路、直流链路电抗器和 PWM 逆变器的 ASD 电路

$V_{AN}/(0.5V_d)$。在平衡负载和线性调制的条件下，电机谐波始于开关频率，并且由于这些谐波频率远高于直流线路的谐振频率（92Hz），因此电力系统中不存在明显的逆变器谐波。

表 5.1   在典型小型驱动器中测得的间谐波电流水平与负载电流不平衡率[3]

负载电流不平衡率（%）	电源间谐波电流与基波电流的比值
0.019	0.000
0.166	0.037
0.328	0.046
0.511	0.065
0.551	0.075

负载不平衡将导致产生低次谐波，特别是 2 次和 12 次谐波[3]。直流链路中逆变器产生的 2 次和 12 次谐波电流在流过整流器的交流侧时会引起间谐波：

$$f_h = |\mu f_1 \pm k f_s| \tag{5.7}$$

式中，f_h 是间谐波的频率；μ 是电流谐波的次数，通常为 2 或 12；f_1 是逆变器的工作频率，$k = 1，5，7\cdots\cdots f_s$ 是电源频率 60Hz。

当 $\mu = 2$，$k = 1$ 时，间谐波达到最大值（见图 5.4）。当逆变器频率为 25Hz、37.5Hz 和 48Hz，电源频率为 60Hz 时，边频带分别为 10 ~ 110Hz、15 ~ 135Hz 和 36 ~ 156Hz。因为频率调制率 m_f 已经确定，所以开关频率在 1.8 ~ 2kHz 范围内变化。

随着过调制增加，$m_a > 1$，负载平衡情况下直流链路上也会出现低次谐波，其中主要是 6 次谐波。假设直流电抗很大，电源电感可以忽略不计，当它反映到交流侧，逆变器工作频率为 48Hz 时，间谐波在 228 ~ 348Hz 之间变化。当 L_d 减小时，整流器上的谐波电流会上升，直到整流器的输出电流变得不连续（见第 4 章）。电源电感的作用是改变视在直流链路电感，从而改变直流链路上元器件的调谐[3]。

实际工作中，系统的谐波谱如图 5.5 所示[4]。电机以 39.4Hz 频率（电源频率 50Hz）供电，如果谐波或间谐波与电动机/轴/负载机械系统的固有频率一致，则轴可能会损坏。

5.2.3   高压直流输电系统

高压直流（HVDC）输电系统是另一种可能的间谐波源。当两端工作在不同频率时，HVDC 输电系统可能会产生额定电流 0.1% 的间谐波[5,6]。如图 5.1 所示，6 脉冲变换器可能会在任何一端产生谐波。

调制理论已被用于 HVDC 输电系统的谐波相互作用中（见作者《无源滤波器设计》中的第 2 章和第 4 章）。当交流电网以不同频率工作时，将产生间谐波。

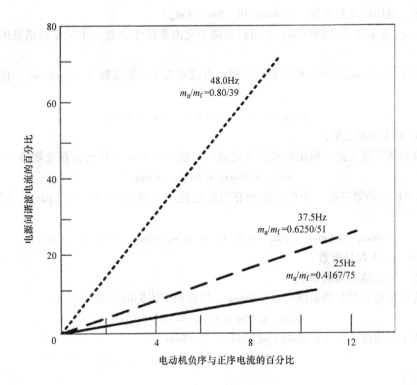

图 5.4 ASD 中电流间谐波的不平衡率函数[3]

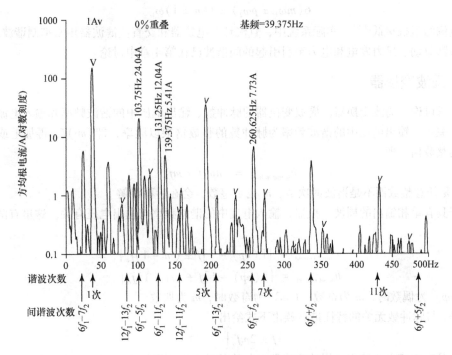

图 5.5 实际 ASD 的谐波谱[4]

直流侧 电压谐波包含频率组 $6n\omega_1$ 和 $(6n\omega_1 + \omega_m)$：

其中，ω_m 是 m 次谐波的频率，它可以是两个交流系统中任意一个的整数谐波的频率，称为干扰频率。

直流电压（$=6n\omega_1$）中的特征谐波出现在直流电流中。谐波频率 $\omega_m = 6m\omega_2$，由此产生一组新的谐波：

$$6n\omega_1 \pm 6m\omega_1 = 6(n \pm m)\omega_1 = 6k\omega_1 \tag{5.8}$$

式中，n、m 和 k 都是整数。

逆变器的所有特征谐波将出现在直流电流中，频率为 $6m\omega_2$。因此，直流侧第二组谐波为

$$6n\omega_1 \pm 6m\omega_2 = 6(n\omega_1 \pm m\omega_2) \tag{5.9}$$

式（5.9）中的第三组频率也会出现在直流电流中，即 $\omega_m = 6(n\omega_1 \pm p\omega_2)$，因此，谐波频率为

$$6n\omega_1 \pm 6(m\omega_1 \pm p\omega_2) = 6\left[(n \pm m)\omega_1 \pm p\omega_2\right] = 6(k\omega_1 \pm p\omega_2) \tag{5.10}$$

式中，n、m、p、k 都是整数。

交流侧 交流侧的谐波如下：

由直流特征谐波引起的谐波为 $\omega_m = 6m\omega_1$。传输到交流侧的谐波为

$$6m\omega_1 \pm (6n \pm 1)\omega_1 = (6k \pm 1)\omega_1 \tag{5.11}$$

这归因于典型直流电压谐波在远端生成的频率 $\omega_m = 6m\omega_2$。

$$6m\omega_2 \pm (6n \pm 1)\omega_1 \tag{5.12}$$

这归因于

$$\omega_m = 6(m\omega_1 \pm p\omega_2) \tag{5.13}$$

转移到交流侧的谐波将会是

$$6(m\omega_1 \pm p\omega_2) \pm (6n \pm 1)\omega_1 \tag{5.14}$$

假设直流侧的阻抗很低[7,8]。实际系统中，直流环节电抗器和交直流滤波器用来抑制谐波。

克莱默驱动、风力发电和电力牵引引起的间谐波已在第4章中讨论。

5.2.4 周波变换器

第4章讨论了周波变换器。周波变换器的脉冲数、输出电压中的谐波频率和输入电流之间存在一定的关系。输出电压中的谐波频率为脉冲数的整数倍乘以频率，即 $(np)f$，再加上或减去输出频率的整数倍，即

$$h_{\text{output voltage}} = (np)f \pm mf_o \tag{5.15}$$

式中，n 是任意整数而不是谐波的次数；m 也是整数，会在后面讲解。

对于具有单相输出的周波变换器，输入电流中的谐波频率与输出电压有关。这里有两组输入谐波：

$$h_{\text{input current}} = \left|\left[(np) - 1\right]f \pm (m - 1)f_o\right|$$
$$h_{\text{input current}} = \left|\left[(np) + 1\right]f \pm (m - 1)f_o\right| \tag{5.16}$$

式中，(np) 为偶数时，m 为奇数；(np) 为奇数时，m 为偶数。

此外，与脉冲数无关的特征谐波族由下式给出：

$$\left|f \pm 2mf_o\right| \quad m \geqslant 1 \tag{5.17}$$

对于具有三相平衡输出的周波变换器，每族的输出电压谐波为 $(np)f \pm mf_o$，则有以下两族输入电流谐波：

$$h_{input\ current} = |[(np) - 1]f \pm 3(m - 1)f_o|$$

$$h_{input\ current} = |[(np) + 1]f \pm 3(m - 1)f_o| \tag{5.18}$$

式中，(np) 为偶数时，m 为奇数；(np) 为奇数时，m 为偶数。

此外，与脉冲数无关的特征谐波族由下式给出：

$$|f \pm 6mf_o| \quad m \geq 1 \tag{5.19}$$

图 5.6 给出了具有三相平衡输出的周波变换器的三相输入电流中存在的主要谐波频率与输出 - 输入频率比之间的关系。对于具有较高脉冲数的输入电流波形，消除了某些谐波族[9]。

谐波幅值是输出电压和负载位移角的函数，但是与元器件的频率无关。因此，给定输出电压比和负载位移角对应的谐波分量，总是具有与脉冲数或输出相数无关的幅值。

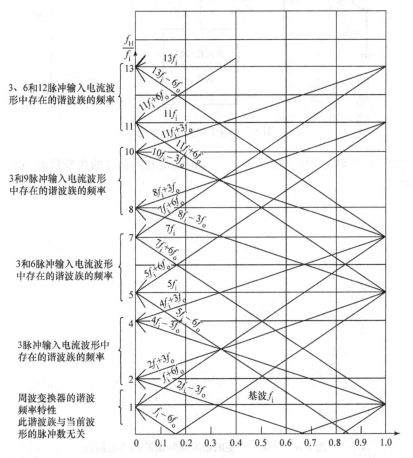

图 5.6 具有三相平衡输出的周波变换器的三相输入电流波形中存在的主要谐波频率与输出 - 输入频率比之间的关系。对于具有较高脉冲数的输入电流波形，消除了某些谐波族[9]

5.3 电弧炉

图 5.7 所示为电弧炉的安装示意图。电弧炉通常采用静态无功补偿器和并联无源滤波器，该装置可以补偿快速变化的无功功率需求，阻止电压波动，减少闪变和谐波，同时也能将功率因数提高到 1。IEEE519 规定的典型谐波含量如表 4.6 所示。实际应用中，谐波的变化很大。例如，2

次、3次和4次谐波电压畸变率可以在5%~17%、20%~29%、3%~7.5%之间变化。冶炼周期（一个操作周期，包括融化、精炼、倾倒和重新装料的时间）会在20~60min之间变化，具体视过程而定，在此过程中，电弧炉变压器会退磁，然后再充磁。变压器切换期间将产生额外的谐波，直流和2次谐波导致的变压器饱和、动态应力，以及设计不当的无源滤波器会产生谐振。这时可以采用新技术诸如静止同步补偿器（STATCOM）充当有源滤波器（见5.8.1节）。

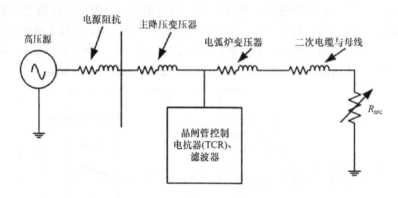

图5.7　电弧炉安装示意图

图5.8给出了电弧炉（50Hz电源频率）产生的谐波和间谐波的典型频谱；图5.9是电弧炉产生的间谐波[10]。

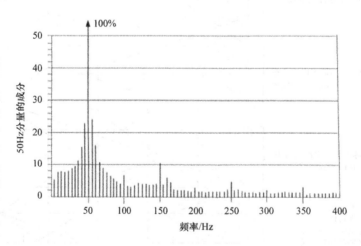

图5.8　电弧炉产生的谐波和间谐波的典型频谱

图5.10所示为避免放大间谐波的典型滤波器配置。电阻用来防止间谐波被放大，滤波器通常使用C型（有关滤波器类型可参考其他文献）。

图5.11基于参考文献［11］。2次谐波滤波器本质上是C型滤波器。电阻R_D始终保持连接。变压器通电期间需要高阻尼以减少谐波滤波器元器件上的应力。这是通过在短时间通电期间将低电阻R_{TS}和R_D并联来实现的。变压器的阻尼成为重要的考虑因素。

假设公共连接点（PCC）电压<161kV，SCR<50。电弧炉的谐波限制见参考文献［12］。

● 单个整数倍（偶数倍和奇数倍）谐波分量应小于设备额定需求电流的2%，累积概率分布为95%。

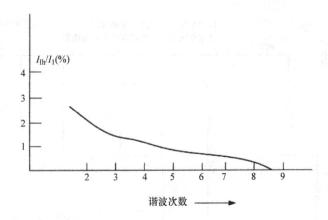

图 5.9　电弧炉产生的间谐波发射曲线[10]

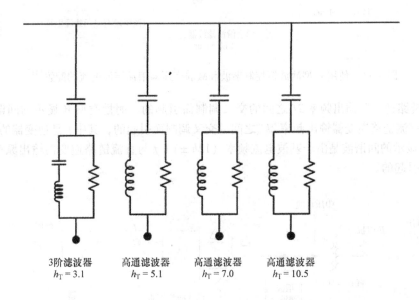

3阶滤波器	高通滤波器	高通滤波器	高通滤波器
$h_T = 3.1$	$h_T = 5.1$	$h_T = 7.0$	$h_T = 10.5$

图 5.10　避免电弧炉中的间谐波放大的典型滤波器配置

● 单个非整数倍畸变分量（间谐波）不应超过设备额定需求电流的 0.5%，累积概率分布为 95%。

● PCC 处的总需求畸变率应该限制在额定需求电流的 2.5% 内，累积概率分布为 95%。如果确定会引发电源系统谐振或引起本地发电机问题，则应采取手段限制短时间内谐波电平。此时可以通过单独指定时间超过 1%（通常不是必需的）的限制来完成。

5.3.1　感应炉

感应炉的系统结构如图 5.12 所示，给出了具有 H 桥逆变器（见第 6 章）和感应炉负载的 12 脉冲整流配置。此配置中的测量数据来自参考文献［13］中的 25t、12MVA 感应熔炉（IMF）。在熔化周期内的典型时变电源侧电流如图 5.13 所示。谐波和间谐波可能与工业负载或无源滤波器相互作用，并且会通过无源滤波器放大。可变频率操作由与电流源并联的时变 $R - L$ 电路表示，并对此建模，测量结果如图 5.14 所示。其中，测量类型 A 显示的间谐波是由于基波电源频

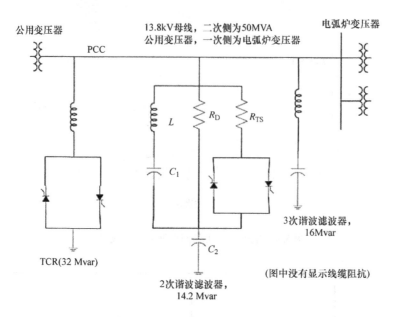

图 5.11 使用 C 型滤波器控制谐波和减弱变压器浪涌谐波电流的配置[11]

率 f 和直流链路逆变器输出频率 $2f_o$ 之间的交叉调制而引起的。测量类型 B 显示的间谐波基波电源频率 f_s 和直流链路逆变器输出频率 $2kf_o$ 之间的交叉调制而引起的，其中 f_o 是逆变器的输出频率。测量类型 C 显示的间谐波是由于基波电流频率 $(12h \pm 1)\, f$ 与直流链路逆变器输出频率 f_o 之间的交叉调制而引起的。

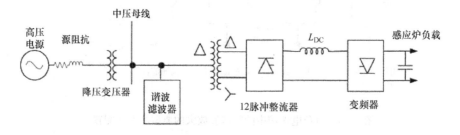

图 5.12 感应炉的系统配置

5.4 间谐波的影响

频率大于电源频率的间谐波会像谐波一样产生热效应。低频间谐波的电压会在感应电动机的定子中产生巨大的额外损耗。

间谐波对于闪变的影响是巨大的。电力调制系统中，间谐波电压会导致系统电压方均根值的变化。

IEC 标准通过模拟白炽灯的闪烁和人眼对视觉刺激的反应来间接测量电压闪变。对间谐波的其他关注点如下：

- 引发励磁发电机轴的次同步现象。

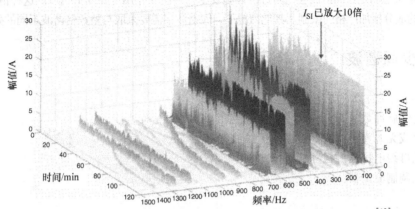

图 5.13 在 12MVA、25t 感应炉的熔化周期内的典型时变电源侧电流[13]

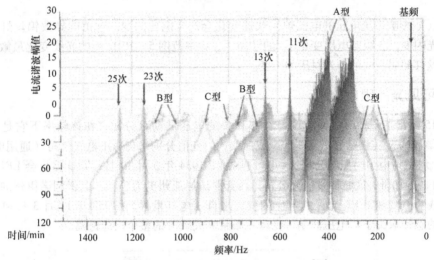

图 5.14 由于调制较差而产生的间谐波[13]

- 产生与其他谐波类似的电压畸变。

- 干扰低频电力线载波控制信号。

- 导致常规调谐滤波器过载。有关无源滤波器的限制、调谐频率、偏移频率以及导致串联调谐频率谐振的可能性，请参见有关文献。由于间谐波随周波变换器的工作频率而变化，在单调谐滤波器失效之前不存在谐振。

间谐波的畸变指数可以用类似于谐波的指数来描述。总间谐波畸变（THID）因数（电压）是

$$\text{THID} = \frac{\sqrt{\sum_{i=1}^{n} V_i^2}}{V_1} \tag{5.20}$$

式中，i 是包含次谐波在内的间谐波的总数；n 是频点的总数。可以为次谐波畸变定义专门的系数

$$\text{TSHD} = \frac{\sqrt{\sum_{s=1}^{s} V_s^2}}{V_1} \tag{5.21}$$

需要着重考虑的是，间谐波会与附近的设施发生扭转相互作用（见5.10节）。这种情况下，有必要对间谐波的成分施加严格的限制。其他情况下，间谐波不需要采取与整数倍谐波不同的处理。

5.5 减少间谐波

间谐波可以通过以下方法进行控制：
- 更高的脉冲数；
- 有源或无源直流滤波器，以减少纹波含量；
- 直流母线电抗器的尺寸；
- 脉宽调制驱动器。

5.6 闪变

负载（如影响系统电压的电弧炉）快速变化会产生电压闪变。这可能导致钨丝灯上令人烦恼的可见光闪变。人眼对电压变化不大于0.5%、频率范围5 ~10Hz内的光线变化最敏感，这也会导致钨丝灯照明引起的令人讨厌的闪变。

5.6.1 可见光的限制

图5.15给出了各种参考文献中与频率相关的电压波动百分比，在该频率下它是最可感知的[15]。在该图中，实线是电压闪变的合成曲线，闪变值分别来自通用电气公司（通用电气评论，1925年）；堪萨斯电力与照明公司，《电气世界》，1934年5月19日；T7D委员会EEI，1934年10月14日，芝加哥；底特律爱迪生公司；西宾夕法尼亚州电力公司；北伊利诺伊州的公共服务公司。虚线为IEC和IEEE允许的电压闪变，来自《电气世界》，1958年11月3日和1961年6月。闪变的感知取决于"电压波动 - 亮度 - 眼睛 - 大脑"的整个反应链路。

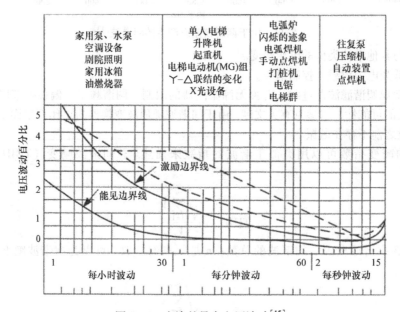

图5.15 允许的最大电压波动[15]

虽然图 5.15 已经沿用了很长时间，但是目前已被 IEEE 标准 1453 中的图 5.16 取代[16]。固态补偿器和负载可能产生比原始闪变曲线中设想的电压幅值更为复杂的调制。本标准采用 IEC 标准 61000 – 3 – 3[17]。定义为

$$P_{lt} = \sqrt[3]{\frac{1}{12} * \sum_{j=1}^{12} P_{st_j}^3} \qquad (5.22)$$

式中，P_{lt} 是对 2h 内获得的闪变的长期感知的度量，包含 12 个连续的 P_{st}。其中 P_{st} 是 10min 间隔内的短期闪变感知的度量。该值是 IEC 闪变仪的标准输出值。进一步讲，IEC 闪变仪适用于每小时一次或更频繁发生的事件。图 5.15 中的曲线对于类似于电机起动的偶发事件，每天一次甚至与某些家用空调设备一样频繁发生的事件仍然有用。图 5.16 为 IEEE 和 IEC 标准对闪变容差的比较。

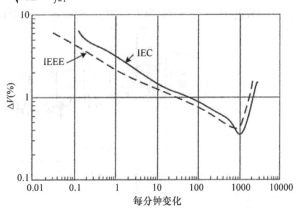

图 5.16　IEC 和 IEEE 标准对闪变容差的比较

短期闪变的严重程度适用于以较短的占空比连接各个源的干扰。需要计算多个随机运行负载的组合效应时，有必要采用评判长期闪变严重性 P_{lt} 的标准。为此，P_{lt} 是从负载的占空比相关的适当时间段内的短期严重性值得出的，可以通过这个数值反映闪变的严重程度。

为了评估公用电力系统造成的闪变，建议采用 IEC 标准[17-19]。允许对除矩形波以外的电压波动负载使用 P_{st} 进行估算。间谐波对高压到低压电力系统中闪变和闪变传递系数的影响还需要进一步研究[20, 21]。

5.6.2　规划和兼容等级

本文定义了规划和兼容等级。兼容等级是指定环境中规定的扰动水平，用于协调设定的闪变产生和抗扰度限制。在特定环境中，规划等级被用作限定大负载设备产生闪变的参考值，以便与连接到电源系统所有设备的参考限定值相通用。

例如，表 5.2 列出了中压（电压大于 1kV 小于 35kV）、高压（电压大于 35kV 小于 230kV）、超高压（电压大于 230kV）中的 P_{st} 和 P_{lt} 的规划等级。表 5.3 列出了低压和中压电力系统的兼容等级。

表 5.2　中压、高压和超高压电力系统中 P_{st} 和 P_{lt} 的规划等级[16]

	规划等级	
	中压	高压 – 超高压
P_{st}	0.9	0.8
P_{lt}	0.7	0.6

表 5.3　低压和中压电力系统中 P_{st} 和 P_{lt} 的兼容等级[16]

	兼容等级
P_{st}	1.0
P_{lt}	0.8

5.6.3 电弧负载引起的闪变

因为电弧炉在融化和精炼期间消耗的电流不稳定，波动范围广，且功率因数较低（见第 4 章），所以会引起闪变。融化和精炼过程中电弧炉不稳定的电流谱如图 5.17 所示，融化过程中电流不稳定特性如图 1.3 所示。图 5.18a 为相对于电压变化的闪变感知等级 P_{fs}；图 5.18b 为假定源阻抗是常数的 P_{st}；图 5.19 为 P_{fs}、P_{st}、P_{lt} 和电压的变化。

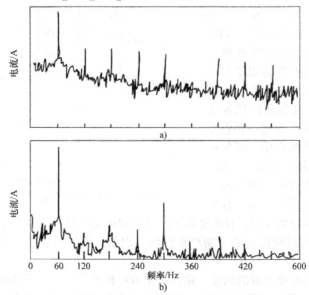

图 5.17 融化（a）和精炼（b）过程中电弧炉不稳定的电流谱

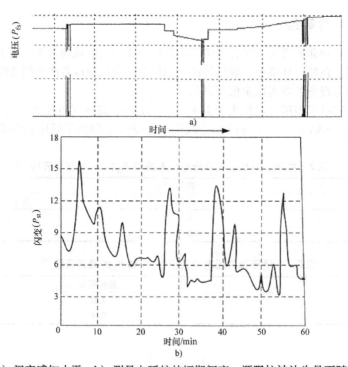

图 5.18 a）闪变感知水平；b）测量电弧炉的短期闪变，源阻抗被认为是不随时间变化的

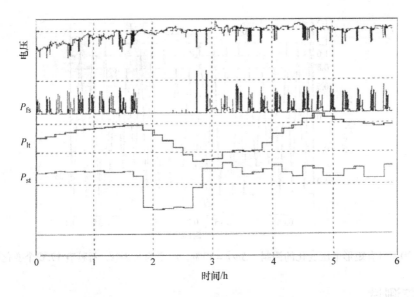

图 5.19 测量中压母线中的闪变

其他一些负载也能够产生闪变，例如，大型点焊机经常在接近闪变感知极限情况下工作。工业处理中存在许多快速变化的负载和有规律起动的电动机，甚至连家用电器如炊具和洗衣机也可能在弱系统上引起闪变。然而，引起闪变最严重的负载是电弧炉。电弧炉在熔化周期内，需要的无功功率很高。由图 5.17 可知，电弧炉的电流是随机的，并不能按周期分配，但已根据 IEEE 519 建立了一些谐波谱，如表 4.6 所示。请注意，甚至在熔化阶段也会产生谐波。过高的无功功率需求和较差的功率因数将导致供电系统出现循环电压下降。电感元件中的无功功率依赖于发送端和接收端之间的电压差，并且元件本身也存在无功功率消耗。当无功功率需求不稳定时，会导致相应电压骤降波动，这在很大程度上取决于施加不稳定负载后的系统刚性。该电压降与供电系统的短路功率（MVA）和电弧炉负载成正比。

对于电弧炉安装，将短路电压降（SCVD）定义为

$$\text{SCVD} = \frac{2\text{MW}_{\text{furnace}}}{\text{MVA}_{\text{SC}}} \tag{5.23}$$

式中，$\text{MW}_{\text{furnace}}$ 是电弧炉的安装负载（MW）；MVA_{SC} 是公用供电系统的短路水平。这激发我们产生一个想法，引起闪变的潜在问题是否是可以预期的。0.02 ~ 0.025 的 SCVD 处于可接受区域，0.03 ~ 0.035 处于边界区域，高于 0.035 则是非常不良的[22]。当有多台电弧炉时，这些电弧炉可以合成一个等效的负载。有关案例研究表明使用调谐滤波器可以补偿电弧炉安装的无功功率要求。在每个加热循环的最初 5 ~ 10min 期间会发生最严重的闪变，之后随着固态与液态金属的比例降低而降低。

引自 IEC 的图 5.20 说明了 $\Delta V/V$ 和电压变化次数的意义[14]。这显示了一个 50Hz 的波形，具有 1.0 的平均电压，相对电压变化 $\Delta v/\bar{v} = 40\%$，并且具有 8.8Hz 的矩形调制。它可以写成

$$v(t) = 1 \times \sin(2\pi \times 50t) \times \left\{ 1 + \frac{40}{100} \times \frac{1}{2} \times \text{signum}[2\pi \times 8.8 \times t] \right\} \tag{5.24}$$

每个完整的周期都会有两个明显的变化：一个幅值变大，另一个幅值变小。这两个变化的频率为 8.8Hz，因而每秒有 17.6 个变化。

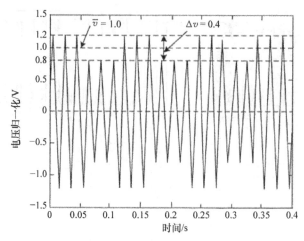

图 5.20　具有矩形电压变化的调制，$\Delta v/\bar{v} = 40\%$，频率为 8.8Hz，每秒有 17.6 个变化[14]

5.7　闪变测试

在欧洲，闪变测试是为 230V、50Hz 电源设计的，而 IEC 规定的限制是基于 230V/60W 盘绕式白炽灯闪烁的严重程度和电源电压的波动。在美国，照明线路电压为 115～120V。对于三相系统，推荐使用 $(0.4 + \mathrm{j}0.25)$ Ω 的参考相阻抗。IEC 61000 - 3 - 3 适用于电流≤16A 的设备，在美国的相应值可以是 32A；PCC（公共连接点）的阻抗和其他电器的统计数据也需要获得。115V 的系统中，电流加倍。参考文献 [23] 的作者推荐 $(0.2 + \mathrm{j}0.15)$ Ω 作为标准阻抗。

IEC 中使用的一些术语的解释（见图 5.21）：

$\Delta U(t)$　电压变化值：当电压处于至少 1s 的稳定状态内，方均根电压变化的时间函数。

$U(t)$　电压波形的方均根值：是在至少连续半个周期上测量的方均根电压的时间函数。

$\Delta U_{\max}$　电压变化最大值：最大和最小方均根电压之间的差值。

ΔU_{c}　稳态电压的变化：电压变化的最大和最小方均根值之间的差值。

$d(t)$、$d_{\max}$、d_{c}　$\Delta U(t)$、$\Delta U_{\max}$、ΔU_{c} 的幅值与相电压的幅值的比值。

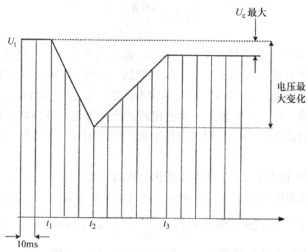

图 5.21　解释用于计算 P_{st} 的 IEC 术语

基于测量时间 $T_{st} = 10\text{min}$ 求得的 P_{st} 为

$$P_{st} = \sqrt{0.0314P_{0.1} + 0.0525P_{1s} + 0.0657P_{3s} + 0.28P_{10s} + 0.08P_{50s}} \qquad (5.25)$$

式中，百分位数 $P_{0.1}$、P_{1s}、P_{3s}、P_{10s}、P_{50s} 是观察期间超过 0.1%、1%、3%、10% 和 50% 的时间的闪变等级。后缀 "s" 表示应使用平均值，如下所示：

$$P_{50s} = (P_{30} + P_{50} + P_{80})/3$$
$$P_{10s} = (P_6 + P_8 + P_{10} + P_{13} + P_{17})/5$$
$$P_{3s} = (P_{2.2} + P_3 + P_4)/3$$
$$P_{1s} = (P_{0.7} + P_1 + P_{1.5})/3 \qquad (5.26)$$

5.8　闪变的控制

被动补偿装置的响应缓慢。当需要在几毫秒内补偿负载波动时，需要使用 SVC。如图 4.25 所示，已为电弧炉安装了 200MW 大型 TCR 闪变补偿器。由于负载变化的随机性，需要闭环控制，用复杂的电路来实现小于一个周期的响应速度。这可能会产生明显的谐波畸变，因而需要谐波滤波器。虽然已经安装了 TSC（晶闸管开关电容器[23]），但这些电容器本身具有一个周期的延迟，因为只有当电容器的端电压与系统电压相匹配时才能切换电容器，所以响应时间较慢。使用 TSC 的 SVC 不会产生谐波，但需要检查与系统和变压器的谐振。

如果负载电压被快速校正并能保持恒定，则可以消除闪变。图 5.22 所示为补偿负载电压的等效电路和相量图。目的是通过注入可变电压 V_C 来保持 V_L 恒定，以补偿由于非常不稳定的电流 I_s 变化而引起电源阻抗的电压降。

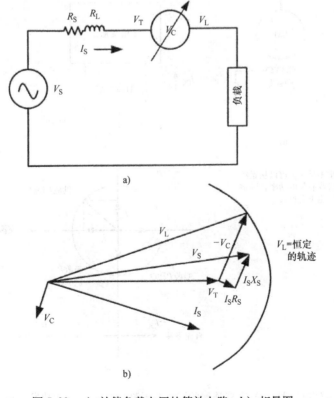

图 5.22　a）补偿负载电压的等效电路；b）相量图

5.8.1 使用 STATCOM 控制闪变

长期以来人们认识到，STATCOM（静态补偿器）也称为 STATCON（静态电容器）使得无须使用大容量电容器和电抗器就可以产生无功功率，能够以超前或滞后的功率因数运行。图 5.23 描述了同步电压源的运行。固态同步电压源（简称为 SS）类似于同步电机，可以使用 GTO 晶闸管的电压源逆变器来实现。可以通过改变由 SS 产生三相电压幅值来控制逆变器与交流系统之间的无功功率交换。类似地，逆变器和交流系统之间的实际功率交换可以通过相对于交流系统相移逆变器的输出电压来控制。图 5.23a 为同步旋转电容器。功率不能反向，只能吸收来自系统的有限电容电流，磁场电流不能反向。图 5.23b 显示了 STATCOM、耦合变压器、逆变器以及可以是直流电容、电池或者超导磁体的能量源。SS 产生的无功和有功功率可以独立控制，如图 5.23c 所示，有功功率产生/吸收与无功功率产生/吸收的任意组合是可能的。提供/吸收的有功功率必须由存储设备提供，而交换的无功功率在 SS 内部产生。SS 的这种双向功率交换能力使交流系统能够获得完全的临时支持。STATCOM 可被视为具有作为直流电容器的存储装置的 SS。基于 GTO

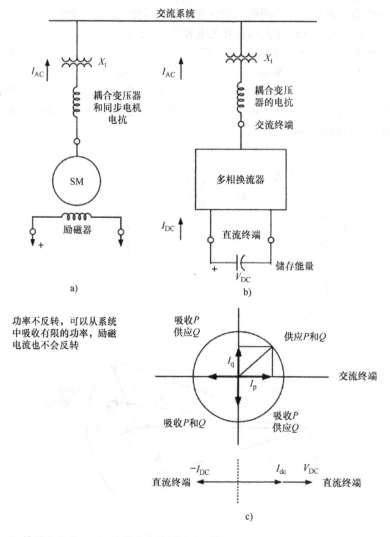

图 5.23 a）旋转电容器；b）并联连接的同步电压源；c）实际和无功发电时可能的运行模式

晶闸管的功率变换器产生与传输线电压同相的交流电压。当电压源大于线路电压（$V_L < V_0$）时，则会吸收超前无功功率，设备表现为电容器；当电压源小于线路电压（$V_L > V_0$）时，则会吸收滞后无功电流。利用谐波中和的原理，可以将 n 个 6 脉冲逆变器的输出（相位相移）组合起来，以形成一个完整的多相系统。输出波形几乎是正弦波，输出电压和输入电流中存在的谐波虽然很小但不为零，典型的谐波发射见表 6.1。

由于具有高带宽控制能力，STATCOM 可以通过线路电抗来制造任意波形的三相电流。这意味着可以为电弧炉提供要求的非正弦、不平衡、随机波动的电流。通过适当选择直流电容器，还可以满足波动的实际功率要求，而这些是 SVC 无法实现的。

电源侧的瞬时无功功率使无功功率在电气系统和设备之间循环，而输出侧的无功功率是设备与负载之间的瞬时无功功率。负载侧和电源侧的瞬时无功功率之间没有关系，输入端的瞬时虚功率不等于输出端的瞬时无功功率（第 1 章）。用于熔炉补偿的 STATCOM 基于瞬时有功和无功功率，采用 i_α 和 i_β 矢量控制（第 1 章）。

图 5.24 显示了闪变降低系数与 STATCOM 和 SVC 的闪变频率的关系[24]。使用固定无功补偿器和有源补偿器用于缓解闪变的混合解决方案见参考文献 [25]。也可以使用串联有源滤波器（SAF）和并联有源滤波器的闪变补偿，见参考文献 [26，27] 和第 6 章。SAF 和并联无源滤波器的组合是可行的，其中 SAF 相当于电源和负载之间的隔离器。串联电容器可以补偿由系统阻抗和负载波动需求引起的电压降，从而稳定系统电压并抑制闪变和噪声。

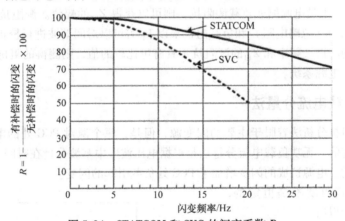

图 5.24　STATCOM 和 SVC 的闪变系数 R

5.9　闪变和间谐波的追踪方法

许多学者研究了如何确定每个闪变的来源并确定其对 PCC 的闪变有多大的影响[28-32]。

5.9.1　有功功率指数法

通过测量 PCC 处的电压和电流可以获得间谐波有功功率

$$P_{IH} = |V_{IH}||I_{IH}|\cos(\varphi_{IH}) \tag{5.27}$$

考虑到一些用电设备被连接到公用电源，可将每个可能的污染源表示为诺顿等效电路，并在电源端进行测量，便可以识别图 5.25 中 A 点处的污染源。任何电源都可能是污染源。对于 A 点，如果 $P_{IH} > 0$，则间谐波分量来自电源系统；如果 $P_{IH} < 0$，则间谐波分量来自相应的用电设备。

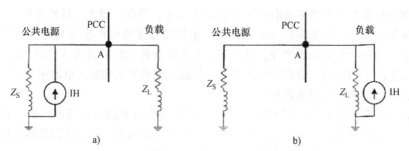

图 5.25　使用诺顿等效电路测定间谐波的来源：a）PCC 处来自公共电源的间谐波；
b）PCC 处来自负载的间谐波

实际上，间谐波的有功功率很小，φ_{IH} 可能接近 ±90°，测量结果可能会振荡。在测量过程中，间谐波生成也可能不稳定。

5.9.2　阻抗分析法

观测点的谐波阻抗可以通过下式计算：

$$Z_{IH} = \left| \frac{V_{IH}}{I_{IH}} \right| \cos(\varphi_{IH}) + j \left| \frac{V_{IH}}{I_{IH}} \right| \sin(\varphi_{IH}) = R_{IH} + jX_{IH} \qquad (5.28)$$

这种方式下，间谐波阻抗等于上游或下游观测点的阻抗。系统阻抗通常远小于负载侧阻抗，几乎是源阻抗的 1/5。如果是电源侧或负载侧阻抗，则可以获得 Z_{IH} 的幅值。源阻抗由短路计算给出，通过源阻抗乘以 f_{IH}/f（忽略电阻）和负载阻抗乘以 V_1/I_1 可以对间谐波进行校正。

如果校正后的间谐波频率和 Z_{IH} 的源阻抗不具有可比较的值，则测得的阻抗可能是下游阻抗，并且间谐波来自于电源系统。

5.9.3　无功负载电流分量法

有功功率和阻抗分析法着眼于主要的闪变源，但是，每个源对 PCC 处的电压闪变有多大影响是非常值得研究的。无功负载电流分量法是根据电压波形中基波分量在时间上的变化导致幅值变化而影响闪变的。电源造成的闪变增加了 PCC 处负载引起的闪变。

系统阻抗及其角度不是恒定的，这些值可以由测量得出。

电源电压也不能假定为常数。由此可以得出一个随时间变化的关系

$$e_s = iR_s + L_s \frac{di}{dt} + v_{pcc} \qquad (5.29)$$

式中，v_{pcc} 是 PCC 处的电压。

式（5.29）可以近似为

$$E_s \approx V_{pcc} + X_s I \sin\theta \qquad (5.30)$$

式中，θ 是阻抗角。

用于计算单个闪变影响的电路框图如图 5.26 所示；IEC 闪变仪电路框图如图 5.27 所示。参考文献 [30] 说明了通过闪变贡献仪对一些样本工厂的闪变贡献的测量，如钢铁厂和电弧炉。

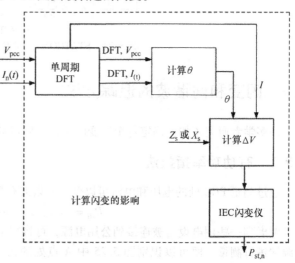

图 5.26　用于计算单个闪变影响的电路[30]

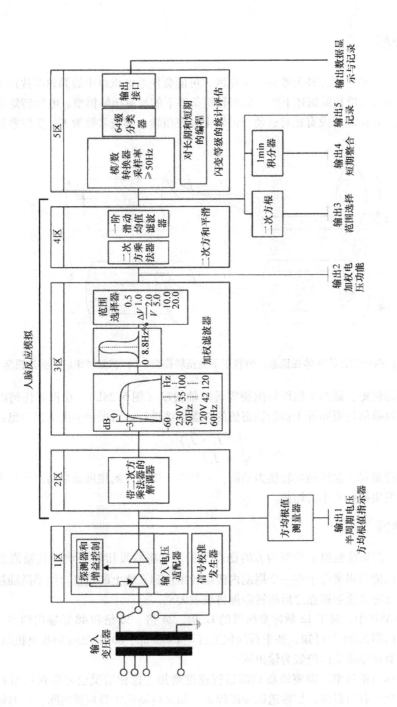

图 5.27　IEC 闪变仪的电路框图

可以使用逆潮流程序来确定谐波源。对电网中线路和母线上几个点的数据使用最小二乘估算，来计算谐波源母线上的注入频谱。当发现谐波频率能量注入电网时，该母线被识别为谐波源。

5.10 扭转分析

扭转振动是造成驱动系统部件失效的主要原因，可能会使发电机组中的涡轮叶片产生应力或振裂。图 5.28a 所示为在静止或恒速下处于稳态转矩条件下的简单扭转模型。电气转矩和负载转矩是恒定且平衡的。物体之间没有相对运动，但轴上存在扭转，弹簧常数为 K。要注意扭转角度的相对位置。

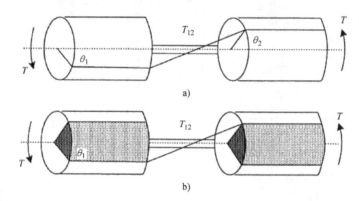

图 5.28　a）两轴耦合旋转体在稳态、恒转矩下的扭转模型；b）移除转矩后的受迫振荡

如果去除了稳态转矩，则两个惯性将围绕零转矩轴振动（图 5.28b）。在没有任何阻尼的情况下，这些振动将以峰值转矩和等于初始稳态值的扭曲继续进行。谐振频率由下式给出：

$$f_0 = \sqrt{\frac{K(J_1 + J_2)}{J_1 J_2}} \tag{5.31}$$

系统中存储的能量每个循环两次转换为动能，并且两个惯性彼此相反地振荡。如果去除了其中一个转矩，则会发生幅值较小的振荡。

5.10.1 稳态激振

如图 5.28a 所示的系统施加了频率为 f_0 的稳态激振。这将激发扭转振动并且幅值会持续增加，直到每个周期的能量损失等于在一个周期内激振转矩加到系统上的能量。如果激励频率以一定的速率变化，在通过系统谐振点之后扭转激振将被放大[33-35]。

在正常运行的 ASD 中，对于 12 脉冲变换器的 12 倍、24 倍、36 倍和 48 倍输出频率，有多个变换器脉冲输出。由图 5.29[36]可知，基于石油化工行业 15000hp、6000r/min 同步电机驱动分析，激发频率与扭转固有频率相交的位置为输出频率。

驱动负载可能具有正斜率，即驱动负载随运行速度增加。这种情况会发生在风扇和鼓风机上。驱动负载也可能具有负斜率，如输送机和破碎机。如果电动机的转矩被消除，负的负载斜率会增加转矩脉动。

感应电动机在起动时会产生瞬态转矩。同步电动机除了初始的固定频率励磁（例如感应电动机）之外，还会产生转差频率励磁，此频率范围从起动时的 120Hz 到同步时的 0Hz。当同步电

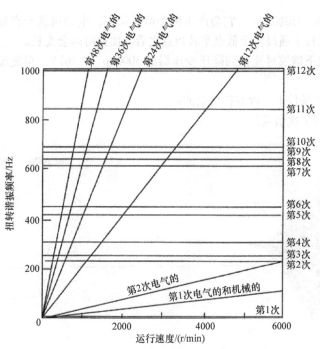

图 5.29 15000hp 同步电动机的扭转干涉图[36]

机退出运行时，将在退出频率中产生正弦励磁，直到断开或重新同步。退出过程中产生 2 倍转差频率的临界速度是无法避免的。如果电动机及时断电，则可以避免退出后由转差频率励磁产生的临界转速。

5.10.2 机械系统的激振

机械系统也可以产生与速度成正比的激振，并且可能以轴旋转倍数或齿轮转动频率倍数的频率发生。这源于机械系统缺陷，通常幅值较小。激振也可以从负载端发生。机械堵塞可能会产生巨大的动态转矩。

这说明机械堵塞期间可能会产生一些难以完全避免的扭矩放大，然而，当传动系统快速通过振动模式时，会表现出阻尼趋势。扭转分析需要电动机和负载数据、起动特性、惯性和弹簧常数，见表5.4。扭转分析可以发现许多系统的固有频率。

表5.4 扭转分析所需的数据

参数	描　　述
M_m	起动期间最大瞬态轴转矩
M_s	最小开机转矩
F_1	在两个方向的止推轴承的零端间隙处传递到电动机上的载荷
P_1	怠速时精磨机的功率损耗
临界阻尼	轴中的临界阻尼（%）
疲劳分析	包括轴直径、速比、材料、剪切应力和轴直径变化引起的应力系数等数据
J_1、J_2、J_3、J_4	旋转惯性（$kg \cdot m^2$ 或 $lb \cdot ft^2$）
K_1、K_2、K_3	弹簧系数（$N \cdot m/rad$ 或 $lb \cdot in/rad$）
电动机	起动转矩特性和平均振荡转矩对系统电压变化和起动条件的影响
负载	起动转矩 - 转速特性

在系统起动和短路时也应进行扭转分析。参考文献［37］表明，在起动 6000hp 感应电动机

驱动的 16000r/min 高速压缩机时，它会产生两个谐振频率。电动机甚至在加速过程中也可能会失速，并且在加速过程中通过两个低电平转矩点之后，加速时间会变长。

以下是两种情况下谐波对连接到降压变压器的 3000hp、4.16kV、单笼型感应电动机起动的影响：

- 正常平衡电源条件下，没有任何谐波；
- 电源系统受到 7 次谐波污染。

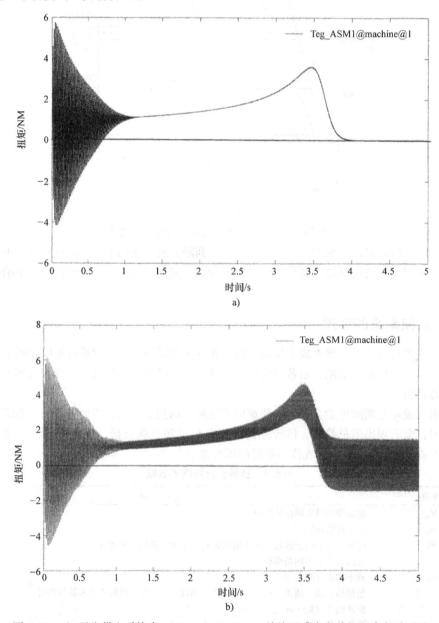

图 5.30　a）平衡供电系统中，3000hp、4.16kV、单笼型感应电动机正常起动时的转矩 - 转速特性；b）供电系统受到 7 次谐波污染时的起动特性的 EMTP 仿真结果

图 5.30a 为正常的转矩 - 转速起动曲线，图 5.30b 为供电系统受到 7 次谐波污染时的仿真曲

线。由图可知,虽然电动机能够起动,但是由于谐波转矩发生严重的转矩振荡,会对电动机轴造成很大破坏,电动机以低惯性负载起动可以减少起动时间。

5.10.3 分析

弹簧 n 的移动惯量为

$$J\frac{\mathrm{d}\overline{\omega}_m}{\mathrm{d}t} + \overline{D}\,\overline{\omega}_m + \overline{H}\,\overline{\theta}_m = \overline{T}_{\text{turbine}} - \overline{T}_{\text{generator}} \tag{5.32}$$

式中,$\overline{H}$ 是刚度系数的对角矩阵;$\overline{\theta}_m$ 是角位置矢量;$\overline{\omega}_m$ 是机械速度矢量;$\overline{T}_{\text{turbine}}$ 是施加到涡轮的转矩矢量;$\overline{D}$ 是阻尼系数的对角矩阵。惯性矩和阻尼系数可从设计数据中获得。弹簧作用产生与角度扭曲成正比的扭矩。

图 5.31a 为汽轮发电机的扭转系统模型,各组件在涡轮扭转模式的固有频率下旋转。当机械系统在一个或多个固有频率下发生稳态振荡时,各个涡轮 – 转子元件的相对幅值和相位是固定的,称为扭转振动的模态[38]。

扭转模式阻尼量化为扭转振荡衰减,连续振荡峰值的自然对数之比称为对数衰减率。衰减系数定义为从原始点衰减到其值 $1/e$ 的时间(单位为 s)。

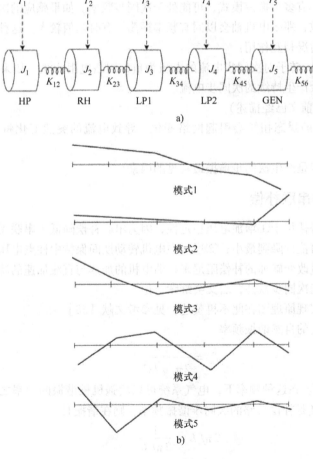

图 5.31 a)汽轮发电机的旋转质量模型;b)振荡模式[38]

弹簧 – 质量模型由图 5.31 给出，模式 n 振荡的数学表达式为

$$
\begin{vmatrix} J_1 & & & & \\ & J_2 & & & \\ & & \cdot & & \\ & & & \cdot & \\ & & & & J_n \end{vmatrix} \begin{vmatrix} \ddot{\theta}_1 \\ \ddot{\theta}_2 \\ \cdot \\ \cdot \\ \ddot{\theta}_n \end{vmatrix} + \begin{vmatrix} K_{12} & -K_{12} & & & \\ -K_{12} & K_{12} & K_{23} & -K_{23} & \\ & -K_{23} & \cdot & \cdot & -K_{n1,n} \\ & & \cdot & \cdot & \\ & & -K_{n1,n} & K_{n1,n} \end{vmatrix} \begin{vmatrix} \theta_1 \\ \theta_2 \\ \cdot \\ \cdot \\ \theta_n \end{vmatrix} = \begin{vmatrix} T_1 \\ T_2 \\ \cdot \\ \cdot \\ T_n \end{vmatrix} \quad (5.33)
$$

通过弹簧 – 质量模型的特征矢量和频率推导可以看出，n 个质量模型存在 n 个二阶微分运动方程，并且通过弹簧元件相互耦合。

刚度项的对角化将产生弹簧 – 质量模型的 n 个解耦方程，这种对角化可通过转子参考系到特征矢量参考系的坐标变换来实现。

5.11　次同步谐振

我们在本章开头已经定义了次同步谐振（SSR）。与涡轮发电机发生能量交换的组合系统中存在一个或多个固有频率，这些频率低于系统的同步频率。

涡轮发电机轴本身具有多个振荡模式，可能处于次同步频率。如果感应的次同步转矩与轴自然振荡模式中的一个一致，那么电机轴会以固有频率振荡，有时幅值较大。这种情况可能导致轴疲劳和故障，致使多种情况相互作用：

1）感应发电机效应：转子对次同步电流的电阻为负，网络电阻为正。如果发电机的负电阻大于系统的正电阻，则会产生持续的次同步电流。

2）扭转相互作用（前文已经描述）。

3）由系统扰动引起的瞬态扭矩会引起网络变化，导致电流的突然变化将以网络固有频率振荡。

输电线路的串联补偿是产生次同步谐振最常见的因素。

5.11.1　输电线路的串联补偿

高压输电线的串联补偿用于①增加电压稳定性，因为串联补偿降低了串联无功阻抗，使受端电压变化和电压崩溃的可能性降到最小；②通过在电机转动期间保持中性点电压，来提高传输功率及暂态稳定性；③通过改变施加的补偿阻尼来抵消电机的加速与直流加速的功率振荡。然而固定类型的串联补偿会引起次同步振荡，后文会继续讨论。

串联电容器安装的实现原理图在此不再赘述，见参考文献［38］。

串联电容器具有给定的自然谐振频率

$$
f_n = \frac{1}{2\pi \sqrt{LC}} \quad (5.34)
$$

f_n 通常小于电力系统频率。在这种频率下，电气系统可以增强机械谐振的频率之一，从而引起次同步谐振（SSR）。如果 f_r 是补偿线路的次同步谐振频率，则在谐振时

$$
2\pi f_r L = \frac{1}{2\pi f_r C}
$$

$$
f_r = f \sqrt{K_{SC}} \quad (5.35)
$$

由此可以看出，次同步谐振发生在频率 f_r 上，其频率等于正常频率乘以补偿程度的二次方

根，通常在 15~30Hz 之间。补偿范围在 25%~75% 时，$f_r<f$。次谐波频率下的瞬态电流叠加在工频分量上时，谐振可以通过线路的电阻在几个周期内被衰减。在某些条件下，次谐波电流可能对旋转电机产生不稳定的影响。如果电路振荡，则电流的次谐波分量在发电机中产生相应的次谐波场。该磁场相对于主磁场反向旋转，并以 $f-f_r$ 频率差在转子上产生交流转矩。如果发电机轴的机械谐振频率与该频率一致，则可能会损坏发电机轴。如果发电机的交轴电抗和系统电容电抗谐振，则会出现急剧的电压上升。发电机中没有励磁绕组或电压调节器来控制发电机中的交轴磁通量。变压器的磁路被驱动到饱和状态，避雷器可能会失效。串联电容器的固有次同步频率特性可以通过并联连接的 TCR 进行修改。

如果串联电容是晶闸管或 GTO 晶闸管控制（TCSC），则整个操作会有变化。它可以被调制，以消除任何次同步以及低频振荡。许多 HVDC 输电项目已经采用晶闸管控制的串联电容器。

5.11.2　高压直流输电系统次同步谐振

由于传动系统的振荡与发电机组机械扭转振动之间的相互作用，HVDC 输电系统中可能会发生次同步谐振，主要由 HVDC 输电控制回路中的负阻尼引起。通过设计具有正阻尼的 HVDC 输电控制，可以避免这种情况。相互作用在换流站附近的扭转很大，但对于远离换流站的发电机可以忽略不计。负阻尼随着 HVDC 输电功率流的增加和晶闸管的触发延迟角控制而增加。短路电平对交流系统具有影响，较高的短路电平具有更高的阻尼效应。

触发延迟角控制系统可通过次同步阻尼控制器来确保阻尼为正，变换器交流电压的频率调制用来检测发电机转速的振荡扭转模式。扭转模式振荡通过变换器触发延迟角的调制来消除。

AC、DC 侧谐波由 AC 和 DC 滤波器控制。交流系统中的谐波电压分为正序和负序，三相不平衡。谐振会放大谐波电压，对此，有两种触发延迟角控制方法：

- 单相控制（IPC）；
- 等间隔相位控制（EPC）。

IPC 现在已经很少应用了。控制脉冲来自换相电压。正如第 4 章讨论的，个别晶闸管的导通相对于零点的相角存在延迟。控制电路如图 5.32 所示。控制函数（例如 V_{CF}）由参考电流 I_{REF}、电流裕量 ΔI 和反馈电流 I_{RES}（电流响应）得出。由图 5.32 可以看出，控制脉冲和触发延迟角 α 取决于从辅助变压器获得的相电压和控制函数 V_{CF}。在这种方法中，交流电源波形的畸变会引起触发延迟角 α 的变化，进而导致不稳定。

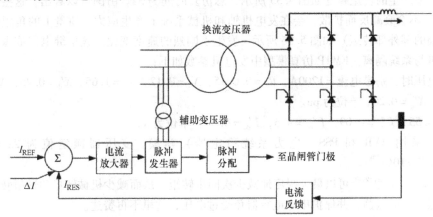

图 5.32　HVDC 输电系统 IPC 控制电路

在 EPC 中，脉冲从脉冲发生器中以 6*f*（6 脉冲变换器）或 12*f*（12 脉冲变换器）的频率生成，其中 *f* 是基频。这些脉冲在脉冲分配单元中分离并施加到各个晶闸管。如果认为电源频率是稳定且恒定的，则控制脉冲与恒定频率等距。脉冲通过环形计数器传送到变换器，环形计数器需要在任何数量级（6 或 12）都只有一个有效。环形计数器顺序切换发射一个短的输出脉冲，每个周期一个。对于 12 脉冲变换器，以 $2\pi/12$ 的间隔接收脉冲。

如图 5.33 所示，控制函数 V_{CF} 是斜率恒定的脉冲，在控制器电压 V_C 的交点处产生。V_{C1} 的交点标记为 F_1，F_2，$\cdots$，V_{C2} 的交点标记为 F'_1，F'_2，$\cdots$，相同连续控制脉冲之间的距离为 d 或 d'，由控制函数 V_{CF} 的斜率决定。该控制函数的斜率固定，脉冲间隔正好为 $2\pi f/p$，其中 p 为变换器的脉冲数。如果控制函数从 V_{C1} 增加到 V_{C2}，则随着相交点移动，触发延迟角增加 $\Delta\alpha$。

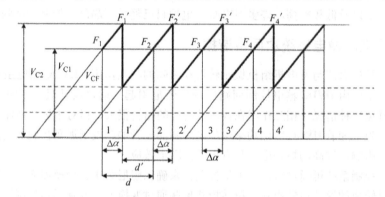

图 5.33   图 5.32 的控制电路运行

例 5.1：假设 600MVA、22kV 发电机连接到 600MVA、$\triangle-Y$ 联结、$22\sim500$kV、Y 绕组接地的升压变压器，馈入 400mile⊖ 长的 500kV 输电线。使用 EMTP 对输电线的 CP 模型建模。输电线终端选用 50% 的串联电容补偿。对于次同步振荡，汽轮发电机轴质量系统使用弹簧常数（涡轮机、转子和励磁机的 HP 和 LP 部分）对连接在一起的 4 个质量惯性常数来建模。该电路用于接收终端负载，外部扭矩会作用到每一个部分，例如涡轮机、发电机和励磁机。升压变压器 500kV 侧频率扫描的 EMTP 仿真波形如图 5.34 所示。由图可知，19Hz 处存在谐振，另一个谐振接近基频。变压器二次侧在 1s 时发生三相故障，1.1s 时故障消除，持续时间为 6 个周期。500MVA 同步电机质量 1 中产生的转矩瞬变如图 5.35 所示，总仿真时间为 5s。由图可以看出，这些瞬变甚至在 5s 之后也不会衰减反而扩散，会在发电机轴和机械系统上产生应力。质量 1 的角频率（将产生最大摆幅的零外部转矩）如图 5.36 所示，发生了剧烈的速度变化。频率继电器或振动探测器可将发电机与系统隔离。EMTP 仿真模型中发电机参数如下：

额定电压时，励磁电流 = 1200A，$R_a = 0.0045$，$X_0 = 0.12$，$X_d = 1.65$，$X'_d = 0.25$，$X''_d = 0.20$，$X'_q = 0.46$，$X''_q = 0.20$，单位为 pu。

$T'_{qo} = 0.55$，$T''_{qo} = 0.09$，$T'_{do} = 4.5$，$T''_{do} = 0.04$，单位为 s。

发电机采用 AVR 和 PSS（电力系统稳定器）建模。变压器额定值为 $22\sim500$kV，600MVA，$\%Z = 10\%$ [38]。

NGH-SSR 方案 [39,40] 可以最大限度地减少次同步转矩，从而减少机械转矩和轴扭转，限制由次同步谐振引起的振荡，并保护串联电容器免受过电压，这里不再赘述。

⊖   1mile = 1609.344m。

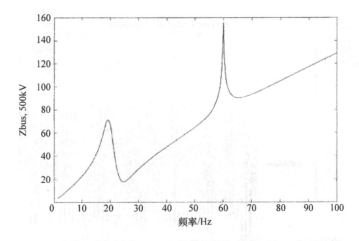

图 5.34　变压器二次侧 500kV 母线频率扫描的 EMTP 仿真波形

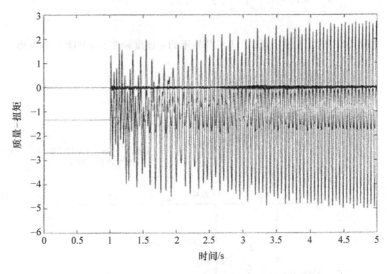

图 5.35　例 5.1 中质量 1 的轴转矩瞬变的 EMTP 仿真波形

5.11.3　次同步谐振驱动系统

5.2.2 节讨论了电源频率为 60Hz 的驱动系统引起的间谐波。对于频率为 25Hz、37.5Hz 和 48Hz 的逆变器，频带分别为 10~110Hz、15~135Hz、36~156Hz。尽管需要许多条件和参数，但仍可能会产生次同步谐振。

例 5.2：使用 EMTP 仿真简单驱动系统，用来说明 ASD 中的次同步谐波。10MVA 发电机为连接到其母线上的负载供电，并且可以与公用电源同步工作。发电机通过 5MVA 降压变压器为连接的 12 脉冲 ASD 负载供电。为了补偿 2.4kV 母线的负载电压降，采用了 600kvar 电容器组。对 11 次和 13 次特征谐波建模，并且对 36 次和 156 次谐波进行建模。涡轮发电机组用 4 个旋转质量和弹簧系数进行建模。将干扰建立在 1s 时，2.4kV 母线上发生的三相故障在 6 个周期后得到消除。

当负载完全由发电机供电时，在 13.8kV 母线上计算出的系统谐振频率为 45.8Hz。当发电机与公用电源同时工作时，谐振频率的变化很小。

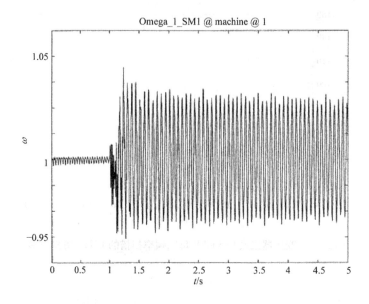

图 5.36 例 5.1 中质量 1、无外部转矩的角速度瞬变的 EMTP 仿真波形

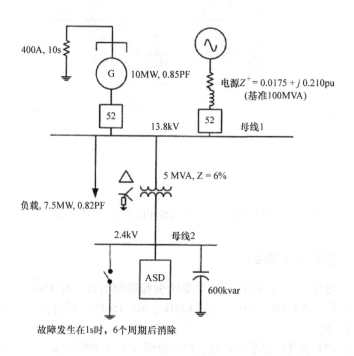

图 5.37 例 5.2 中 ASD 级联引起的次同步振荡电路配置

图 5.38 和图 5.39 分别显示了质量 1 的速度和转矩振荡,瞬变仅在 5s 的时间内略有衰减。当发电机与公用电源同步运行时,质量 1 的转矩振荡略微降低。图 5.40 为发电机线路电流的振荡。更多说明请见参考文献 [41]。

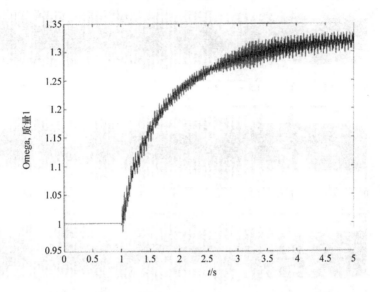

图 5.38   例 5.2 中质量 1、10MW 发电机单独运行时的角速度瞬变的 EMTP 仿真波形

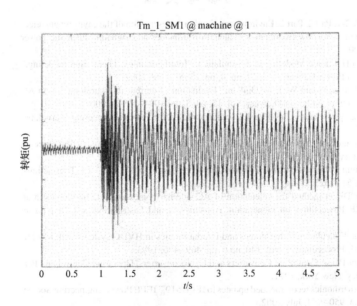

图 5.39   例 5.2 中质量 1、10MW 发电机单独运行时的轴转矩瞬变的 EMTP 仿真波形

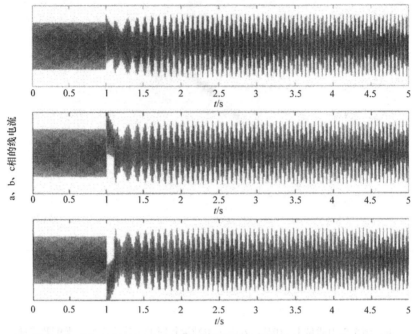

图 5.40　例 5.2 中 10MW 三相发电机的瞬态线电流的 EMTP 仿真波形

参 考 文 献

1. IEC Standard 61000-2-1, Part 2. Part 2, Environment, Section 1. description of the environment. electromagnetic environment for low frequency conducted disturbances and signaling in public power supply systems. 1990.
2. IEEE Task Force on Harmonic Modeling and Simulation, "Interharmonics: Theory and modeling," IEEE Transactions on Power Delivery, vol. 22, no. 4, pp. 2335–2348, 2007.
3. M. B. Rifai, T. H. Ortmeyer and W. J. McQuillan, "Evaluation of current interharmonics from AC drives," IEEE Transactions on Power Delivery, vol. 15, no. 3, pp. 1094–1098, 2000.
4. R. Yacamini, "Power system harmonics-Part 4, Interharmonics," IEE Power Engineering Journal, pp. 185–193, 1996.
5. J. D. Anisworth. "Non-characteristic frequencies in AC/DC converters," International conference on Harmonics in Power Systems, UMIST, pp. 76–84, Manchester 1981.
6. L. Hu and R. Yacamini, "Harmonic transfer through converters and HVDC links," IEE Transactions, vol. PE-7, no. 3, pp. 514–525, 1992.
7. L. Hu and L. Ran, "Direct method for calculation of AC side harmonics and interharmonics in an HVDC system" IEE Proceedings on Generation Transmission and Distribution, vol 147, no. 6, pp. 329–335, 2000.
8. L. Hu, R. Yacamani, "Calculation of harmonics and interharmonics in HVDC systems with low DC side impedance," IEE Proceedings-C, vol. 140, no.6, pp. 469–476, 1993.
9. B. R. Pelly. Thyristor Phase-Controlled Converters and Cycloconverters, Operation Control and Performance. John Wiley, New York, 1971.
10. E.W. Gunther, "Interharmonics recommended updates to IEEE 519," IEEE Power Engineering Society Summer Meeting, pp. 950–954, July 2002.
11. C. O. Gercek, M. Ermis, A. Ertas, K. N. Kose, and O. Unsar, "Design implementation and operation of a new C-type 2nd order harmonic filter for electric arc and ladle furnaces," IEEE Transactions on Industry Applications, vol. 47, no. 4, pp. 1545–1557, 2011.
12. IEEE P519.1. Draft guide for applying harmonic limits on power systems, 2004.
13. I. Yilmaz, Ö. Salor, M. Ermiş, I. Çadirci. "Field-data-based modeling of medium –frequency induction melting furnaces for power quality studies," IEEE Trans. Industry Applications, vol. 48, no. 4, pp. 1215–1224, 2012.
14. IEC Standard 61000-4-15. Part 4–15. Testing and measurement techniques; Flicker meter-Functional and design specifications, 2010.

15. IEEE Standard 519. IEEE recommended practices and requirements for harmonic control in power systems, 1992.
16. IEEE Standard 1453. Recommended practice for measurement and limits of voltage fluctuations and associated light flicker on AC power systems, 2004.
17. IEC Standard 61000-3-3. Electromagnetic compatibility(EMC)part 3–3: Limits-Section 3. Limitations of voltage changes voltage fluctuations and flicker in public low-voltage supply systems, for equipment with rated current ≤ 16A per phase and not subjected to conditional connection, 2008.
18. IEC Standard 61000-3-8. Electromagnetic compatibility (EMC) part 3–8: Limits-Section 8. signaling on low-voltage electrical installations—emission levels, frequency bands and electromagnetic disturbance levels, 1997.
19. IEC Standard 61000-3-11. Electromagnetic compatibility (EMC) part 3–11: Limits-limitations of voltage fluctuations and flicker in low-voltage power supply systems for equipment with rated current ≤ 75A, 2000.
20. S. M. Halpin and V. Singhvi, "Limits of interharmonics in the 1–100 Hz range based upon lamp flicker considerations," IEEE Transactions on Power Delivery, vol.22, no.1, pp. 270–276, 2007.
21. M. Göl *et al.* "A new field data –based EAF model for power quality studies," IEEE Transactions on Industry Applications, vol. 46, no. 3, pp. 1230–1241, 2010.
22. S. R. Mendis and D. A. González. "Harmonic and transient overvoltages analyses in arc furnace power systems," IEEE Transactions on Industry Applications, vol. 28, no. 2, pp. 336–342, 1992.
23. R.W. Fei, J.D. Lloyd, A.D. Crapo, and S. Dixon. "Light flicker test in the United States," IEEE Trans. Industry Applications, vol. 36, no. 2, pp. 438-443, March/April 2000.
24. C. D. Schauder and L. Gyugyi, "STATCOM for electric arc furnace compensation," EPRI Workshop, Palo Alto, 1995.
25. M. Routimo, A. Makinen, M. Salo, R. Seesvuori, J. Kiviranta, and H. Tuusa, "Flicker mitigation with hybrid compensator," IEEE Transactions on Industry Applications, vol. 44, no. 4, pp. 1227–1238, 2008.
26. A. Nabae and M. Yamaguchi. "Suppression of flicker in an arc furnace supply system by an active capacitance-A novel voltage stabilizer in power systems," IEEE Transactions on Industry Applications, vol. 31, no. 1, pp. 107–111, 1995.
27. F. Z. Peng *et al.*, "A new approach to harmonic compensation in power systems—a combined system shunt and series active filters," IEEE Transactions on Industry Applications, vol. 26, no. 6, pp. 983–990, 1990.
28. D. Zhang, W. Xu, and A. Nassif, Flicker source identification by interharmonic power direction, in Proceedings of Canadian Conference on Electrical and Computer Engineering, pp. 549–552, May1–4, 2005.
29. P. G. V. Axelberg, M. H. J. Bollen, and I. Y. H Gu, "Trace of flicker sources by using the quantity of flicker power," IEEE Transactions on Power Delivery, vol. 23, no.1, pp. 465–471, 2008.
30. S. Perera, D. Robinson, S. Elphick, D. Geddy, N. Browne, V. Smith, and V. Gosbell. "Synchronized flicker measurements for flicker transfer evaluation in power Systems," IEEE Transactions on Power Delivery, vol. 21, no. 3, pp. 1477–1482, 2006.
31. E. Altintas, O. Sailor, I. Cadirci, and M. Ermis, "A new flicker tracing method based on individual reactive current components of multiple EAFs at PCC," IEEE Transactions on Industry Applications, vol. 46, no. 5, pp. 1746–1754, 2011.
32. T. Heydt. "Identification of harmonic sources by a state estimation technique," IEEE Transactions on Power Delivery, vol. 4, no. 1, pp. 569–576, 1989.
33. E. L. Owen, "Torsional coordination of high speed synchronous motors, Part1," IEEE Transactions on Industry Applications, vol. 17, pp. 567–571, 1981.
34. E. L. Owen, H. D. Snively and T. A. Lipo, "Torsional coordination of high speed synchronous motors, Part1," IEEE Trans. Industry Applications, vol. 17, pp. 572–580, 1981.
35. C. B. Meyers, "Torsional vibration problems and analysis of cement industry drives," IEEE Transactions on Industry Applications, vol. 17, no. 1, pp. 81–89, 1981.
36. B. M. Wood, W. T. Oberle, J. H. Dulas, and F. Steuri, "Application of a 15,000-hp, 6000 r/min adjustable speed drive in a petrochemical facility," IEEE Transactions on Industry Applications, vol. 31, no. 6, pp. 1427–1436, 1995.
37. W. E. Lockley, T. S. Driscoll, W. H. Wharran, and R. H. Paes. "Harmonic torque considerations of applying 6000-hp induction motor and drive to a high speed compressor," IEEE Transactions on Industry Applications, vol. 31, no. 6. pp. 1412–1418, 1995.
38. J. C. Das. Transients in Electrical Systems Analysis Recognition and Mitigation. McGraw-Hill, New York, 2010.

39. N. G. Hingorani. A new scheme for subsynchronous resonance damping of torsional oscillations and transient torques—Part I IEEE PES summer meeting, Paper no. 80 SM687-4, Minneapolis, 1980.

40. N. G. Hingorani, K. P. Stump. A new scheme for subsynchronous resonance damping of torsional oscillations and transient torques—Part II IEEE PES summer meeting, Paper no. 80 SM688-2, Minneapolis, 1980.

41. J. C. Das, "Subsynchronous resonance-series compensated HV lines and converter cascades," International Journal of Engineering Applications, vol. 2, no.1, pp. 1–10, 2014.

第6章 源端谐波抑制

许多技术可用于控制谐波源，且还在不断创新中。在谐波水平低的地方，一些设备可抵御谐波影响，如变压器、电缆和电动机的降额运行。用于脉宽调制（PWM）的逆变器电动机有特殊绝缘材料，以抵抗高 du/dt，继电器可采用时间继电器。大多数情况下，这种设计不计成本效益，但谐波的有害影响并不能完全被消除。此外，公共连接点（PCC，第10章）的谐波注入可能超过了 IEEE 的限制。除非谐波负载小（计算方法见第10章），否则，为了控制 PCC 的谐波注入，通常需用一些手段来进行谐波抑制。抑制谐波的3个主要方法如下：

1）将无源滤波器安装在合适的位置，最好接近谐波源，这样在源端控制谐波电流，系统传播的谐波就会减少。对于产生谐波的大型负载，如 HVDC 输电系统、FACTS 控制器、SVC、TCR，通常会应用无源滤波器。

2）一般情况下，需将有源滤波技术集成到谐波发生器中，来减少谐波源。有源滤波器和无源滤波器的组合也是一种应用方法。

3）可以采用其他技术抑制谐波源，如相位倍增法、高脉冲数运行、带相间电抗器的变流器、有源波形整形技术、多电平变流器和内置在谐波发生器中用于减少谐波的补偿技术。

在给定情况下，最有效的谐波抑制策略取决于所涉及的电流和电压、负载性质及特定的系统参数，比如位于 PCC 的短路水平。

无论采用何种技术或方式，位于 PCC 的谐波发射必须满足标准要求。

6.1 相位倍增

尽管低次谐波（如5次和7次、11次和13次、17次和19次谐波等）不能完全被抑制，但4.4.1节阐述了通过选择合适的输入三相变压器绕组接线，可以进行12脉冲操作，且谐波次数是 $12n \pm 1$。

图4.8所示为两个相移为30°的独立三相变压器连接到同一条母线上。因为5次、7次等谐波通过母线连接可在变压器一次绕组中循环，所以这种方式是不可取的。由于这些谐波的产生取决于变压器阻抗，故这些谐波的循环电流可能过大，应当尽可能避免（尽管5次、7次等谐波不会出现在反馈母线的引线上）。出于这点考虑，变压器绕组可并联连接，这时需要特殊的非标准变压器。或者，可以使用适当绕组连接的三绕组变压器。

12脉冲操作可通过适当的变压器绕组相移进行扩展，同样适用于18脉冲、24脉冲或48脉冲操作。比如，如果12脉冲变流器的两个变压器上的相移为7.5°以及第二个12脉冲变流器的两个变压器上的相移为 -7.5°，那么就可以实现24脉冲操作。

两个相位倍增的例子描述如下：

1）5.8.1节讨论了相位倍增的一个例子，这个例子与应用于滤波器控制的静止同步补偿器相关。其电源电路如图6.1所示。图6.2为48脉冲静止同步补偿器的输出电压和电流波形，波形近似于正弦曲线[1]。在沙利文（Sullivan）的 TVA 系统上安装 ±100Mvar 静止同步补偿器[2]。有8个6脉冲三相变流器，提供48脉冲操作。由于相位倍增的原因，静止同步补偿器的谐波发射很小。表6.1为同一个静止同步补偿器供应商的谐波发射数据。

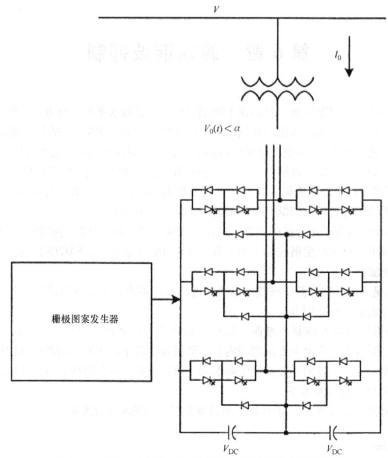

图 6.1　三相、三电平、12 脉冲桥，控制逻辑未完全展示

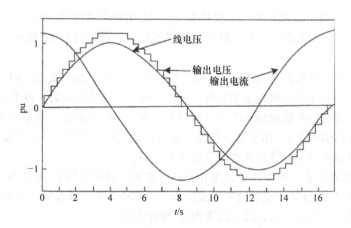

图 6.2　静止同步补偿器中的用于谐波发射控制的 48 脉冲操作

2）多单元 PWM 电压源逆变器如图 6.3 所示。多级 PWM 逆变器可能包括多个单元。含有三相输入和单相输出的单元如图 6.4 所示。在图 6.3 中，每相有 3 个这样的单元。驱动输入变压器有 9 个隔离二次侧。变压器二次绕组中的相移可以大大改善电压波形，当驱动单独操作时，无须附加滤波器，谐波畸变水平可以满足 IEEE 519[3] 的谐波发射要求。

表 6.1　静止同步补偿器中典型的谐波发射（基于厂商数据）

谐波次数	无功功率输出的百分比	谐波次数	无功功率输出的百分比
3	1.84	19	0.20
5	3.89	41	0.20
6	0.20	42	0.20
7	2.05	46	0.20
9	0.20	48	0.20
11	0.41	49	0.20
13	0.20		
17	0.20		

6.2　变量拓扑结构

第 5 章阐述了在给定应用中选择拓扑技术减少谐波发射的情况。对于 1000hp 驱动系统，可以使用电流源逆变器或电压源逆变器选择 6 脉冲、12 脉冲或 18 脉冲运行，这将在输入和输出中产生不同数量的谐波。典型的工业配电系统中的总谐波畸变率见表 6.2——所有阻抗和负载参数保持一致，总谐波畸变率在很大范围内变化，它取决于非线性负载和所选变流器的大小。

表 6.2　各种变流器技术的电流总谐波畸变率

VFD 变流器类型	电流总谐波畸变率
6 脉冲，480V，250hp 电流源逆变器（CSI），IEEE	22
6 脉冲，2400V，2500hp 同步负载换相逆变器（LCI）	25
12 脉冲，1100V，1500hp LCI	13
12 脉冲，IEEE，典型的	7
18 脉冲，IEEE，典型的	3.7
24 脉冲，IEEE，典型的	3.0
6 脉冲，200kVA 整流器	45
6 脉冲，1200hp 晶闸管直流驱动	34
12 脉冲，1200hp 晶闸管直流驱动	8
带电源电抗器的 6 脉冲、150hp PWM	15

6.3 商业负载的谐波消除

根据脉冲电源、荧光灯和其他电子负载（即暖通空调负载）的谐波谱，这些谐波负载已转换成 ASD 以提高效率，在源端会出现高谐波畸变水平。然而，这种情况[4]是很少见的。对于商业用户而言，各种负载间产生的谐波经常会发生抵消，谐波电流很少超过 IEEE519 中规定的限值。商业非线性负载包括：

- 荧光照明（占主要比重，为 30% ~ 60%）。
- ASD（5% ~ 10%）。
- 电子电源和不间断电源系统（20% ~ 40%）。

以下原因会使谐波消除：

- 变压器 △ – Y 联结。
- 连接到两个不同电压等级上单相负载的变压器相移。
- 网络和负载参数不同，导致相同类型电子负载的谐波相角不同。经计算，5 次、7 次和 11 次谐波的差异因数分别为 0.90、0.59 和 0.31。
- 由于不同负载的相角变化而造成的谐波消除。
- 非线性负载的谐波谱具有不同特征。

非线性负载数量增加使电压畸变程度增大，每一个非线性负载输出的谐波电流减少，减少量可达 50% 或者更多。

参考文献［5］阐述了每个负载上的畸变量、工业设备电源以及非线性负载不同波形造成的抵消效应。

例 6.1：为了论证不同负载类型之间的抵消，假设 13.8 ~ 0.48kV、2.0MVA 变压器，一次侧采用三角形联结 3.8kV 绕组，二次侧采用星形联结 480V 绕组。负载组成为 40% 的电子负载、30% 的荧光灯负载和 10% 的暖通空调的 ASD 负载，剩下的 20% 负载是线性的。表 6.3 是负载模型和相应的谐波谱表。电子负载和荧光负载的频谱见表 4.4 和表 4.8，暖通空调负载谐波谱见表 6.4。基于对谐波潮流的研究，使用牛顿 – 拉夫逊迭代法得到的负载波形和变压器一次波形，即 13.8kV 变压器的波形如图 6.5 所示。可以看出，负载组合使谐波被大量消除。

表 6.3　例 6.1 的负载组成

谐波负载类型	占总负载百分比（%）	谐波谱表
电子负载	40	4.4
暖通空调的 ASD 负载	10	6.4
荧光灯	30	4.8
线性负载	20	—

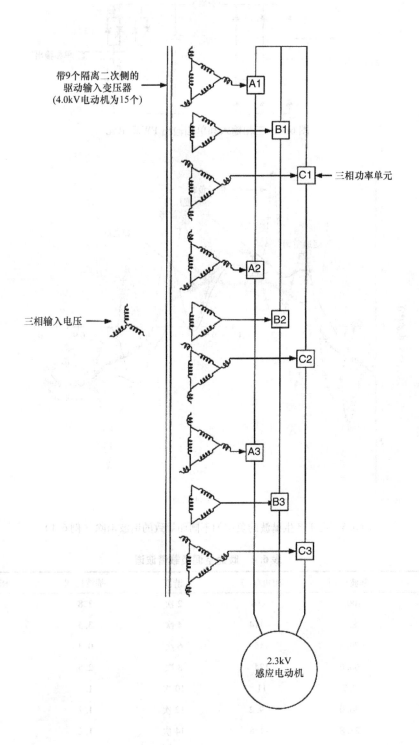

图 6.3　具有二次侧相位倍增和低谐波畸变率的交流驱动系统

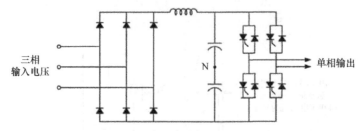

图 6.4　三相输入和单相输出 PWM 单元

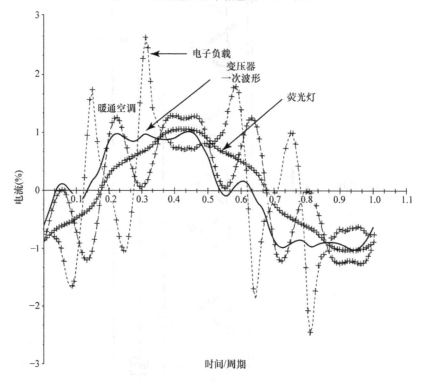

图 6.5　由于产生谐波的负载的不同而导致的谐波消除（例 6.1）

表 6.4　暖通空调负载谐波谱

谐波	基波比例	相角/(°)	谐波	基波比例	相角/(°)
基波	100.0	−14	2 次	3.8	−85
3 次	8.5	−114	4 次	3.5	−105
5 次	79.5	145	6 次	0.3	25
7 次	66.0	124	8 次	2.5	55
9 次	2.7	11	10 次	1.7	68
11 次	36.0	−9.2	12 次	1.2	132
13 次	21.8	−118	14 次	1.2	156
15 次	2.4	22	16 次	0.3	−136
17 次	10.4	−23	18 次	0.8	−92
19 次	8.0	−79	20 次	0.9	−117

（续）

谐波	基波比例	相角/(°)	谐波	基波比例	相角/(°)
21 次	1.4	131	22 次	0.5	−105
23 次	6.7	39	24 次	0	
25 次	4.5	−2	26 次	0.3	−12
27 次	0.9	143	28 次	0.2	76
29 次	3.7	83	30 次	0.3	42
31 次	3.1	29	32 次	0.4	10
33 次	0.4	−110	34 次	0.1	31

6.4　PWM 可调速驱动器的输入电抗器

通过添加额定值为驱动系统功率（kVA）的 3% 的扼流圈（电抗器），ASD 电流畸变率会大幅度降低。图 6.6 是根据 IEEE 官方指南[5] 改编而来的，显示了变压器阻抗为 5% 时电流畸变率的降低。

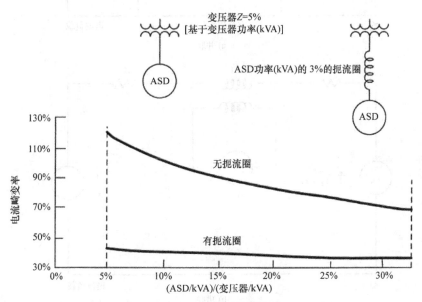

图 6.6　输入扼流圈对 ASD 电流畸变率的影响[5]

6.5　有源滤波器

本节介绍有源滤波器。通过向系统中注入谐波畸变（该畸变等于非线性负载引起的畸变，但极性相反），可将波形修正为正弦波。在系统阻抗中流动的谐波电流导致电压畸变。如果极性相反的非线性电流被反馈到系统中，电压波形就恢复为正弦波。

根据在电路中的连接方式，有源滤波器分为[6-8]：

- 串联连接；
- 并联连接；
- 无源和有源滤波器的混合连接。

6.5.1 并联连接

弱电系统中的电压畸变很大程度上取决于谐波电流，而零阻抗的稳定系统没有电压畸变。因此，如果系统不稳定，可通过输入适当的谐波电流来修正非正弦电压。谐波电流源可表示为诺顿等效电路，通过 PWM 逆变器实现，以将与非线性负载幅值相等、极性相反的谐波电流输入系统。并联连接如图 6.7a 所示。只要负载阻抗高于源抗阻，负载电流波形将变为正弦波。

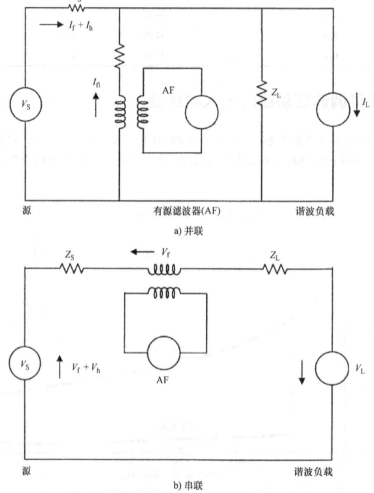

图 6.7　a）有源滤波器的并联连接；b）有源滤波器的串联连接

在第 4 章中，我们学习了两种基本的变流器类型：CSI 和 VSI。带直流输出电抗器和恒定直流电流的变流器是电流谐波源。带有二极管前端和直流电容的变流器根据交流源阻抗的不同，电流会有很大的畸变，但是整流器输入端的电压对交流阻抗的依赖性较小，该变流器变为电压谐波源。它呈现出低阻抗，并且并联连接是无效的。并联连接更适用于电流源控制器，其中输出电抗器可抵抗电流变化。如果使用并联连接来补偿二极管整流器，或者当电力系统包括无源滤波器或电容器组合时，由并联滤波器输入的电流将流入二极管整流器，那么谐波源不能被消除。

6.5.2 串联连接

图 6.7b 是有源滤波器的串联连接。电压源 V_f 与线路串联，用来补偿非线性负载产生的电压

畸变。串联有源滤波器更适用于二极管整流器的谐波补偿，在二极管整流器中，逆变器的直流电压从阻止电压改变的电容器中得到。

因此，有源滤波器的补偿特性受系统阻抗和负载影响，这和无源滤波器非常相似。然而，有源滤波器对于谐波电流的阻抗变化和频率变化具有较好的谐波补偿特性。

图 6.8a 和 b 分别为用于谐波电流和电压源非线性负载的并联有源滤波器的等效电路，图

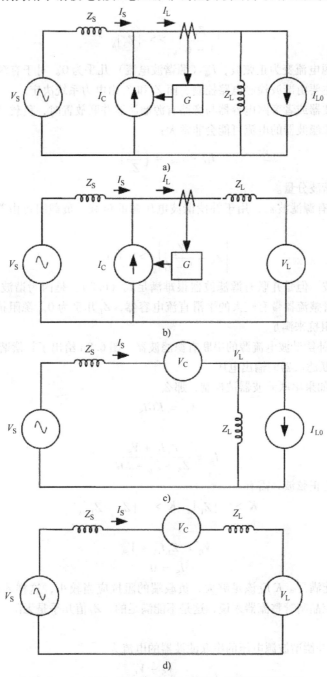

图 6.8　a）和 b）谐波电流和电压源的并联有源滤波器；
　　　c）和 d）谐波电流和电压源的串联有源滤波器

6.8c 和 d 分别为串联滤波器的等效电路。G 是包括谐波检测电路在内的滤波器的等效传递函数。我们可以写出 $I_C = GI_L$。然后在图 6.8a 中，I_S 可以写为

$$I_S = \frac{Z_L I_{L0}}{Z_S + \dfrac{Z_L}{1 - G}} + \frac{V_S}{Z_S + \dfrac{Z_L}{1 - G}}$$

如果下式成立：

$$\left| \frac{Z_L}{1 - G} \right|_h >> |Z_S|_h \tag{6.1}$$

即 $|1 - G|_h \approx 0$，则源电流变为正弦波，I_{Sh}（源谐波电流）几乎为 0。对于有源滤波器来说，G 可以被预先设定，且主要由谐波检测电路控制，而 Z_S 和 Z_L 由电力系统决定。

当并联无源滤波器或者旁路电容器与旁路有源滤波器并联放置时，负载阻抗被大大减少。这种情况下，流入无源滤波器的电流可能会非常大：

$$I_{Lh} - I_{L0h} = \left(\frac{V_{Sh}}{Z_L} \right) \tag{6.2}$$

式中，下标 h 表示谐波分量。

图 6.8b 为并联有源滤波器，用于补偿谐波电压源的负载。负载阻抗由戴维南等效值表示。如果满足下式：

$$\left| Z_S + \frac{Z_L}{1 - G} \right|_h >> 1\text{pu} \tag{6.3}$$

源电流将变为正弦波，但是并联有源滤波器很难满足式（6.3），是因为谐波电压源具有较低的内部阻抗。设二极管整流器带有较大的平滑直流电容器，Z_L 几乎为 0。源阻抗通常为 0.1pu，式（6.3）不能仅靠源阻抗来满足。

图 6.8c 给出了补偿谐波电流源的串联有源滤波器，图 6.8d 给出了补偿谐波电压源的串联有源滤波器。V_C 为串联滤波器的输出电压。

在图 6.8c 中，如果串联滤波器被控制，那么

$$V_C = KGI_S \tag{6.4}$$

源电流为

$$I_S = \frac{Z_L I_L + V_S}{Z_S + Z_L + KG} \tag{6.5}$$

为使源电流成为正弦波，需有

$$K >> |Z_L|_h,\ K >> |Z_S + Z_L|_h \tag{6.6}$$

那么

$$V_C = Z_L I_{Lh} + V_{Sh}$$
$$I_S = 0 \tag{6.7}$$

然而，这些条件不能满足。K 应该足够大，负载端的阻抗应当较小，这样才能抑制电源谐波电流。对于传统的相控晶闸管整流器来说，这是不能满足的，Z_L 值几乎是无限的，所需的输出电压 V_C 也变为无限。

在图 6.8d 中，补偿谐波源电压的串联滤波器的电流为

$$I_S = \frac{V_S - V_L}{Z_S + Z_L + KG} \tag{6.8}$$

当 K 远远大于 1pu 时，$I_S = 0$。为了实现更大增益，可以使用磁滞或者斜坡比较控制法[8,9]。

表 6.5 为有源滤波器的并联和串联对比。

有源滤波器的控制系统对性能影响较大，变流器甚至可以带负电抗。有源滤波器自身也有限制，初始成本高，尽管进一步发展可能会降低成本并扩大适用性，但对于超过 500kW 的非线性负载没有节约成本的解决方案。

表 6.5　有源滤波器的并联和串联对比

参数	并联	串联
操作	电流源，诺顿定理	电压源，戴维南定理
负载	电感或电流源负载或谐波电流源，即直流驱动的相控晶闸管整流器	电容或电压源负载或谐波电压源，即带有交流驱动的直接平滑电容器的二极管整流器
操作条件	Z_L 应较高，且 $\|1-G\|_h \ll 1$	Z_L 应较低，且 $\|1-G\|_h \ll 1$
补偿特性	电流源负载，与源阻抗无关，但是当负载阻抗低时，电流源负载取决于 Z_S	电压源负载与 Z_S、Z_L 无关，但是当负载为电流源型时，电压源负载取决于 Z_L
应用条件	注入电流输入到负载侧，当应用于电容器或电压源负载时，可能导致过电流	当应用于电感或电流源负载时，需要低阻抗并联支路（功率因数改善电容器或无源滤波器）

用于消除带单相非线性负载的三相四线系统中的谐波的有源滤波器如图 6.9 所示。星形 – 三角形联结变压器的三角形联结绕组用作三相整流器，以维持电容器两端的直流电压。中性点电流通过 CT 感测，60Hz 陷波滤波器消除了电流的基波含量。将滤波信号与设置为零的 I_{ref} 做对比，得出的误差信号反馈到 PWM 控制器以注入大小相等、方向相反的电流，这中和了流入中性点的谐波电流。如果有源滤波器可以消除 100% 的中性点电流，那么中性点的所有谐波电流都会被阻止[10]。

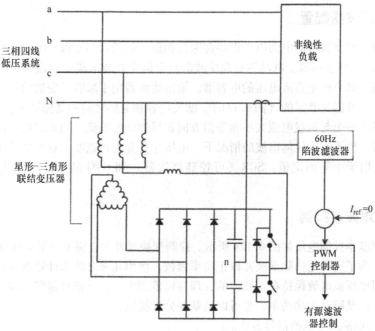

图 6.9　有源滤波器及其对三相四线低压系统的中性点电路谐波消除的控制

6.5.3 有源滤波器的组合

串联和并联有源滤波器的组合如图 6.10 所示，这看起来类似于输电线路的统一电源控制器[1]。在输电线路的应用中，统一电源控制器由两个电压源开关变换器、一个串联和一个并联变换器以及一个直流端电容器组成。该装置是理想的 AC – AC 功率变换器，其中有效功率可以输入到两个变换器交流端子的任一端，每个变换器能够在其端子上单独生成或者吸收无功功率，变换器的操作不同[8]。串联滤波器限制流入和流出配电馈线的谐波电流，它能衡量电源电流，并对基频呈现零阻抗，对谐波呈现高阻抗。并联滤波器从供电馈线中吸收谐波，并检测出连接点的母线电压，它使基频阻抗无限大，谐波阻抗较低。谐波电流和电压可以从时域供电系统中提取。

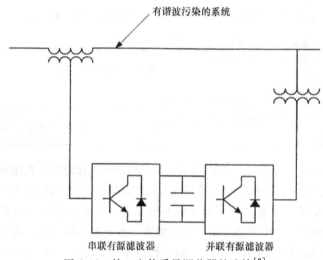

有谐波污染的系统

串联有源滤波器   并联有源滤波器

图 6.10 统一电能质量调节器的连接[8]

6.5.4 有源滤波器配置

应用于两种类型滤波器的电力电子设备都非常相似，如图 6.11a 和 b 所示，其中包含了三相电压源和电流源 PWM 变换器。电流源有源滤波器具有恒定直流电流的直流电抗器，而电压源有源滤波器在直流端具有恒定直流电压的电容器。输出滤波器用于减弱逆变器的开关效应。在电流源类型中，感应滤波器是必需的（图 6.11b）。滤波电容和电感之间的谐振可能会产生瞬时振荡。为了使逆变器输出一个与负载电流大小相等但方向相反的谐波电流，须采取相关控制，因此在源端电流为正弦波，但不产生任何谐波的情况下，电压才会变为正弦波。双极型晶体管的开关频率高达 50kHz，适用于中等额定值。SCR（可控硅整流器）和 GTO 晶闸管用于获得更高的功率输出。

6.5.5 有源滤波器控制

有源滤波器基本控制电路如图 6.12a 所示。控制变换器开关以将变换器电压或电流维持在所需的参考信号。为了适当地消除谐波并校正功率因数，使用几种方法来计算参考信号。时域中的校正基于将瞬时电压或电流保持在正弦波的合理容错范围内。误差信号是实际波形和参考波形的差，误差函数可以是瞬时无功功率，也可以是基频分量提取。

- 基于输入电流或电压的信号方法。
- 基于输入信号的有功分量和无功分量的瞬时无功功率补偿（见第 1 章 $p - q$ 理论）。

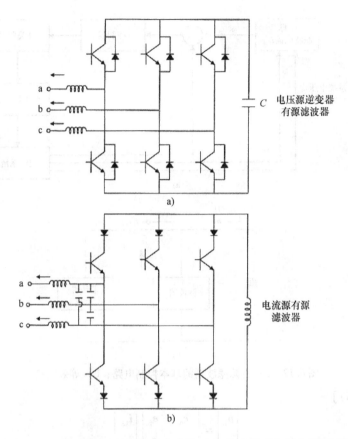

图 6.11　a）电压源逆变器有源滤波器；b）电流源逆变器有源滤波器

设并联有源滤波器的等效电路如图 6.12b 所示，该等效电路被认为是吸收电流 I_F 的理想电流源，流过生成谐波负载的电流被认为是理想的电流源输入电流 I_L。为消除源电流中的谐波，对负载电流 I_L 进行采样。通过无源滤波器，可以去除电流 I_{Lf} 的基波分量。

那么，由并联有源滤波器提供的所需电流为

$$I_F(t) = I_L(t) - I_{Lf}(t) \tag{6.9}$$

电力系统应用时，可能会产生不稳定现象。相位裕度范围为 10°～90°。在相位裕度超过 90°，且与安装位置无关时[11-13]，基于电压检测的并联有源滤波器非常稳定。假设谐波电流或电压的提取由一级滞后系统表示，那么这些检测方法给出

$$I_F(s) = \frac{sK_S}{1+sT} I_{Sh}(s)$$

$$I_F(s) = \frac{K_V}{1+sT} V_{Sh}(s) \tag{6.10}$$

式中，K_S 和 K_V 是反馈增益。

6.5.6　瞬时无功功率补偿

使三相系统瞬时有源功率和无源功率保持恒定，计算期望电流。三相系统瞬时功率保持恒定，意味着有源滤波器可以补偿瞬时功率的变化。在有源滤波器控制中，首先计算出 p 和 q 的值（见第 1 章）。然后，可计算出参考电流信号。负载端的瞬时有功功率 p_L 和瞬时无功功率 q_L 可以

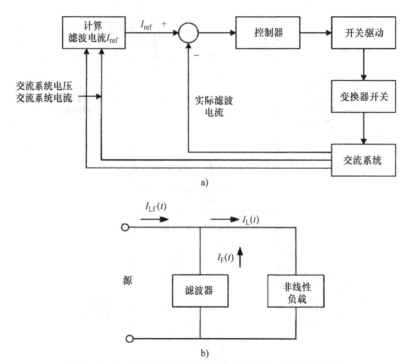

图 6.12 a）有源滤波器的基本控制电路；b）等效电路

定义为［式（1.66）］

$$\begin{vmatrix} p_L \\ q_L \end{vmatrix} = \begin{vmatrix} e_\alpha & e_\beta \\ -e_\beta & e_\alpha \end{vmatrix} \begin{vmatrix} i_{L\alpha} \\ i_{L\beta} \end{vmatrix} \tag{6.11}$$

q_L 的大小不是按瓦特、伏安或者乏计量，因为 $e_\beta i_\alpha$ 和 $e_\beta i_\alpha$ 是不同相中的电流和电压的乘积：

$$\begin{vmatrix} i_{L\alpha} \\ i_{L\beta} \end{vmatrix} = \begin{vmatrix} e_\alpha & e_\beta \\ -e_\beta & e_\alpha \end{vmatrix}^{-1} \begin{vmatrix} p_L \\ q_L \end{vmatrix} \tag{6.12}$$

写为

$$p_L = p_{DC} + p_{AC}$$
$$q_L = q_{DC} + q_{AC} \tag{6.13}$$

式中，p_{DC} 是基波频率瞬时有功功率的直流分量；p_{AC} 是谐波频率瞬时有功功率的交流分量；q_{DC} 是基波频率瞬时无功功率的直流分量；q_{AC} 是谐波频率瞬时无功功率的交流分量。

电路中的补偿参考电流为

$$\begin{vmatrix} i_u^* \\ i_v^* \\ i_w^* \end{vmatrix} = \sqrt{\frac{2}{3}} \begin{vmatrix} -1 & 0 \\ -\dfrac{1}{2} & \dfrac{\sqrt{3}}{2} \\ -\dfrac{1}{2} & -\dfrac{\sqrt{3}}{2} \end{vmatrix} \begin{vmatrix} e_\alpha & e_\beta \\ -e_\beta & e_\alpha \end{vmatrix}^{-1} \begin{vmatrix} p^* + p_{av} \\ q^* \end{vmatrix} \tag{6.14}$$

式中，p_{av} 是有源滤波器损耗的瞬时有功功率；p^*、q^* 由以下方程得出，用于谐波滤波：

$$p^* = -p_{AC}$$
$$q^* = -q_{AC} \tag{6.15}$$

p_{AC} 和 q_{AC} 不是由电压或者电源基波分量产生的，而是由更高次的谐波产生的。通过消除这些功率分量，相应的谐波将被消除。使用巴特沃斯低通滤波器的高通滤波器配置可用于消除 p 和 q 的交流分量。在控制电路中，低通滤波器的设计是最重要的[14]。变换器控制方案如图 6.13a 所示。将参考电流直接与实际电流进行比较，然后比较器的输出信号被采样并以规则的间隔 T 保持，并与 $1/T_s$ 时钟频率同步。需注意，每个变换器使用 12 个外部时钟，并且变换器中的相位不重叠。如果开关频率增加，那么谐波电流将大大减少。图 6.13b 为用于计算 p^* 和 q^* 的低通滤波器。

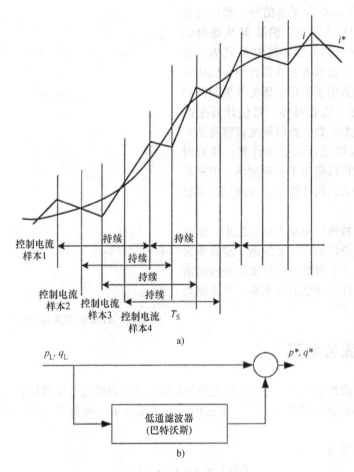

图 6.13　a）多电压源 PWM 变换器的电流控制方案；b）低通滤波器[14]

其他的时域技术主要分为 3 类[7]：

- 三角波；
- 磁滞；
- 无差拍。

三角波法最容易实现，可用于产生 2 阶或 3 阶开关函数。2 阶函数可以采用正或负连接，而 3 阶函数可以采用正、负或零连接（图 6.14）。

2 阶系统中，逆变器始终处于打开状态（图 6.14a）。将提取的误差信号与高频三角载波进行比较，每当波形相交时，逆变器就进行切换。

3 阶系统中（磁滞法），将预先设置的上限和下限与误差信号进行比较（图 6.14b）。只要误差在可接受的范围内，就不会进行切换，并且逆变器关断。

时域法的优点是反应快，但需从单节点应用中进行测量。

6.5.7 频域中的校正

使用60Hz滤波器提取误差信号，并进行傅里叶变换用来确定输入谐波。消除 M 次谐波的方法使得 M 次谐波得到补偿，其中 M 代表要补偿的最高次谐波。通过求解非线性方程可以构造开关函数，开关函数用于确定精确的开关时间和幅值。假定四分之一波长对称，可使计算量减少。因为使用了误差函数，所以系统很容易适应系统变化，但是需要进行大量的计算，并有时延。尽管误差函数可以应用于分散网络，但随着 M 增加，计算量增大，而计算需求的增加是主要缺点。

特定频率法将特殊频率输入到系统中，这是由系统的设计阶段决定的，与无源谐波滤波非常相似。这种方法免去了对交换信号实时变换的需要，但是必须预先仔细评估谐波水平，并根据具体要求设计滤波器[15,16]。

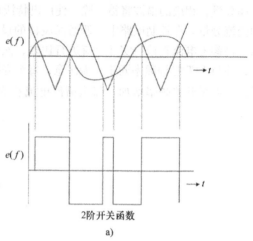

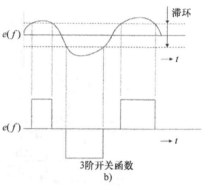

图6.14 a) 2阶开关函数；b) 3阶开关函数

6.6 有功电流波整形

通过使用适当的控制系统，可以迫使变换器的输入电流遵循与电压同相的正弦波形，从而满足无功功率补偿和谐波消除的要求[7]。正弦电压乘以系数 K（由负载功率决定），得出所需的电流[8]。

负载电流可以写为

$$I_L(t) = Kv(t) + i_q(t) \tag{6.16}$$

式中，$Kv(t)$ 是负载电流的有功分量，其中 K 是可在控制电路中计算的系数；$i_q(t)$ 是电流的无功分量。无功电流必须被补偿，以获得最大的功率因数和谐波抑制。有源滤波器中所需的参考电流是

$$i_q(t) = I_L(t) - Kv(t) \tag{6.17}$$

图6.15a 显示了在桥式整流器和直流负载之间安装的二极管桥和 DC/DC 变换器（斩波器）。随着交流输入电压的改变，可以调整直流输出电压，并且可以补偿输入电流波的低功率因数和高谐波含量。由非线性负载生成的低频谐波通过开关调频而移至更高的频率（开关频率受开关损耗的限制）。

图6.15b 为控制电流容差框图。控制电流使得 I_L 中的峰-峰值纹波保持不变。也就是说，使用纹波的预选值，I_L 被迫位于下式确定的滞环内：

$$I_L^* + \frac{I_{ripple}}{2}$$

$$I_L^* - \frac{I_{ripple}}{2} \tag{6.18}$$

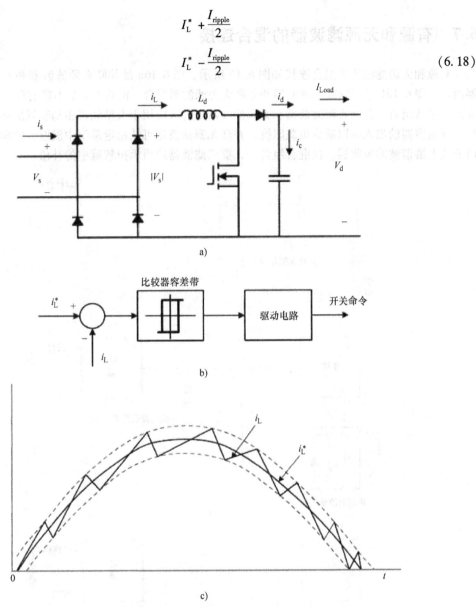

图 6.15　a）使用升压预调节器的正弦电流整流器；b）电流容差框图；c）i_L^*、i_L波形

这是通过控制开关状态获得的。在连续模式中，"开"和"关"的间隔由下式得出：

$$t_{on} = \frac{L_d I_{ripple}}{|v_s|} \tag{6.19}$$

$$t_{off} = \frac{L_d I_{ripple}}{V_d - |v_s|} \tag{6.20}$$

式中，V_d 是变换器的恒定输出电压；$|v_s|$ 是输入交流电压。开关频率 f_s 为

$$f_s = \frac{1}{t_{on} + t_{off}} \tag{6.21}$$

图 6.15c 是控制波形。目前，关于有源滤波器的控制和应用的文献资料很多[17-22]。

6.7 有源和无源滤波器的混合连接

有源和无源滤波器的混合连接如图 6.16 所示。图 6.16a 是并联有源滤波器和并联无源滤波器组合。图 6.16b 是串联有源滤波器和并联无源滤波器组合。图 6.16c 是串联有源滤波器和并联无源滤波器组合。并联有源滤波器和无源滤波器组合被应用于大型轧机驱动装置的谐波补偿。大型并联电容器的加入可以减少负载阻抗，并联无源滤波器可从稳定系统中汲取大的源电流，并可以充当上游谐波的吸收器。在混合组合中，要求滤波器适当承担频域中的补偿。

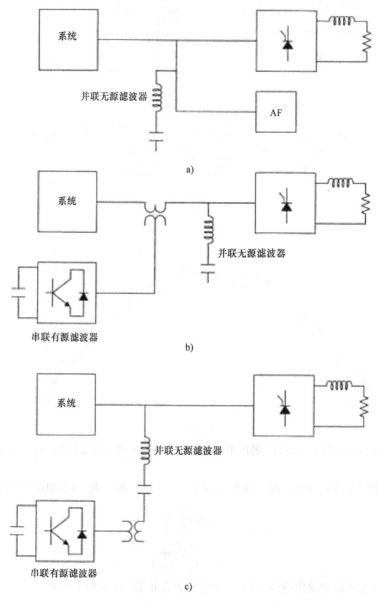

图 6.16 有源和无源滤波器的混合连接

在串联连接中，与无源滤波器串联的有源滤波器都是与负载并联的，如图 6.16c 所示。适当地控制有源滤波器，能够避免谐振并改善滤波器性能。无源滤波器可以由电压模式控制，也可以由电流模式控制。在电流模式控制中，逆变器是补偿电流谐波的电压源。在电压模式控制中，变换器是电压源逆变器，用于补偿电压谐波。这种方案的优点是变换器功率很小，只有负载功率的5%。在这种方案中，无源滤波器所控制的有源滤波器作为有效源阻抗，电流被迫流入无源滤波器而不是系统中。这使无源滤波器的特性与实际源阻抗无关，并且可以获得稳定的性能。

串、并联混合滤波器采用 PWM 实现，这对低于 10MW 的大型非线性负载是很实用的。但对于更高功率的负载并不适合，因为高功率负载的带宽较高。参考文献 [23] 描述了使用方波有源滤波器逆变器的主谐波有源滤波器（DHAF），作者声称其适用于高功率非线性负载（10～100MW）。系统配置如图 6.17 所示。要求的有源补偿仅为所需无功功率的一小部分（2%～3%）。

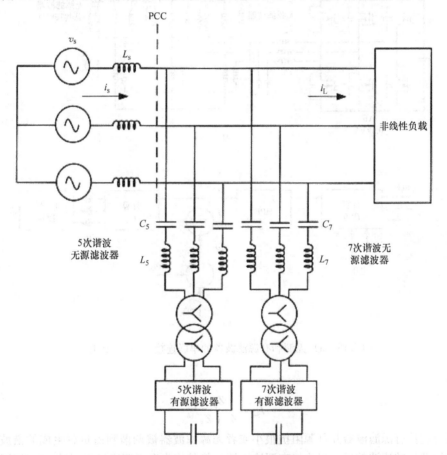

图 6.17　DHAF 的系统配置

采用基于同步参考坐标系的控制器。通过对电源电流的 5 次谐波分量进行闭环控制，可以实现 5 次谐波隔离。测量三相电源电流，并将其转换为以 5 次谐波旋转的同步参考坐标系的（$d^{e5} - q^{e5}$）轴。电源的 5 次谐波电流被转换成 d^{e5} 和 q^{e5} 轴上的直流量，并且由低通滤波器提取。将电流 i_{sd}^{-e5} 和 i_{sq}^{-e5} 与参考电流做比较（这些电流必须全部为 0，以消除 5 次谐波），误差被输入到 PI 控制器中，以生成有源滤波逆变器所需的电压指令。将 d^{e5}、q^{e5} 的逆变换应用于相量 a - b - c，以将逆变器电压指令转换为三相相量[24]。

串联连接的有源滤波器和无源滤波器的实验设置如图 6.18 所示[25] [有关有源滤波器，见式

(6.1)～式（6.8）]。每相计算的谐波电流被放大 K 倍，并作为电压参考输入到 PWM 控制器中：

$$v_C^* = KI_{Sh} \qquad (6.22)$$

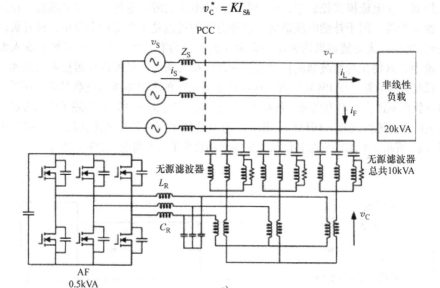

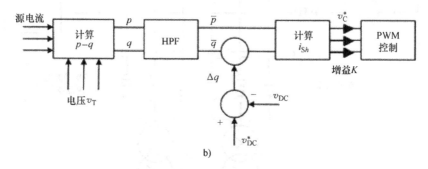

图 6.18　a）无源和有源滤波器的串联连接；b）控制电路

并且

$$I_{Sh} = \frac{Z_F}{Z_S + Z_F} I_{Lh} \qquad (6.23)$$

　　当没有连接有源滤波器并且源阻抗很小或者无源滤波器被调谐到由负载生成的谐波频率时，就无法获得理想的滤波效果。当连接有源滤波器并将其作为电压源进行控制时，有源滤波器强制负载电流中的所有谐波流入无源滤波器，这样就没有谐波流入源中。有源滤波器中无基波电压，导致其额定电压大大降低[14]。参考文献 [25-27] 提供了更多的资料以供阅读。

6.8　阻抗源逆变器

　　谐波抑制的新技术正在兴起，这些技术克服了传统变换器的一些局限性。

　　阻抗源逆变器（ZSI）是用于 DC/AC 变换[28-30]的新方法。ZSI 由两个电容器和两个电感器组成，并提供降压 - 升压特性。其应用于许多 ASD 和分布式发电的工业系统中。传统的 VSI 和 CSI

技术有一定的局限性，如下：

- 升压或降压变换器；
- VSI 和 CSI 电路是不可互换的；
- 在稳定性方面，易受 EMI 噪声的影响。

比如，在 CSI 中，至少应有一个上部器件和一个下部器件被触发且维持导通状态，否则直流电感器可能会产生开路，并损坏。由于误关断引起的开路问题是变换器可靠性的主要问题。

在图 6.19 和图 6.20a 的 ZSI 电路中，如果两个电感器的电感是 0，则 ZSI 变为 VSI；如果两个电容器的电容是 0，ZSI 就是 CSI。Z 电路可以限制过电压和过电流。主桥电路中的支路可在短时间内短路或开路工作。它抑制了 EMI 噪声产生，并有较低的电流和电压浪涌。误关断不会损坏器件。传统 PWM 法可用来控制 ZSI，它有 9 个允许的状态，其中任一相中的上端和下端器件的负载端短路时，9 个状态表现为 VSI 的 6 个活动矢量状态和 3 个零矢量状态。VSI 中不可以有零矢量，因为零矢量将导致直通。在图 6.20b 中，逆变器桥相当于在直通零状态时 Z 源端的短路；当处于 8 个非直通开关状态之一时，会变成等效电流源（图 6.20c）。图 6.21 给出了基于三角载波的传统 PWM 开关顺序。在每个开关周期中，两个非直通状态和两个相临的活动状态一起使用，以合成所需电压。修正的直通零状态是用来增加直流端电压的，如图 6.22 所示。Z 源网络中的等效开关频率是逆变器中等效开关频率的 6 倍。

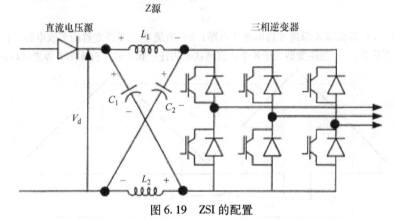

图 6.19　ZSI 的配置

假设 Z 源网络是对称的：

$$V_{C1} = V_{C2} = V_C, \quad v_{L1} = v_{L2} = v_L \tag{6.24}$$

在直通零状态下，对于间隔 T_0，在开关周期内 $T = T_1 + T_0$：

$$v_L = V_C, \quad V_d = 2V_C, \quad v_i = 0 \tag{6.25}$$

在开关周期 T，间隔 T_1 内，逆变器处于 8 个非直通状态之一时：

$$v_L = V_0 - V_C, \quad V_d = V_0, \quad v_i = V_C - v_L = 2V_C - V_0 \tag{6.26}$$

开关周期内电感器的平均电压在稳定状态下为 0：

$$V_L = \bar{v}_L = \frac{T_0 V_C + T_1 (V_0 - V_C)}{T} = 0$$

或

$$\frac{V_C}{V_0} = \frac{T_1}{T_1 - T_0} \tag{6.27}$$

逆变器桥的直流端峰值电压是

$$\hat{v}_i = V_C - v_L = \frac{T}{T_1 - T_0} V_0 = B V_0 \tag{6.28}$$

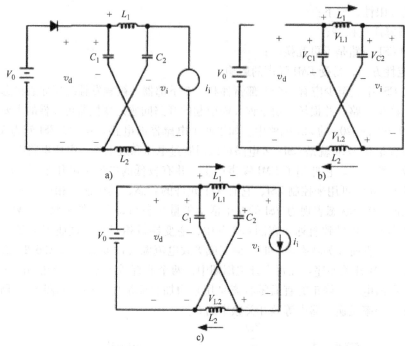

图 6.20 a）直流端 Z 源逆变器的等效电路；b）直流端 Z 源逆变器的等效电路，直通的
逆变器处于零状态；c）当逆变器处于 8 个非直通状态的任一状态时，直流端 Z 源逆变器的等效电路

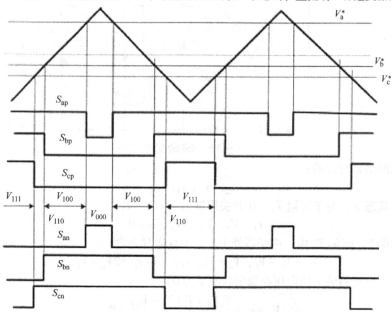

图 6.21 不带直通零状态的传统载波 PWM 控制。直通零状态
（矢量）在每个开关周期中产生，并由参考值决定[29]

式中

$$B = \frac{T}{T_1 - T_0} = \frac{1}{1 - 2(T_0/T)} \geq 1 \qquad (6.29)$$

式中，B 是直通状态下的增强因数。

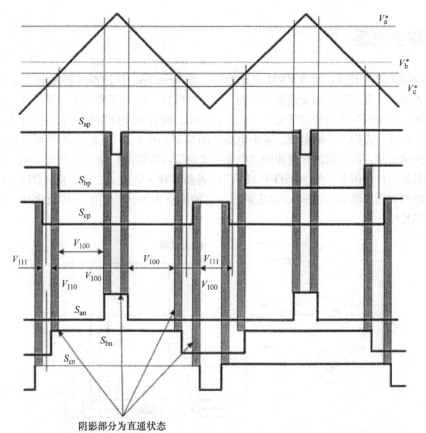

阴影部分为直通状态

图 6.22　当活动矢量未改变时，修正的基于载波的 PWM 控制具有
直通零状态，这些零状态在三相桥臂中均匀分布[29]

　　图 6.23 给出了三电平二极管钳位变换器，在输出端有一个三电平 DC/AC 逆变器（中性点钳位）。其产生更少畸变的三电平输出波形。三电平逆变器所需的中性点电势是从星形联结的输入滤波器得到的。它具有穿越电压骤降的能力[30]。

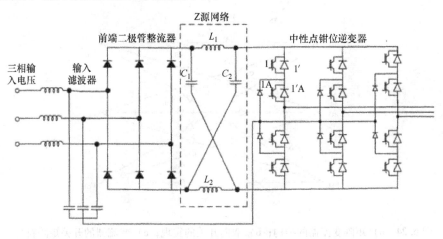

图 6.23　ZSI 在风电场中的应用

6.9 矩阵变流器

矩阵变流器为双向开关，包含 PWM 电压控制，是 Venturine 于 1980 年研发的[31]。它由 9 个功率半导体开关组成，直接将三相交流源连接到三相交流负载。没有直流母线无源元件，如电抗器和电容器，且输入功率因数可以独立于负载电流进行控制。所有开关都需要一个双向开关，该开关能够阻止电压并在任一方向上传输电流。基本电路如图 6.24a 所示。任何输入相都可以通过开关逻辑随时被连接到输出相，而负载的任何相中的电流均来自输入电源的任何一个或多个相。双向开关使用反向阻断自控器件的组合，如 MOSFET、IGBT 或者晶体管 – 嵌入式二极管桥（图 6.24b）。因此，它具有固有的双向功率流和正弦输入/输出波形。它的缺点为 86.6% 的电压传输比和双向高频开关集成在一个芯片中。

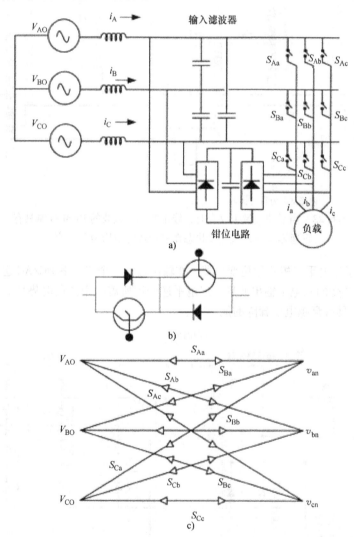

图 6.24 a）矩阵变流器的结构；b）双向开关的实现；c）变流器的开关矩阵符号

变流器开关逻辑如图 6.24c 所示。开关被控制，因此在任意时间点，连接到 3 个输出相的开关只有一个关断，以防止电源线短路，因此，2^9（＝512）种连接中，只有 27 种是允许的。

此时，输出电压可以通过表示 9 个开关的开关矩阵来表示：

$$\begin{vmatrix} v_{an} \\ v_{bn} \\ v_{cn} \end{vmatrix} = \begin{vmatrix} S_{Aa} & S_{Ba} & S_{Ca} \\ S_{Ab} & S_{Bb} & S_{Cb} \\ S_{Ac} & S_{Bc} & S_{Cc} \end{vmatrix} \begin{vmatrix} V_{AO} \\ V_{BO} \\ V_{CO} \end{vmatrix} \quad (6.30)$$

适用于输入和输出电流的相似矩阵为

$$\begin{vmatrix} i_A \\ i_B \\ i_C \end{vmatrix} = \begin{vmatrix} S_{Aa} & S_{Ab} & S_{Ac} \\ S_{Ba} & S_{Bb} & S_{Bc} \\ S_{Ca} & S_{Cb} & S_{Cc} \end{vmatrix} \begin{vmatrix} i_a \\ i_b \\ i_c \end{vmatrix} \quad (6.31)$$

需要注意的是，式（6.31）中的矩阵是式（6.30）中的转置矩阵。从理论上说，矩阵变流器可以在输入或输出的任意频率下工作，包括零频率，可称为通用变流器，并且可以用作三相 AC/DC 变流器、三相 DC/AC 变流器或者升降压斩波器。

控制方法是复杂多样的。在 Venturini 方法中，开关函数是通过 9 个双向开关的工作周期计算得出的，并且通过输入波形的连续分段采样，生成三相输出电压。这些输入波形遵循参考电压或者目标电压波形。采用传递函数法将调制矩阵的输入和输出电压与电流关联起来。

矩阵变流器存在换相和保护问题。该变流器设有续流二极管。为了保持输出电流的连续性，必须立刻打开下一个开关。这可能会造成瞬时短路。解决方法就是采用多步开关过程的半软电流换相，但这会增加了复杂性。通过两个位于矩阵变流器输入和输出线上的全波整流器连接的钳位电容器，用作电压尖峰的电压钳位，并使用三相单极输入滤波器来减弱高次谐波并补偿正弦电流。

子包络调制法（SEM）用来减少矩阵变流器的总谐波畸变率（THD），是谐波抑制中的一个备受关注的问题。可以将 3 个输入相的任一相连接到任意输出相，这样就能够调制两个临近输入相间的输出相。图 6.25a 显示了最大值包络调制法，图 6.25b 显示了 SEM。输出电压的脉冲幅值可能较低，输出电压的高频分量会减少。THD 和 dv/dt 被大大减少。输入线电流脉冲变小变宽，因此输入线电流的 THD 降低[32]。

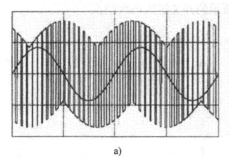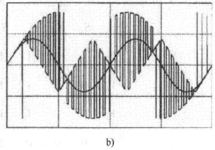

a)　　　　　　　　　　　　　　　　b)

图 6.25　a）传统矩阵变流器的调制方法——最大值包络调制法；b）SEM

6.10 多电平逆变器

在中高压应用中，基于 PWM 的两电平逆变器受开关装置的额定电流和额定电压限制，出现了多电平逆变器的概念[33]。多电平逆变器是一个新产品[34]，它克服了 PWM 逆变器中的一些缺点，如：

- 载波频率高，通常在 2 ~ 20kHz；
- 在标准 PWM 波形中，脉冲高度表示的是直流端电压；
- 当输出电压低时，脉冲宽度变窄；
- dv/dt 值高导致 EMI 更强。这引入了许多谐波和可能的谐振。PWM 需要严格的开关条件，因此会带来开关损耗。逆变器控制电路复杂。

多电平逆变器是高功率应用的一个解决方法。其开关频率较低，等于或者仅是输出频率的几倍，脉冲幅值较小，在 m 级逆变器中，脉冲幅值是 V_m/m，其中 V_m 是输出电压幅值。与 PWM 逆变器相比，这导致 dv/dt 和 EMI 小得多，谐波和 THD 也进一步减少。开关功率大幅度降低就可以获得平稳的开关条件。

多电平逆变器已应用于 HVDC 输电、大型电机驱动、铁路牵引应用、UPFC、STATCOM 和 SVC 中。电压电平数量增多，输出电压的质量也随之变好。多级逆变器还可以应用到有源功率滤波器、电压骤降补偿器和光伏发电系统中。

多电平逆变器的多种类型如下：

- 二极管钳位多电平逆变器（DCMI）由 Nabae 于 1980 年提出[33]。其也称作中性点钳位（NPC）逆变器，因为 NPC 逆变器在没有精确的电压匹配情况下也可以有效地使器件电压加倍。
- 电容钳位（飞跨电容）多电平逆变器出现于 20 世纪 90 年代。
- 带直流源应用的级联多电平逆变器（CMI）在 20 世纪 90 年代中期盛行，用于电动机驱动和公用事业应用。中压大功率逆变器引起了人们极大的兴趣，同时也被用于再生型电动机应用[35]。
- 最近出现了一些新的多电平变流器拓扑，比如通用多电平逆变器（GMI）、混合多电平逆变器和软开关多电平逆变器。这些装置应用于中压水平的磨机、输送机、泵、风机和压缩机等。这些应用还可以扩展到低功率应用[36,37]。

图 6.26a 所示为带 4 个直流母线电容 C_1、C_2、C_3 和 C_4 的单相五电平二极管钳位电路。阶梯电压波形是由直流电容电压的几个水平波形合成的。m 级二极管钳位变流器由直流母线上的 $m-1$ 个电容组成，并通过适当的开关产生 m 级相电压。每个电容上的电压是 $V_{DC}/4$。图 6.26b 中的阶梯电压是通过图 6.26 中的 5 个开关组合和以下所示的开关矩阵产生的：

$$
\begin{array}{c|cccccccc}
 & S_{a1} & S_{a2} & S_{a3} & S_{a4} & S'_{a1} & S'_{a2} & S'_{a3} & S'_{a4} \\
\hline
V_4 & 1 & 1 & 1 & 1 & 0 & 0 & 0 & 0 \\
V_3 & 0 & 1 & 1 & 1 & 1 & 0 & 0 & 0 \\
V_2 & 0 & 0 & 1 & 1 & 1 & 1 & 0 & 0 \\
V_1 & 0 & 0 & 0 & 1 & 1 & 1 & 1 & 0 \\
V_0 & 0 & 0 & 0 & 0 & 1 & 1 & 1 & 1
\end{array}
\tag{6.32}
$$

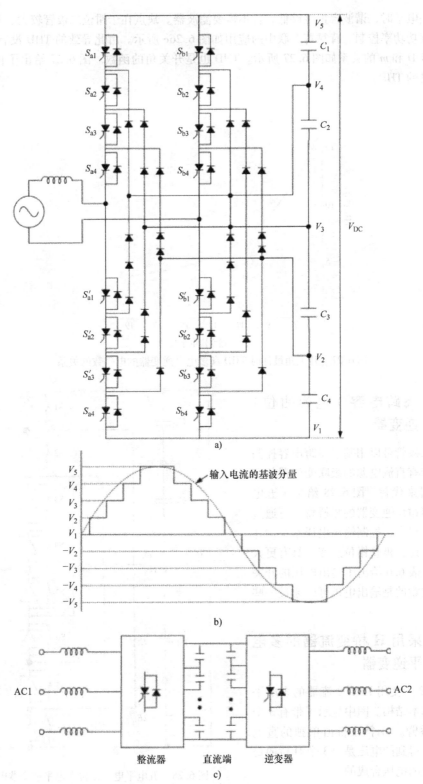

图 6.26　a）单相全桥五电平二极管钳位电路；b）阶梯电压生成；
c）两个用于背靠背互联系统的二极管钳位多电平变流器

高开关电平时，谐波含量足够低，且不需要滤波器。缺点在于钳位二极管较大、开关额定值不相等和有功功率控制。背靠背互联中的应用如图 6.26c 所示。由此导致的 THD 没有超出 IEEE 的限制。THD 和 m 的关系如图 6.27 所示。THD 也是开关角的函数。图 6.27 给出了位于最佳开关角时获得的 THD。

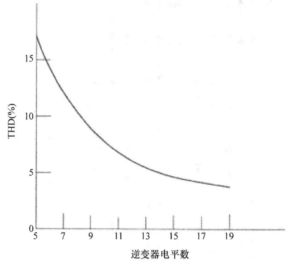

图 6.27 开关角最佳时 THD 和多电平逆变器的电平数的关系

6.10.1 飞跨电容（电容钳位）逆变器

钳位二极管可以用基于飞跨电容控制的电容或带有直流电源的级联变流器的多电平变流器来代替。图 6.28 给出了五电平飞跨电容钳位逆变器的相桥臂。可通过适当的开关组合，控制输出电压水平。并且该逆变器比二极管钳位逆变器具有更大的灵活性。表 6.6 给出了输出电压的开关组合。需注意的是输出电压可以通过一些组合获得。

6.10.2 采用 H 桥变流器的多电平逆变器

图 6.29 为使用 H 桥变流器的多电平逆变器的基本结构。图中显示了带有 3 个 H 桥的相桥臂。每个 H 桥由单独的直流电源供电。得到的电压是由 3 个 H 桥的每个桥臂产生的电压合成的。

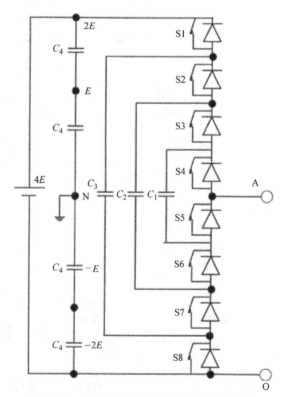

图 6.28 五电平电容钳位多电平逆变器电路

表 6.6　图 6.28 中的飞跨电容逆变器的开关操作

输出电压	S1 上端	S2 上端	S3 上端	S4 上端	S5 下端	S6 下端	S7 下端	S8 下端
$2E$	×	×	×	×				
E	×	×	×		×			
			×	×	×			×
	×		×	×			×	
0	×	×			×			×
			×	×	×		×	×
	×		×		×		×	
	×			×	×			×
		×				×		×
		×	×			×	×	
$-E$	×				×	×		×
				×	×	×	×	
		×			×		×	×
$-2E$					×	×	×	×

　　当直流母线电压相同时，多电平逆变器称为级联多电平逆变器（CMI），当电压不同时，多电平逆变器称为二进制混合多电平逆变器。

　　在二进制混合多电平逆变器中，H 桥的直流母线电压是

$$V_{\text{DC}i} = 2^{i-1}E \qquad (6.33)$$

即在图 6.29 所示的三电平逆变器中，$V_{\text{DC}1}=E$，$V_{\text{DC}2}=2E$，$V_{\text{DC}3}=4E$，操作见表 6.7。图 6.30 为输出波形，具有 15 个电平。需注意的是，直流母线电压更高的 H 桥换相次数较少。

　　在级联等压多电平逆变器（CEMI）中，可以得到

$$V_{\text{DC}1} = V_{\text{DC}2} = V_{\text{DC}3} = E \qquad (6.34)$$

输出电压波形如图 6.31 所示。

6.10.3　THMI 逆变器

　　除了直流母线电压比是 $1:3:\cdots 3^{h-1}$ 外，三重混合逆变器（THMI）的电路类似于图 6.29，其中 h 是 H 桥的数量。因此，最多可以合成 3^h 电压水平。直流母线电压如下：

$$V_{\text{DC}i} = 3^{i-1}E \qquad (6.35)$$

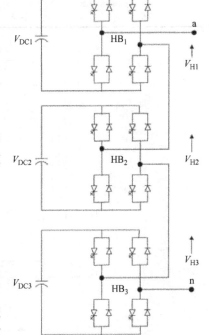

图 6.29　基于 H 桥串联的多电平逆变器

表 6.7　图 6.29 中的多电平逆变器的操作

E	v_{H1}	v_{H2}	v_{H3}
0	0	0	0
$+1E$	E	0	0

（续）

E	v_{H1}	v_{H2}	v_{H3}
$+2E$	0	$2E$	0
$+3E$	E	$2E$	0
$+4E$	0	0	$4E$
$+5E$	E	0	$4E$
$+6E$	0	$2E$	$4E$
$+7E$	E	$2E$	$4E$
$-E$	$-E$	0	0
$-2E$	0	$-2E$	0
$-3E$	$-E$	$-2E$	0
$-4E$	0	0	$-4E$
$-5E$	$-E$	0	$-4E$
$-6E$	0	$-2E$	$-4E$
$-7E$	$-E$	$-2E$	$-4E$

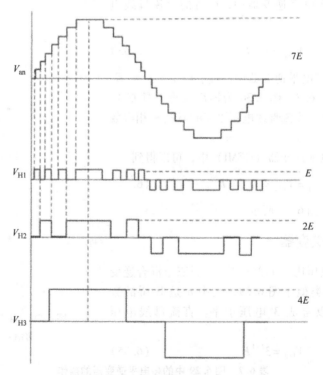

图 6.30 THMI 的波形（15 电平）

即三 H 桥单相桥臂，$V_{DC1} = E$，$V_{DC2} = 3E$ 和 $V_{DC3} = 9E$。输出电压是

$$v_{an} = \sum_{i=1}^{h} v_{Hi} = \sum_{i=1}^{h} F_i V_{DCi} \qquad (6.36)$$

式中，F_i 是开关函数。在 3 - H 桥的每个相桥臂中，v_{an} 有 27 个电平，且通过合适的开关角，可以

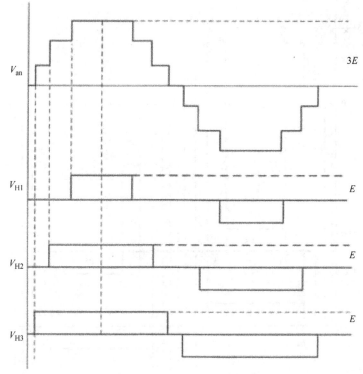

图 6.31　CMI 的波形

在实际中消除奇次谐波和偶次谐波。由此可以看出，THMI 具有最大数量的输出电压水平。可以应用一些调制方案。谐波生成取决于考虑开关角的调制策略和调制指数。

CMI 可以自动平衡每个电平的直流端电压。

6.11　谐波控制的开关算法

一些调制策略影响着输出波形和谐波畸变。我们分析得出阶梯波电压是由直流源和适当控制的开关角共同产生的。逆变器开关需要在一个基本周期内进行开关转换，但会产生低频谐波。为消除选定的谐波而优化开关角是谐波限制的一种方法，另一种是增加开关频率和空间矢量的方法，即用于两电平逆变器的 PWM 或用于多电平逆变器的基于多载波的 PWM[38,39]。

具有非等效直流源的阶跃多电平逆变器的阶跃输出电压波形的傅里叶级数展开式是

$$V = \sum_{h=1,3,5\cdots}^{\infty} \frac{4V_{DC}}{h\pi} \{ V_1\cos(h\theta_1) + \cdots V_s\cos(h\theta_s) \} \sin(h\omega t) \tag{6.37}$$

式中，h 是谐波次数；s 是直流源的数量。乘积 $V_1 V_{DC}$ 是第 i 个直流源的值。如果所有的直流源的 V_{DC} 值都相同，那么 $V_1 = V_2 = V_s = 1$。带 5 个全桥和 5 个直流源（幅值相同）的 11 电平级联逆变器的电压波形如图 6.32 所示。输出相电压为 $V_{an} = v_1 + v_2 + v_3 + v_4 + v_5$。通过控制开关角，可以消除特定次数的谐波。

计算谐波消除角的多项式组可以写为

$$\frac{4V_{DC}}{\pi} [\cos\theta_1 + \cos\theta_2 + \cos\theta_3 + \cos\theta_4 + \cos\theta_5] = V_F$$

$$\cos5\theta_1 + \cos5\theta_2 + \cos5\theta_3 + \cos5\theta_4 + 5\cos5\theta_5 = 0$$

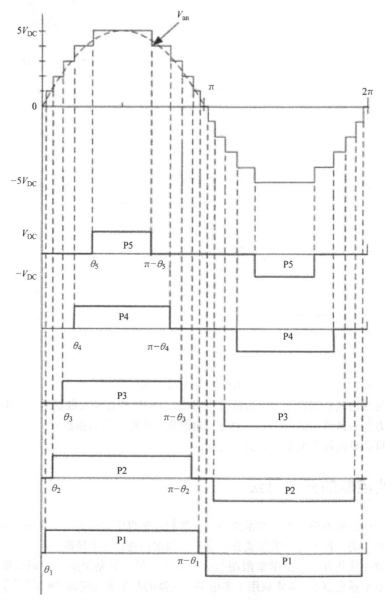

图 6.32 多电平逆变器的一般阶跃波形

$$\cos7\theta_1 + \cos7\theta_2 + \cos7\theta_3 + \cos7\theta_4 + \cos7\theta_5 = 0$$

$$\cos11\theta_1 + \cos11\theta_2 + \cos11\theta_3 + \cos11\theta_4 + 5\cos11\theta_5 = 0$$

$$\cos13\theta_1 + \cos13\theta_2 + \cos13\theta_3 + \cos13\theta_4 + \cos13\theta_5 = 0 \qquad (6.38)$$

第一个方程式提供了所需的基波含量 V_F。选择开关角 $0 \leqslant \theta_1 < \theta_2 < \cdots < \theta_s \leqslant \pi/2$ 使一次谐波等于基波电压 V_F。其他方程式用于消除 5 次、7 次、11 次和 13 次谐波。

可以采用不同的方法计算方程式。求解方程式的其中一个方法就是牛顿 - 拉夫逊迭代法。

6.12　多项式合成理论

数学中多项式理论的基本概念如下：

假设两个多项式 $a(x_1,x_2)$ 和 $b(x_1,x_2)$，常见的零点满足下列关系：

$$a(x_{10},x_{20}) = b(x_{10},x_{20}) = 0 \tag{6.39}$$

如果 $a(x_1,x_2)$ 和 $b(x_1,x_2)$ 是 x_2 的多项式，其系数是 x_1 的多项式，那么就有多项式 $r(x_1)$，称为合成多项式：

$$\alpha(x_1,x_2)a(x_1,x_2) + \beta(x_1,x_2)b(x_1,x_2) = r(x_1) \tag{6.40}$$

那么，当满足式 (6.39) 时，$r(x_1) = 0$。也就是说，如果 (x_{10},x_{20}) 是 $a(x_1,x_2)$ 和 $b(x_1,x_2)$ 的共零点，第一组坐标 x_{10} 是 $r(x_1) = 0$ 的零点。$r(x_1)$ 可由下式得出：

$$a(x_1,x_2) = a_3(x_1)x_2^3 + a_2(x_1)x_2^2 + a_1(x_1)x_2 + a_0(x_1)$$
$$b(x_1,x_2) = b_2(x_1)x_2^2 + b_1(x_1)x_2 + b_0(x_1) \tag{6.41}$$

检查多项式的形式：

$$\alpha(x_1,x_2) = \alpha_1(x_1)x_2 + \alpha_0(x_1)$$
$$\beta(x_1,x_2) = \beta_2(x_1)x_2^2 + \beta_1(x_1)x_2 + \beta_0(x_1) \tag{6.42}$$

是否满足式 (6.40)。

等于 x_2 的幂，该等式可以写为

$$\begin{vmatrix} a_0(x_1) & 0 & b_0(x_1) & 0 & 0 \\ a_1(x_1) & a_0(x_1) & b_1(x_1) & b_0(x_1) & 0 \\ a_2(x_1) & a_1(x_1) & b_2(x_1) & b_1(x_1) & b_0(x_1) \\ a_3(x_1) & a_2(x_1) & 0 & b_2(x_1) & b_1(x_1) \\ 0 & a_3(x_1) & 0 & 0 & b_2(x_1) \end{vmatrix} \begin{vmatrix} \alpha_0(x_1) \\ \alpha_1(x_1) \\ \beta_0(x_1) \\ \beta_1(x_1) \\ \beta_2(x_1) \end{vmatrix} = \begin{vmatrix} r(x_1) \\ 0 \\ 0 \\ 0 \\ 0 \end{vmatrix} \tag{6.43}$$

左侧的矩阵称为西尔维斯特矩阵，记作 $S_{a,b}(x_1)$。通过矩阵运算法可以得出逆矩阵。得出 $\alpha_i(x_1)$、$\beta_i(x_1)$ 为

$$\begin{vmatrix} \alpha_0(x_1) \\ \alpha_1(x_1) \\ \beta_0(x_1) \\ \beta_1(x_1) \\ \beta_2(x_1) \end{vmatrix} = \frac{\mathrm{adj}S_{a,b}(x_1)}{\det S_{a,b}(x_1)} \begin{vmatrix} r(x_1) \\ 0 \\ 0 \\ 0 \\ 0 \end{vmatrix} \tag{6.44}$$

由 $r(x_1)$ 定义生成的多项式是西尔维斯特矩阵的行列式，对它的进一步讨论见参考文献 [40 – 43]。这一理论可以应用于优化最小谐波消除的开关角。

6.12.1　特定应用

继续讨论式 (6.38)，将 3 个直流电平作为计算过程的一个例子。该方程组首先被转换为多项式系统，通过设

$$x_1 = \cos\theta_1$$
$$x_2 = \cos\theta_2$$
$$x_3 = \cos\theta_3 \tag{6.45}$$

三角恒等式为

$$\cos5\theta = 5\cos\theta - 20\cos^3\theta + 16\cos^5\theta$$
$$\cos7\theta = -7\cos\theta + 56\cos^3\theta - 112\cos^5\theta + 64\cos^7\theta \tag{6.46}$$

那么，等价方程式为

$$p_1(x) \approx V_1x_1 + V_2x_2 + V_3x_3 - m = 0$$
$$p_5(x) \approx \sum_{i=1}^{3} V_i(5x_i - 20x_i^3 + 16x_i^5) = 0$$

$$p_7(x) \approx \sum_{i=1}^{3} V_i(-7x_i + 56x_i^3 - 112x_i^5 + 64x_i^7) = 0 \tag{6.47}$$

式中，$x = (x_1, x_2, x_3)$ 且

$$m \approx \frac{V_1}{(4V_{DC}/\pi)} \tag{6.48}$$

这得出了 3 组未知多项式方程。调制指数 $m_a = m/s = V_f/(s4V_{DC}/\pi)$。因为每个变流器都有一个直流电压 V_{DC}，所以最大基波输出电压是 $4sV_{DC}/\pi$。约束条件是

$$0 \leqslant x_3 < x_2 < x_1 \leqslant 1 \tag{6.49}$$

目的在于通过前面讨论的合成消除法，找到 $p_5(x_1, x_2)$ 和 $p_7(x_1, x_2)$ 的同时解。因为 m 可变，所以解决方案不只一个，可以选择给出最小 THD 的解决方案。可以考虑电源电压的变化。

当直流电平的数量增加时，方程式数量及其阶数和变量数量也会增加。寻找这些方程的解需要先进的数学算法，并且很复杂。

为了简化计算，参考文献 [44] 提出了基于四阶方程的谐波消除法，在数学角度上能够更简单地进行计算。它基于开关角的等面积定则：

$$S_1 = S_2 \tag{6.50}$$

图 6.33a 给出了阶梯波的放大图。单凭等面积定则是不能消除谐波的，因此产生的阶梯波会带有谐波。通过将 $(h_1 - h_5 - h_7 \cdots)$ 作为调制波形，产生的波形的谐波含量将为

$$(h_5 + h_7 + h_{11} \cdots) - (h_5' + h_7' + h_{11}' \cdots) \tag{6.51}$$

式中，$(h_5 + h_7 + h_{11} \cdots)$ 是由 h_1 生成的；$-(h_5' + h_7' + h_{11}' \cdots)$ 是由 $-(h_5 + h_7 + h_{11} \cdots)$ 生成的。由于等面积定则，$-(h_5' + h_7' + h_{11}' \cdots)$ 将紧随 $(h_5 + h_7 + h_{11} \cdots)$。谐波消除因此实现，并且通过迭代法可以消除期望的谐波。

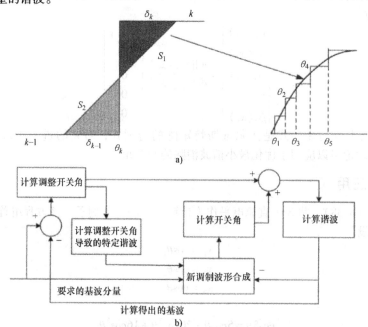

图 6.33 a) 等面积定则；b) 对最高电压的开关角进行调整的控制电路

为了使用等面积定则，通过牛顿 - 拉夫逊法求出 δ_k，它是电压电平 k 下调制波形的结点（见图 6.33a）：

$$\delta_k = \tan^{-1}\left(\frac{kV_{DC} + h_5\sin(5\delta_k)\cdots h_m\sin(m\delta_k)}{V_F\cos(\delta_k)}\right) \tag{6.52}$$

得出 $\delta'_k s$ 后，可以计算开关角

$$\theta_k = k\delta_k - (k-1)\delta_{k-1} + V_F(\cos(\delta_k) - \cos(\delta_{k-1})) - \frac{h_5}{5}(\cos(5\delta_k) - \cos(5\theta_{k-1}))$$

$$- \cdots - \frac{h_m}{m}(\cos(m\delta_k) - \cos(m\delta_{k-1})) \qquad (6.53)$$

利用新的 $\delta'_k s$ 可以计算出新的谐波电流值并重复该过程。控制电路如图 6.33b 所示。

设计用于在 6000V 下提供 1MVA 的 17 电平级联逆变器的验证测试结果见参考文献 [44]。逆变器的每个相包含一个三级二极管钳位 H 桥，需要 8 个开关角来创建 17 个电平电压。这些角如表 6.8 所示。图 6.34a 显示了 $M_1 = 0.84$ 时输出的线间电压，图 6.34b 显示了它的 FFT 分析结果。目标谐波畸变率仅为 1Pico pu。

表 6.8 开关角（$M_1 = 0.84$）

角	弧度	角	弧度
θ_1	0.5995	θ_5	0.50503
θ_2	0.18863	θ_6	0.63771
θ_3	0.28101	θ_7	0.87771
θ_4	0.36322	θ_8	1.0889

波形，实际为正弦

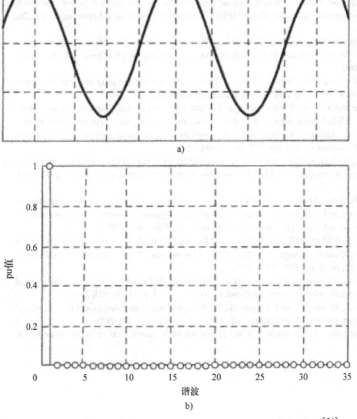

图 6.34 a）输出的线间电压，$M_1 = 0.84$；b）FFT 分析结果[34]

关于谐波消除的技术文献非常丰富，这一课题也有大量的研究。近年来，电力电子拓扑和控制取得了巨大的进展。本章的叙述并不十分详尽，实际上，并没有包含所有此类的拓扑。本章论述的技术仅是一个概述，为感兴趣的读者进行进一步的探讨提供了参考。

参 考 文 献

1. N. G. Hingorani and L. Gyugyi. Understanding FACTS, IEEE Press, NJ, 2001.
2. C. Schauder, M. Gernhard, E. Stacey, T. Lemak, L. Gyugi, T. W. Cease, and A. Edris. "Development of a 100 Mvar static condenser for voltage control of transmission systems," IEEE Transactions on PWRD, vol. 10, pp. 1486–1496, 1995.
3. IEEE Standard 519. IEEE recommended practice and requirements for harmonic control in electrical systems, 1992.
4. A. Mansoor, W. M. Grady, et al, "An investigation of harmonic attenuation and diversity among distributed single phase power electronic loads," Proceedings of the 1994 IEEE T&D Conference, Chicago, IL, April 10–15, 1994, pp. 110–116.
5. IEEE P519.1. Draft guide for applying harmonic limits on power systems, 2004.
6. H Akagi. "Trends in active power line conditioners," IEEE Transactions on Power Electronics vol. 9, pp. 263–268, 1994.
7. W. M. Grady, M. J. Samotyi, A. H. Noyola. "Survey of active line conditioning methodologies," IEEE Transactions on Power Delivery vol. 5, pp. 1536–1541, 1990.
8. H Akagi. "New trends in active filters for power conditioning," IEEE Transactions on Industry Applications, vol. 32: 1312–1322, 1996.
9. F. Z. Peng, "Application issues of active power filters" IEEE Industry Application Magazine, pp. 21–30, September/October 1998.
10. P. N. Enjeti, W. Shireen, P. Packebush and I. J. Pitel. "Analysis and design of new active power filter to cancel neutral current harmonics in three-phase four-wire electric distribution systems," IEEE Transactions on Industry Applications, vol. 30, no. 6, pp. 1565–1571, 1994.
11. F. Z. Peng, H. Akagi and A. Nabe, "A new approach to harmonic compensation in power systems-A combined system of passive and active filters," IEEE Transactions on Industry Applications, vol. 26, no. 6, 1990.
12. Y. Sato, T. Kawase, M. Akiyama, and T. Kataoka. "A control strategy for general-purpose active filters based on voltage detection," IEEE Transactions on Industry Applications, vol. 36, no. 5, pp. 1405–1412, 2000.
13. H. Akagi, "Control strategy and site selection of a shunt active filter for damping of harmonic propagation is distribution systems," in conf record, IEEE/PES Winter Meeting, 96.
14. H. Akagi, A. Nabae and S. Atoh, "Control strategy of active power filters using multiple voltage-source PWM converters," IEEE Transactions on Industry Applications, vol. 22, no. 3, pp. 460–465, 1986.
15. A. Cavallini, G. C. Montanarion. "Compensation strategies for shunt active filter control," IEEE Transactions on Power Electronics vol. 9, pp. 587–593, 1994.
16. C. V. Nunez-Noriega, G. G. Karady. "Five Step-low frequency switching active filter for network harmonic compensation in substations," IEEE Transactions on Power Delivery, vol. 14, pp. 1298–1303, 1999.
17. P. Jintakosonwit, H. Fujita, H. Akagi and S. Ogasawara. "Implementation of performance of cooperative control of shunt active filters for harmonic damping throughout a power distribution system," IEEE Transactions on Industry Applications, vol. 39, no. 2, pp. 556–563, 2003.
18. S. Buso, L. Malesani, P. Mattavelli, and R. Veronese, "Design of fully digital control of parallel active filters for thyristor rectifiers to comply with IEC-1000-3-2 standards," IEEE Transactions on Industry Applications, vol. 34, no. 3, pp. 508–517, 1998.
19. S. Fuuda and T. Yoda. "A novel current-tracking method for active filters based on sinusoidal internal model," IEEE Transactions on Industry Applications, vol. 37, no. 3, pp. 888–895, 2001.
20. S. Buso, S. Fasolo, L. Malesani, and P. Mattavelli. "A dead-beat adaptive hysteresis current control," IEEE Transactions on Industry Applications, vol. 36, no. 4, pp. 1174–1180, 2000.
21. Y. Hayashi, N. Sato and K. Takahashi. "A novel control of a current source active filter for ac

power system harmonic compensation," IEEE Transactions on Industry Applications, vol. 27, no. 2, pp. 380–385, 1991.

22. H. Fujita and H. Akagi. "An approach to harmonic current-free AC/DC power conversion for large industrial loads: The integration of series active filter with a double-series diode rectifier." IEEE Transaction on Industry Applications, vol. 33, no. 5, pp. 1233–1240, 1997.

23. P. T. Cheng, S. Bhattacharya, and D. M. Divan. "Operations of dominant harmonic active filter (DHAF) under realistic utility conditions," IEEE Transactions on Industry Applications, vol. 37, no. 4, pp. 1037–1044, 2001.

24. P. Mattvelli. "Synchronous frame harmonic control for high-performance AC power supplies," IEEE Transactions on Industry Applications, vol. 37, no. 30, pp. 864–872, 2001.

25. H. Fujita and H. Akagi. "A practical approach to harmonic compensation in power systems-series connection of passive and active filters," IEEE Transactions on Industry Applications, vol. 27, no. 6, pp. 1020–1025, 1991.

26. M. Rastogi, R. Naik and N. Mohan. "A comparative evaluation of harmonic reduction techniques in three-phase utility interface of power electronic loads," IEEE Transactions on Industry Applications, vol. 30, no. 5, pp. 1149–1155. 1994.

27. S. Bhattacharya, P. -T. Cheng and D. M. Divan. "Hybrid solutions of improving passive filter performance in high power applications," IEEE Transactions on Industry Applications, vol. 33, no. 3, pp. 732–747, 1997.

28. F.Z. Peng, "Z-source inverter," IEEE Transactions on Industry Applications, vol. 39, pp. 504–510, 2003

29. J. Anderson, F. Z. Peng, "Four quasi Z-source inverters," Proceedings of IEEE PESC, pp. 2743–2749, 2008.

30. P. C. Loh, F. Gao, P. C. Tan and F. Blabjerg, "Three-level AC-DC-AC Z-source converter using reduced passive component count," Proceedings of the IEEE PESC, pp. 2691–2697, 2007.

31. M. Venturine. "A new sine-wave in sine-wave out converter technique eliminated reactor elements," Proceedings of Powercon, pp. E3-1–E3-15, 1980.

32. F. L. Luo and Z. Y. Pan. "Sub-envelope modulation method to reduce total harmonic distortion of AC/DC matrix converters," Proceedings of IEEE Conference PESC, pp. 2260–2265, 2006.

33. A. Nabae, I. Takahashi and H. Akagi. "A neutral point clamped PWM inverter," IEEE Trans. Industry Applications, vol. 17, pp. 518–523, 1981.

34. J. S. Lai and F. Z. Peng. "Multilevel converters-A new breed of power converters," IEEE Transactions on Industry Applications, vol. 32, pp. 509–517, 1996.

35. P. W. Hammond. "New approach to enhance power quality for medium voltage AC drives," IEEE Transactions on Industry Applications. vol. 33, pp. 202–208, 1997.

36. M. Trzymadlowski. Introduction to Modern Power Electronics. John Wiley, New York 1998.

37. F. L. Luo and H. Ye. Power Electronics-Advanced Conversion Technologies. CRC Press, Boca Raton, FL, 2010.

38. L. Li, D. Czarkowski, Y. G. Liu and P. Pillay, "Multilevel selective harmonic elimination PWM technique based on phase shift harmonic suppression," IEEE Transactions on Industry Application, vol. 36, no. 1, pp. 160–170, 2000.

39. H. S. Patel and R. G. Hoft, "Generalized techniques of harmonic elimination and voltage control in thyristor inverters: Part 1-Harmonic elimination," IEEE Transactions on Industry Applications, vol. IA-9, no. 3, pp. 310–317, 1973.

40. C. Chen, Linear System Theory and Design, Third Edition, Oxford Press, 1999.

41. D. Cox, J. Little, and D. O'Shea, An Introduction to Computational Algebraic Geometry and Cumulative Algebra, Second Edition, Springer-Verlag, 1996.

42. L. M. Tolbert, J. N. Chiasson, Z. Du and K. J. McKenzie. "Elimination of harmonics in a multilevel converter with non-equal DC sources," IEEE Transactions on Industry Applications, vol. 41, no. 1, 2005.

43. J. N. Chiasson, L. M. Tolbert, J. Du, and K. J. McKenzie. "The use of power sums to solve the harmonic elimination equations for multi-level converters," European Power Electric Drives, vol. 15, no. 1, pp. 9–27, 2005.

44. J. Wang, D. Ahmadi, "A precise and practical harmonic elimination method for multilevel converters," IEEE Transactions on Industry Applications, vol. 46, no. 2, pp. 857–865, 2010, Chapter 6.

第7章　谐波的估计和测量

我们已经看到，谐波发射会根据拓扑结构发生很大变化。为了计算谐波潮流和设计谐波滤波器，第一步，应该准确估计非线性负载的谐波发射。由于有多种拓扑结构和不同的谐波限制，这不是一件容易的事情。有以下三种情况：

- 对于小型系统和6脉冲换流器，已经有很多文献和数据来帮助估计谐波。文献中已经广泛讨论了6脉冲、12脉冲电流源、电压源换流器的谐波发射。

- 对于运行中存在谐波负载的电气系统，谐波可以通过在线测量来估计。因为谐波发射量会根据过程中的变化而变化，所以这些测量应在各种运行条件下进行。如果有谐波谐振，那么就可以捕获各种母线和公共连接点（PCC）处的谐波时间戳、电流和电压畸变。

- 可以从供应商那里获得包括非特征谐波在内的谐波谱和谐波角度。由于谐波发射是工作负载和系统阻抗的函数，因此有必要在非线性负载应用时在各种工作条件和系统阻抗变化下获得该数据。

在一段时间内进行适当的分析时，谐波在线测量会获得可靠的结果。然而，在设计阶段无法将测量技术应用于电力系统。通常情况下，需要在电力系统的设计阶段估计会生成的谐波，这样就可以采取适当的措施，以满足标准中的谐波要求。当并联功率电容器与产生谐波的负载一起使用时，谐振可能在负载产生的频率处进一步发生。这些重要问题必须在设计阶段进行研究。

在典型设计中，我们已经收集了各种谐波源产生的数据，因为产生谐波负载点的系统源阻抗会影响谐波的产生，所以还必须考虑系统的影响。

分析6脉冲电流源换流器。线路电流的波形如图7.1所示。理论上或教科书中的波形是矩形的，且被认为是瞬时换相（见图7.1a）。波形在换相延迟和触发延迟角的影响下仍然保持理想的平顶（见图7.1b），但是波形相对于理想矩形脉冲中心失去了均匀的对称性。实际上直流电流波形不是平顶的，波形有纹波（见图7.1c）。对于较小的直流电抗器和大的触发延迟角来讲，电流并不是连续的（见图7.1d）。

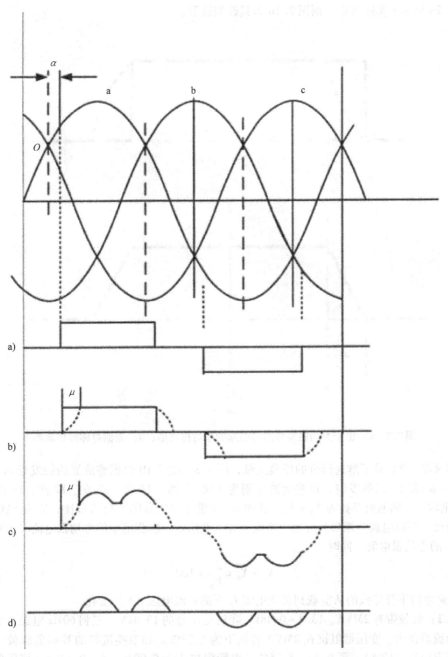

图 7.1　a）矩形电流波形；b）带换相角的波形；c）带纹波含量的波形；
d）由于大的触发延迟角控制引起的不连续波形

7.1　无纹波波形

参考文献［1-4］对 6 脉冲电流源换流器的谐波发射进行了研究。对于具有角度重叠的波形，初步近似将其视为梯形波，其中假定前缘和后缘为线性的，这样波形就变得对称且易于分析；图7.2a显示了实际波形，而图7.2b为其近似波形。

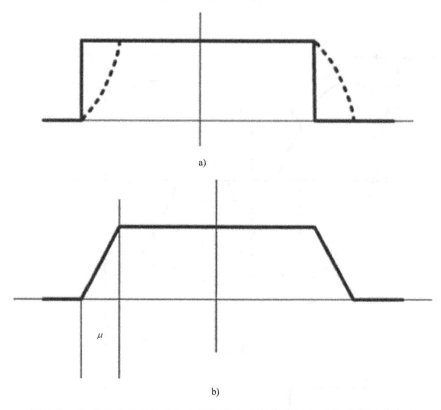

a)

b)

图7.2　a）由于大的触发延迟角引起的非对称波形；b）近似对称梯形波形

参考文献［2］是了解这部分的经典文献，图7.3～图7.10根据整流器的触发延迟角 α、逆变器的 $\beta - \mu$ 说明谐波的发射，这些谐波分别为5次、7次、11次、13次、17次、19次、23次和25次谐波。X 轴缩放参数为 $X_T + X_S$，其中 X_T 是整流变压器的电抗百分比，X_S 是供电系统的阻抗百分比。假设电流为矩形且无励磁电流，那么变压器一次绕组中的方均根电流等于对应的直流电流 I_d 的方均根电流。同时

$$X_T + X_S = \frac{2\varepsilon}{V_{do}} \times 100 \tag{7.1}$$

式中，ε 是电抗下降导致的从空载到负载电流 I_d 下的直流电压（V）变化。

例7.1：假设带有2MVA、13.8～0.48kV降压变压器的13.8kV、三相60Hz电源，为6脉冲电流源换流器供电。变压器阻抗在2MVA容量下为5.75%。如果换流器的基本负载被认为等于变压器额定容量（kVA），那么 $X_T = 5.75\%$，电源阻抗 $X_S = 0.004\text{pu}$（$=0.4\%$）。变压器阻抗将占主导地位。

如果换流器以触发延迟角 $\alpha = 45°$ 运行，则对应的横坐标 $=6.15$，可以从图7.3～7.10直接读取各种谐波。例如，图7.3中的5次谐波大约等于基波的19%。

7.1.1　谐波估计的几何结构

参考文献［2］中还提供了以下几何结构，如图7.11所示。

$$OR = \frac{\sin mp \cdot \mu/2}{mp}$$

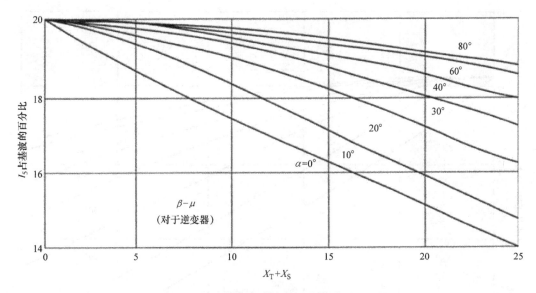

图 7.3　一次绕组电流中的 5 次谐波（$p \leqslant 6$）

$$OS = \frac{\sin(mp+2) \cdot \mu/2}{mp+2}$$

$$OT = \frac{\sin(mp-2) \cdot \mu/2}{mp-2} \tag{7.2}$$

式中，$m=1$，2，3，$\cdots$，p 是脉冲数。见图 7.11，有

$$I_{h(mp+1)} = \frac{I_1}{2(mp+1)\sin\theta \cdot \sin\mu/2} \times RS \text{ 或 } RS'$$

$$I_{h(mp-1)} = \frac{I_1}{2(mp-1)\sin\theta \cdot \sin\mu/2} \times RT \text{ 或 } RT' \tag{7.3}$$

式中

$$\theta = \alpha + \mu/2 \quad \text{整流器}$$
$$= \beta - \mu/2 \quad \text{逆变器}$$
$$I_{h(mp+1)} = \text{谐波电流,谐波次数为 } mp+1$$
$$I_{h(mp-1)} = \text{谐波电流,谐波次数为 } mp-1 \tag{7.4}$$

例 7.2：使用式（7.3）中的解析/几何表达式计算例 7.1 中的 5 次谐波。

首先，计算重叠角

$$\mu = \cos^{-1}\left[\cos\alpha - (X_S + X_T)I_d\right] - \alpha$$

代入

$$\mu = 4.8°(\text{注意 } I_d = 1\text{pu})$$

然后，根据几何结构，OR = 0.04145，OS = 0.04111，OT = 0.041692，RT = 0.057，θ = 47.4°，式（7.3）的 5 次谐波 = 18.6%。

7.1.2　使用 IEEE 519 公式估计谐波

使用 IEEE 519 中的式（4.37）~式（4.39）估计忽略纹波的谐波。为了便于参考，这些方程

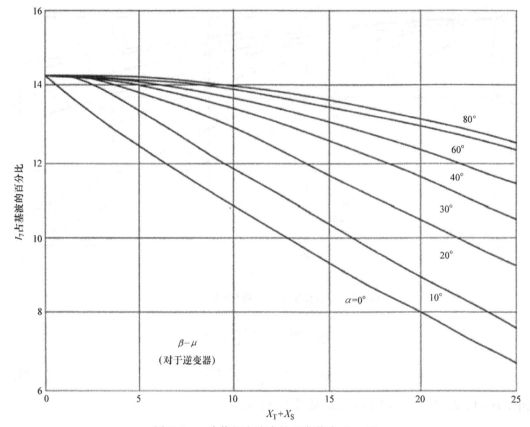

图 7.4　一次绕组电流中的 7 次谐波（$p \leqslant 6$）

将在下面再次出现。

$$I_h = I_d \sqrt{\frac{6}{\pi}} \frac{\sqrt{A^2 + B^2 - 2AB\cos(2\alpha + \mu)}}{h[\cos\alpha - \cos(\alpha + \mu)]} \tag{7.5}$$

式中

$$A = \frac{\sin\left[(h-1)\dfrac{\mu}{2}\right]}{h-1} \tag{7.6}$$

$$B = \frac{\sin\left[(h+1)\dfrac{\mu}{2}\right]}{h+1} \tag{7.7}$$

同时式（7.5）也可以写成

$$\frac{I_h}{I_1} = \frac{\sqrt{A^2 + B^2 - 2AB\cos(2\alpha + \mu)}}{h[\cos\alpha - \cos(\alpha + \mu)]} \tag{7.8}$$

式中，I_1 是基频电流。

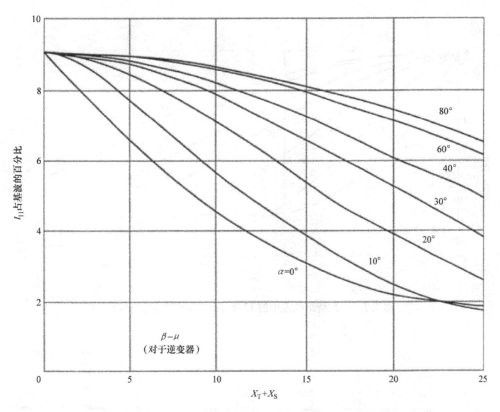

图 7.5　一次绕组电流中的 11 次谐波（$p \leqslant 12$）

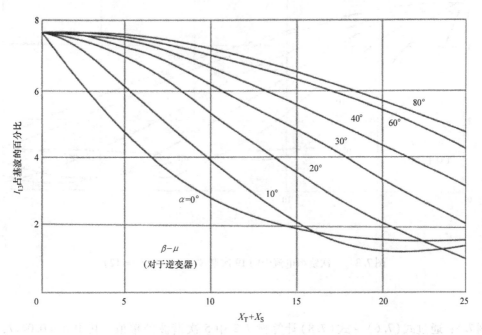

图 7.6　一次绕组电流中的 13 次谐波（$p \leqslant 12$）

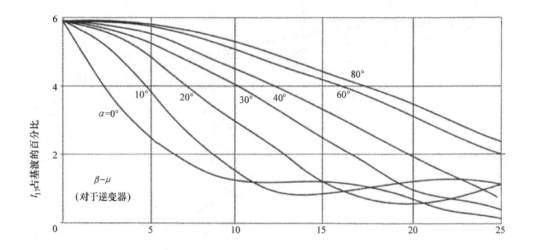

图 7.7　一次绕组电流中的 17 次谐波（$p \leq 18$ 或 $p \neq 12$）

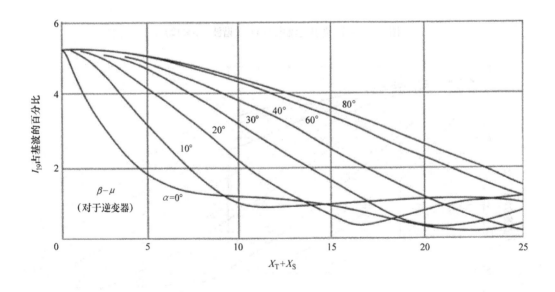

图 7.8　一次绕组电流中的 19 次谐波（$p \leq 18$ 或 $p \neq 12$）

　　例 7.3：通过式（7.6）~ 式（7.8）计算例 7.2 中 5 次谐波的幅值。其中 $A = 0.0417$，$B = 0.0414$。将这些值代入式（7.8）中，得到 5 次谐波电流等于基波电流的 18.95%。

　　因此，我们看到例 7.1 ~ 例 7.3 中的计算给出了一致的结果。

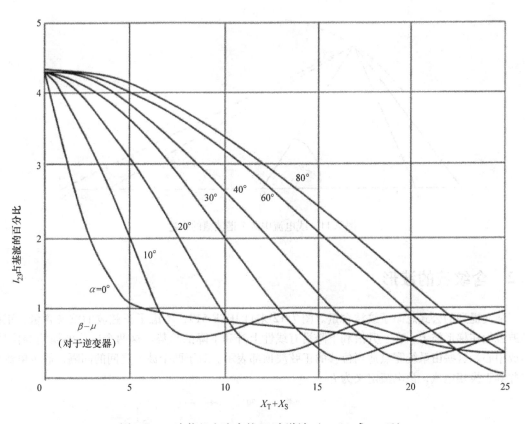

图 7.9　一次绕组电流中的 23 次谐波（ $p \leqslant 21$ 或 $p \neq 18$ ）

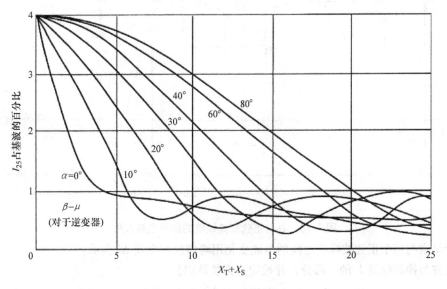

图 7.10　一次绕组电流中的 25 次谐波（ $p \leqslant 24$ 或 $p \neq 18$ ）

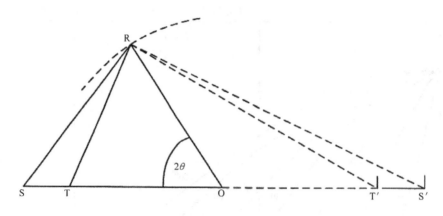

图 7.11　线电流中两个谐波值的构建

7.2　含纹波的波形

前文提到的公式忽略了纹波含量。图 7.12 来自 IEEE 519，考虑了正弦波的纹波含量，正弦半波叠加在梯形波上。在上升沿和下降沿有线性上升和下降的趋势。这两个电流波瓣均等位移，形成中心。这些由系统零点适当位移的正弦波顶部表示。对于两个波瓣之间的间隔，假定电流恒定并等于换相电流，该电流定义为 I_c。

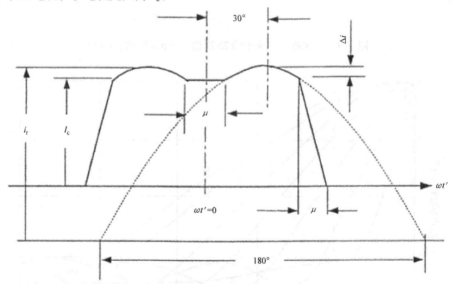

图 7.12　具有正弦交流纹波的梯形电流波形

换相结束与每个正弦波峰值之间的电流变化用峰值纹波电流 Δi 表示。

该纹波为换相电流 I_c 的一部分，并被定义为纹波因数 r_c：

$$r_c = \frac{\Delta i}{I_c} \tag{7.9}$$

此外，纹波率 r 被定义为

$$r = \frac{\Delta i}{I_d} \tag{7.10}$$

式中，I_d 是直流电流平均值。

7.2.1 用图解法估计含有纹波的谐波

图 7.13a ~ h 提供了谐波的相对值，方均根值为 I_h/I_1。使用这些数字需要遵循以下步骤：

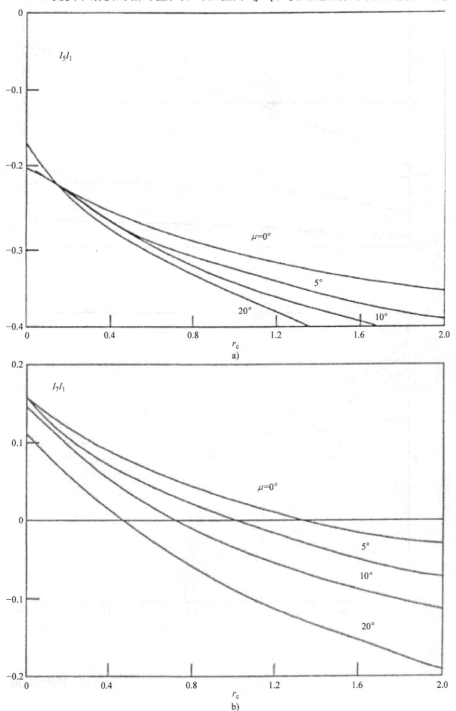

图 7.13 基频线电流（pu）中的谐波电流与 r_c 的关系

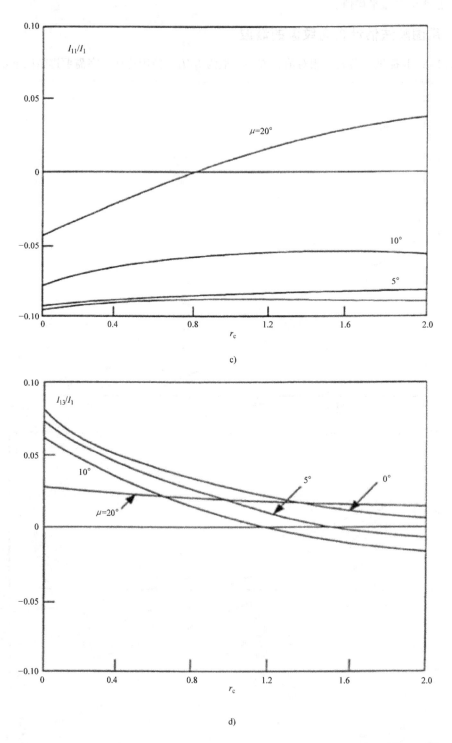

c)

d)

图 7.13 基频线电流（pu）中

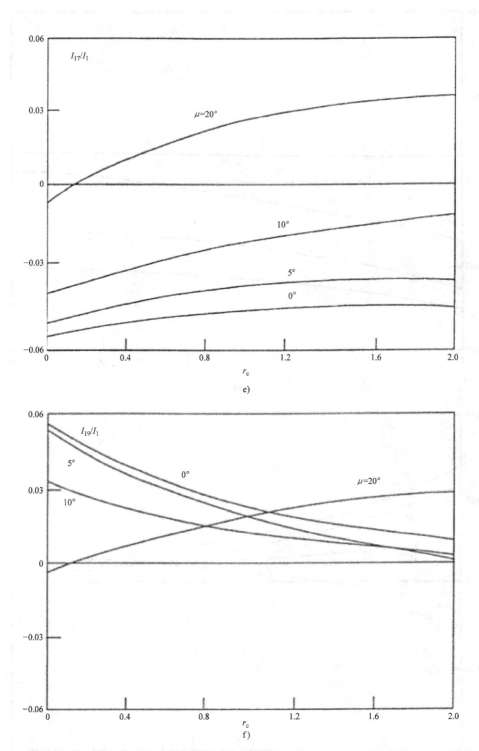

e)

f)

的谐波电流与 r_c 的关系（续）

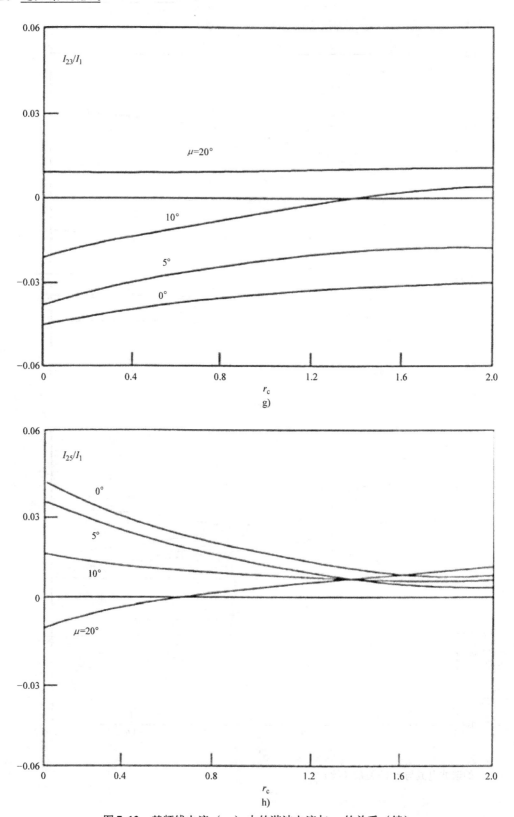

图 7.13　基频线电流（pu）中的谐波电流与 r_c 的关系（续）

- 计算基于电源侧和变压器电感的短路电流。
- 确定换相电流 I_c 的等级。
- 换流器端子的直流电压表示为最大平均直流电压的函数。
- 触发延迟角和重叠角可以从图 7.14 中读取。

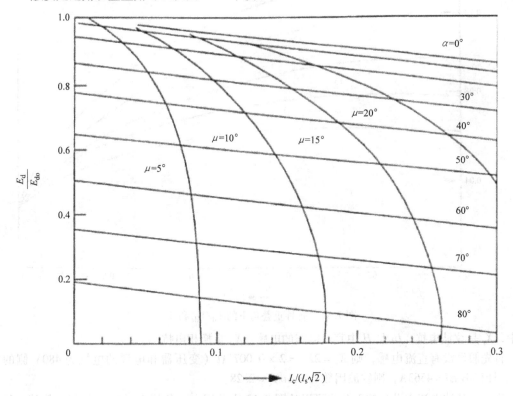

图 7.14　6 脉冲电流源换流器的负载曲线

- 图 7.15 用于读取电压纹波区域 A_r。
- 计算纹波因数 r_c 为

$$r_c = \frac{A_r(V_{do}/X_r)}{I_c} \tag{7.11}$$

式中

$$X_r = \omega L_d + 2X_c \tag{7.12}$$

- 可以从图 7.13 中读出谐波。
- 谐波可以通过与图 7.16 的因数 I_1/I_c 相乘，然后乘以 I_c 来转换成电流（A）。

例 7.4：我们将继续使用前面的例子来说明计算方法。假设 $V_{do} = 2.34(480/\sqrt{3}) = 648\text{V}$，480V 母线上的短路电流为 $I_s = 39\text{kA}$。令 $I_c = 2\text{kA}$，$V_d/V_{do} = 0.8$，其中 V_d 是直流工作电压，V_{do} 是空载电压，那么 $I_c/(I_s\sqrt{2}) = 0.036$。采用这些值，并且从图 7.14 中得到 $\alpha = 45°$，重叠角 $\mu \approx 4.5°$，可以按照先前所述记为 $4.8°$。

图 7.15 中，根据 μ 和 $V_d/V_{do} = 0.8$，可得 $A_r = 0.1$，其中 A_r 是电压纹波的积分或纹波的面积。计算纹波电流 $\Delta i = A_r V_{do}/X_r$：

$$X_r = \omega L_d + 2X_C$$

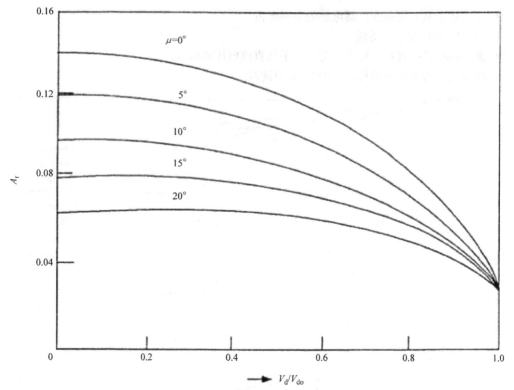

图 7.15 各种重叠角下的 V_d/V_{do} 和 A_r

式中，X_r 是纹波电抗；L_d 是 H 中直流电路的电感；X_C 是换相电抗。

首先假设没有直流电感，则 $X_r = 2X_C = 2 \times 0.0071\Omega$（变压器和电源的电抗为 480V 侧的电抗），计算出 $\Delta i = 4563\text{A}$，则纹波因数 $r_c = \Delta i/I_c = 2.28$。

现在，基波电流中谐波的百分比可以从图 7.13 中获得[1]。负值表示有 π 的相位偏移，I_1 是基频电流。

继续这个例子，图 7.13a 中，$\mu = 4.8°$、$r_c = 2.28$ 时的值超出了 X 轴的范围，可以读取 5 次谐波的近似值为 40%。

值得注意的是，线路侧的谐波受纹波含量的影响。

7.2.2 分析计算

下式适用于 IEEE 519[5,1]：

$$I_h = I_c \frac{2\sqrt{2}}{\pi}\left[\frac{\sin\left(\frac{h\pi}{3}\right)\sin\frac{h\mu}{2}}{h^2\frac{\mu}{2}} + \frac{r_c g_h \cos\left(h\frac{\pi}{6}\right)}{1 - \sin\left(\frac{\pi}{3} + \frac{\mu}{2}\right)}\right] \tag{7.13}$$

式中

$$g_h = \frac{\sin\left[(h+1)\left(\frac{\pi}{6} - \frac{\mu}{2}\right)\right]}{h+1} + \frac{\sin\left[(h-1)\left(\frac{\pi}{6} - \frac{\mu}{2}\right)\right]}{h-1}$$

$$- \frac{2\sin\left[h\left(\frac{\pi}{6} - \frac{\mu}{2}\right)\sin\left(\frac{\pi}{3} + \frac{\mu}{2}\right)\right]}{h} \tag{7.14}$$

式中，I_c是换相结束时的直流电流值；r_c是纹波因数（$=\Delta i/I_c$）。

在图 7.12 中，时间零点取当前图像中心处的 $\omega t'=0$ 时，图像是对称的，因此，仅存在余弦项。那么瞬时电流为

$$i_h = I_h\sqrt{2}\cos n\omega t' \tag{7.15}$$

I_h更精确的计算方式见式（7.13）和式（7.14）。

例 7.5：将数值带入式（7.14）中：

$$g_h = \frac{\sin 165.6°}{6} + \frac{\sin 110.4°}{4} - \frac{2(\sin 138° \sin 62.4°)}{5} = 0.03857$$

再带入式（7.13）中：

$$I_h = I_c\frac{2\sqrt{2}}{\pi}\left[\frac{\sin 300°\sin 12°}{1.0472} + \frac{(2.28)(0.03857)\cos 150°}{0.113}\right] = -0.762I_c$$

电流比 I_1/I_c 如图 7.16 所示。当 $r_c = 2.28$ 时，电流比为 1.8；因此，基波电流中 5 次谐波为 42.3%。由该图估计大约为 40%。

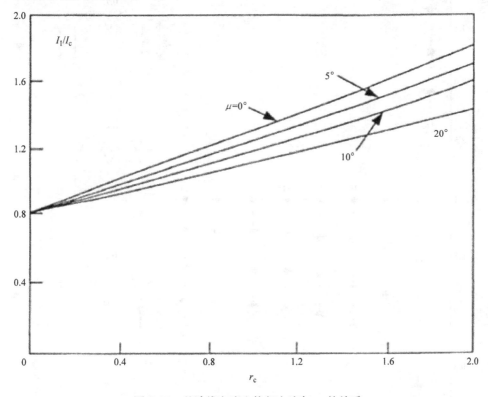

图 7.16 基波线电流和换相电流与 r_c 的关系

7.2.3 直流电抗器的作用

纹波含量是电源电抗（换相电抗）和直流链路电抗 L_d 的函数。当直流输出电压为零时，直流电流为

$$I_{dm} = 0.218\frac{V_{ln}}{X_d + 2X_N} \tag{7.16}$$

式中，X_d 是直流电路电抗；X_N 是包括整流变压器在内的总电抗。

图 7.17 给出了用 I_{dm}/I_{d1} 表示的各种纹波的正序和负序谐波变化。注意，在 $I_{dm}/I_{d1}=1$ 时，认为不含有纹波的谐波是基波。从该图中可以看出，当纹波含量最大时，5 次谐波大约变为初始值的 2.4 倍，约等于基波的 48%。此外，含有纹波的高次谐波，如 13 次和 17 次谐波小于矩形谐波[6]。

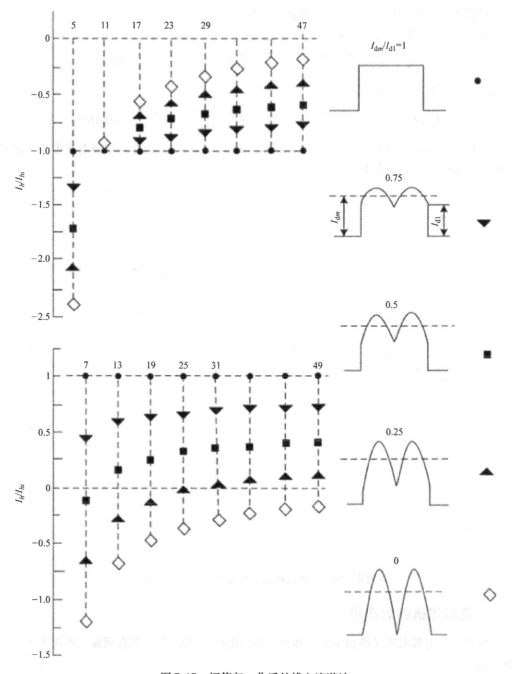

图 7.17 幅值归一化后的线电流谐波

例 7.6：考虑在例 7.5 中增加一个 1mH 直流电感。重新计算 5 次谐波的幅值。

遵循与示例相同的步骤，$X_r = 0.3912\Omega$，$\Delta i = 165.6A$，纹波因数 $r_c = \Delta i/I_c = 0.08$，并且 5 次谐波减小至基波电流的 20%。

7.3 谐波的相角

为了简单起见，认为所有的谐波都是同相的。若系统有主谐波，则总能得出最保守的结果，在这种情况下，只能表示谐波幅值。电流源的相角是电源电压相角的函数，表示为

$$\theta_h = \theta_{h,\text{spectrum}} + h(\theta_1 - \theta_{1,\text{spectrum}}) \tag{7.17}$$

式中，θ_1 是从基频负载潮流解获得的相角；$\theta_{h,\text{spectrum}}$ 是谐波电流源频谱的典型相角。因为即使是基频轻微的不平衡也会导致谐波相角的明显不平衡，所以三相谐波源的相角很少相差 120°。

当主要谐波源单独起作用时，可能无需对谐波的相角进行建模。对于多个谐波源，应对相角进行建模。图 7.18a 显示了 6 脉冲电流源换流器的电流波形，当相角一定时，可以认为是 6 脉冲换流器的线电流，波形重叠并且不含有纹波；图 7.18b 具有相同的频谱，但是所有的谐波都是同相的。可以看出，对于这两个波形，谐波电流和单源谐波电流的计算畸变率几乎相同。表 7.1 显示了具有相角的谐波谱。

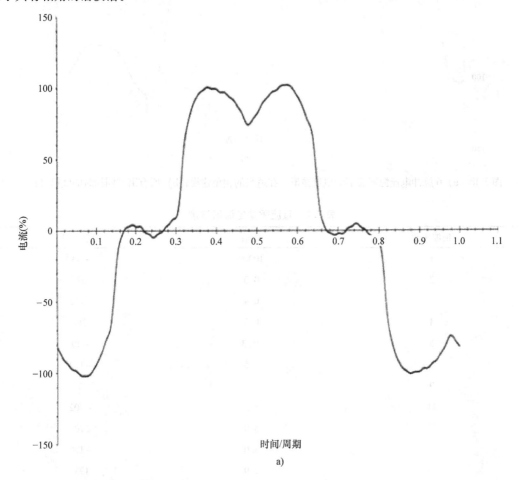

a)

图 7.18　a) 6 脉冲电流源换流器的电流波形，在适当的相角建模；b) 所有谐波同相时的波形

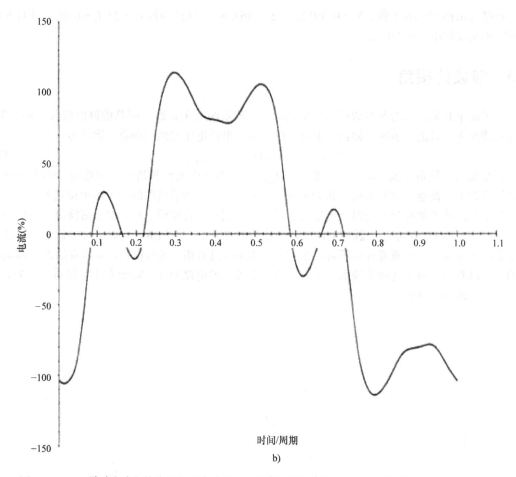

时间/周期

b)

图 7.18 a）6 脉冲电流源换流器的电流波形，在适当的相角建模；b）所有谐波同相时的波形（续）

表 7.1 直流驱动电流谐波谱

谐波次数	幅值	相角/(°)
1	100.0	−43
2	0.3	68
3	0.4	−126
4	0.2	30
5	25.3	−30
7	5.5	−122
9	0.6	37
11	8.2	−102
13	3.9	170
17	5.0	−179
19	2.9	193
23	3.4	109

（续）

谐波次数	幅值	相角/（°）
25	2.2	14
29	2.7	39
31	1.9	−59
35	2.3	−35
37	1.7	−135
41	1.8	−110
43	1.5	150
47	1.7	177
49	1.4	70

图 7.19 给出了具有谐波相角的脉宽调制或电压源换流器的电流波形。谐波谱和相角见表 7.2。基波的相角为 0°。式（7.17）适用于一定相角的基波，谐波的相角是通过将角度列移位 $H\theta_1$（谐波次数乘以基频相角）来计算。

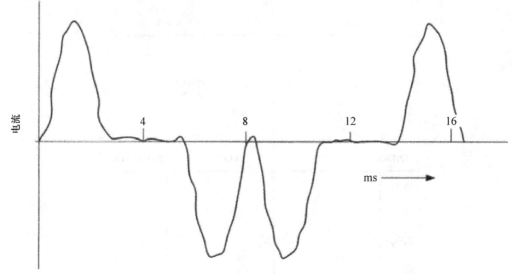

图 7.19　PWM 电压源换流器的电流波形，以适当的相角建模谐波

表 7.2　电压源 PWM ASD 的谐波谱

谐波次数	幅值	相角/（°）
1	100	0
3	0.35	−159
5	61.0	−175
7	33.8	−172
9	0.50	158
11	3.84	166
13	7.78	−177
15	0.41	135
17	1.28	32
19	1.60	179
21	0.35	110
23	1.10	38
25	0.18	49

对于多个谐波源的估计，可以通过对单个谐波产生元件的建模进行谐波研究，来获得最极端情况下相角的组合。最极端情况的谐波电平、电压或电流是每个谐波模型中谐波幅值的算术和，这将是一项相当复杂的研究。或者对所有谐波源可以用适当的相角同时建模。基波的频率角已经通过先前的负载潮流计算获得。

例7.7：图7.20 显示了一个简单的配电系统，展示了谐波畸变对相角建模的影响。配电变压器 T1、T2 和 T3 使用了三种不同类型的非线性负载。变压器 T1 和 T2 有 1.2MVA 荧光灯和开关电源负载，而 2.4kV 变压器 T3 承载 2MVA PWM ASD 负载。

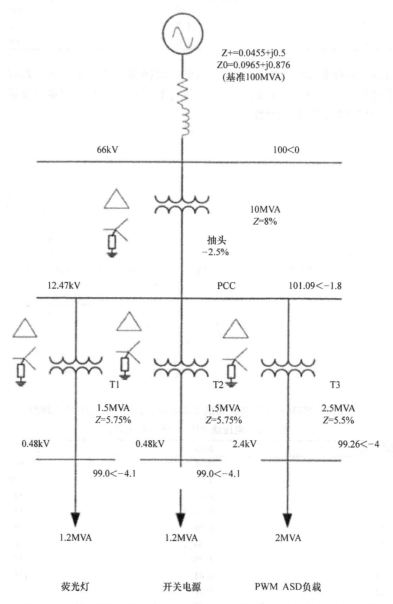

图 7.20　在存在或不存在适当相角的情况下计算电流和电压谐波的配电系统，
具有多个非线性负载，见例7.7

如图 7.20 所示，首先对基频进行负载潮流分析，计算母线电压的大小和角度。可以看出，承载非线性负载的母线基频角为 -4.1°或 -4°。

现在通过基频负载潮流角来计算谐波角。计算结果如表 7.3 ~ 表 7.5 所示。

表 7.3 电压源 PWM ASD 的谐波谱，谐波角是指基频负载潮流角

谐波次数	幅值	相角/(°)
1	100	-4
3	0.35	-172
5	61.0	-195
7	33.8	165
9	0.50	160
11	3.84	122
13	7.78	131
15	0.41	75
17	1.28	-36
19	1.60	103
21	0.35	26
23	1.10	-54
25	0.18	-51

表 7.4 典型开关电源的谐波谱，谐波角是指基频负载潮流角

谐波次数	幅值	相角/(°)	谐波次数	幅值	相角/(°)
1	100	-4.1	14	0.1	-32
2	0.2	5	15	1.9	172
3	67	4	17	1.8	8
4	0.4	160	19	1.1	176
5	39	29	21	0.6	-14
6	0.4	8	23	0.8	173
7	13	-118	25	0.4	-41
8	0.3	96.3			
9	4.4	17			
11	5.3	-161			
12	0.1	106			
13	2.5	23			

首先进行谐波分析，而不对谐波角进行建模，电流和电压的畸变结果如表 7.6 和表 7.7 所示。PCC 的总 THD$_I$ 为 38.34%，THD$_V$ 为 7.76%。

接下来对表 7.3 ~ 表 7.5 中计算的所有谐波角进行建模。电流和电压畸变率如表 7.8 和表 7.9 所示。其中 THD$_I$ 降低到 23.48%，THD$_V$ 降低到 5.0%。还应注意，从这些表中可以看到，不论是否对角度进行建模，单个谐波的畸变率在很大程度上是不同的。

这个例子很好地说明了当施加具有变化波形的不同类型的非线性负载而忽略谐波角时，可能

得到具有误导性的结果。

当所有的非线性负载都被同一种类型替换时，例如荧光灯，则可以得到进一步的建模结果。不论是否对谐波相角进行建模都能得到相同的计算结果（见表7.10和表7.11）。

表7.5 带电子镇流器的荧光灯的典型谐波电流谱，谐波角是指基频负载潮流角

谐波次数	幅值	相角/(°)
基波	100	−4.1
2	0.2	−104
3	19.9	−144
5	7.4	−178
7	3.2	−159
9	2.4	−171
11	1.8	−129
13	0.8	−103
15	0.4	−93
17	0.1	−44
19	0.2	141
21	0.1	160
23	0.1	−154
27	0.1	161
32	0.1	−84

表7.6 例7.7中未建模的PCC谐波角处的谐波电流占基波电流的百分比（$\text{THD}_I = 38.34\%$）

2	4	5	7	8	11	13	14	17	19	23	25	32
0.1	0.1	35.66	16.13	0.06	2.5	2.79	0.02	0.57	0.51	0.30	0.07	0.01

表7.7 例7.7中未建模的PCC谐波角处的谐波电压占基波电压的百分比（$\text{THD}_V = 7.76\%$）

2	4	5	7	8	11	13	14	17	19	23	25	32
0.01	0.01	6.39	4.05	0.02	0.99	1.31	0.01	0.35	0.35	0.26	0.06	0.01

表7.8 例7.7中建模的PCC谐波角处的谐波电流占基波电流的百分比（$\text{THD}_I = 23.48\%$）

2	4	5	7	8	11	13	14	17	19	23	25	32
0.06	0.1	18.70	13.94	0.06	1.83	1.95	0.02	0.52	0.43	0.17	0.07	0.01

表7.9 例7.7中建模的PCC谐波角处的谐波电压占基波电压的百分比（$\text{THD}_V = 5.0\%$）

2	4	5	7	8	11	13	14	17	19	23	25	32
0.00	0.01	3.35	3.50	0.02	0.73	0.92	0.01	0.33	0.30	0.14	0.06	0.01

表7.10 例7.7中有或没有PCC谐波角处的谐波电流占基波电流的百分比，所有谐波负载均为荧光灯（$\text{THD}_I = 7.15\%$）

2	4	5	7	8	11	13	14	17	19	23	25	32
0.19	0.00	6.52	2.16	0.00	1.22	0.49	0.00	0.05	0.09	0.04	0.00	0.03

表7.11 例7.7中有或没有PCC谐波角处的谐波电压占基波电压的百分比，所有谐波负载均为荧光灯（$\text{THD}_V = 1.45\%$）

2	4	5	7	8	11	13	14	17	19	23	25	32
0.01	0.00	1.18	0.66	0.00	0.49	0.23	0.00	0.03	0.07	0.03	0.00	0.04

因此，只要谐波谱在幅值和相角上是相同的，即使有多个谐波源，结果也是相同的。

7.4　谐波的测量

谐波的测量是一种准确估计网络谐波分布并研究谐波分析的方法。以下在测量中也是必需的：

- 确定从 PCC 注入公用系统的谐波符合标准要求。
- 电力系统可能不包含谐波源，但可能会受到来自公用电源或连接到公共事业服务点的用户的谐波渗透的影响。
- 测量方法可用于识别谐振条件。
- 在采取有源或无源滤波器等缓解策略之后，测量结果可用于验证研究结果。
- 测量可以用来识别电容器组或电容滤波器的过载。通过测量可以得到无源滤波器、电缆、输电线、变压器等中的整个谐波谱。
- 测量谐波电流和电压及其各自的相角有助于推导出给定位置的传输阻抗。

PCC 可以位于公用变压器的高压侧或低压侧，它也是可用于测量的 CT 和 PT 的计量点。这些设备的准确性将在以下部分进行讨论。二次绕组上的谐波电流测量值可以以变压器的匝数比传输到一次绕组侧，但是谐波电压的测量不是这样。变压器的三角形绕组会阻止 3 次谐波。变压器的联结方式也会影响谐波的相角。一次绕组和二次绕组都采用星形接地联结方式的变压器，将允许零序电流在一次系统中流动。不平衡的 3 次谐波并不含有零序分量。谐波电流表示为计算 TDD 的平均最大需求的百分比（第 10 章）。测量中应包括谐波的相角，它为消除各种类型的谐波源提供了帮助。所有的相角都应采用相同的参考，通常选择为 a 相上基频线 – 中性点电压的过零点，见例 7.7。

7.4.1　监测持续时间

监测持续时间应该足够长，以捕获变化过程中谐波的时间戳。需要捕获谐波的时间趋势，从中可以得出概率直方图。对于钢厂和电弧炉等设施，其谐波发射可能每天都在变化，因此需要进行更长时间的监控。不同工作系统条件对谐波水平的影响也很大：

- 功率因数电容器和无源滤波器的影响。
- 滤波器运行中断的影响。
- 市电电源变化的影响，例如负载可以通过每个具有不同特性的冗余馈线来提供。市电电源阻抗影响谐波的产生。
- 附近用电器对谐波产生的影响。
- 设施中负载变化的影响。

7.4.2　IEC 标准 61004 –7

为了进行测量，IEC 将谐波分为三类：
1）缓慢变化（准静止）。
2）波动。
3）快速变化；短谐波。
建议测量到 50 次谐波，推荐时间间隔如下：

- T_{vs}：间隔非常短，3s。
- T_{sh}：短间隔，10min。
- T_L：长间隔，1h。

- T_D：1 天。
- T_W：1 周。

对于热效应，应计算每个谐波的方均根值和 1%~99% 的累积概率。

对于瞬时效应，考虑每个谐波的最大值和 95%、99% 的累积概率。

测量仪器应能够处理多种被测谐波。

类型 1：准静态谐波可以用 0.1~0.5s 的矩形窗口测量，见第 2 章，窗口之间有一些间隙。

类型 2：可以使用汉明窗，见第 2 章。

类型 3：可以使用 0.08s 的矩形窗口，在相连窗口之间没有间隙。

7.4.3 间谐波的测量

如果测量波形中包含间谐波，测量时间间隔 kT（其中 T 是基频的时间段）应为

$$kT = mT_i \tag{7.18}$$

式中，T_i 是间谐波的时间段。

也就是说，T_i 应该是基波分量和间谐波分量的周期的最小公倍数。如果不满足式（7.18），那么间谐波的方均根值及其相关功率的测量都不正确。当 $m = 20$ 时，间谐波测量的最大误差率为 ±0.2%。

如果 h 次间谐波中至少一个是无理数，那么观测波形就不是周期性的。两个或多个非谐波相关频率的波形可能不是周期性的，在这种情况下，kT 为无限大。

基于 FFT 的监测设备将会出现错误的情况，恰当的窗函数和零填充的应用（第 2 章）可以提高性能。

IEC 建议 50Hz 系统的波形采样间隔为 10 个周期，60Hz 系统的波形采样间隔为 12 个周期，从而得到一组谐波和间谐波分辨率为 5Hz 的谐波谱。这可以通过将谐波之间的分量相加得到单一的间谐波组来简化。图 7.21 显示了 50Hz 系统的分组[7]。

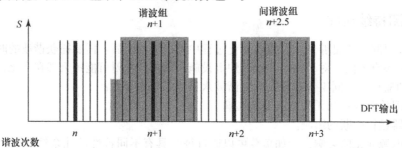

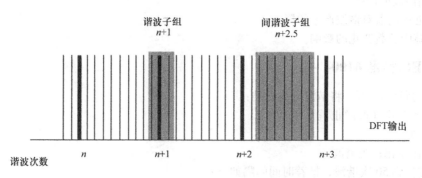

图 7.21　电压 THD 直方图，表示谐波测量结果

$$X_{IH}^2 = \sum_{i=2}^{8} X_{10n+1}^2 （50Hz 系统） \tag{7.19}$$

$$X_{1H}^2 = \sum_{i=2}^{8} X_{12n+1}^2 \,(60\text{Hz 系统}) \tag{7.20}$$

7.5 测量设备

测量设备如下:

- 存储式示波器,可直观显示谐振和畸变。存储的数据可以稍后传输到计算机中[5]。
- 频谱分析仪,在 CRT 或图表记录仪上显示信号功率分布。
- 谐波分析仪或波形分析仪,可以测量幅值和相角,并提供信号的线谱。可以使用模拟或数字仪表记录或监视输出。
- 畸变分析仪可以直接显示 THD。数字测量时采用两种基本技术。首先,使用数字滤波器,当基波电流较大时,数字滤波器设置有适当的带宽以捕获较小的谐波。而第二种是通过强大的 FFT 算法,选择适当的窗口和带宽可以消除栅栏和混叠现象(第 2 章)。
- 基于微处理器的在线仪表,可以不断地监控和存储谐波谱和畸变数据。这种连续测量有助于确定谐波的时间戳。

7.5.1 测量仪器的规格

准确度: IEEE 519[5] 中规定了测量仪器的最低准确度要求。仪器必须以相对稳定的状态对谐波进行测量,其误差不得超过允许极限的 5%。例如,如果在 480V 系统中测量 0.70% 的 11 次谐波,则表示谐波的相电压为 1.94V。仪器的误差应小于 ±(0.05)(1.94) = ±0.097V。因此,当谐波次数增加而幅值相应减小时,谐波的准确测量会成为问题。最终的准确度结果不仅应考虑测量仪器,还应考虑用于谐波测量的传感器,即整个测量系统。

衰减: 第二个参数是衰减,专门用于表示仪器将不同频率的谐波分量分离的能力。参考文献 [5] 中规定了仪器频率和时域的最小衰减值,见表 7.12。几乎所有的测量都可以达到 60dB(基波的 0.1%),更昂贵的仪器可以达到 90dB(0.00316%)。

负载谐波可能会快速波动,并且在一段时间内求平均值会产生错误的谐波发射和畸变现象。如果平均需要 3s 以上的时间,那么输出的响应应该与一阶低通滤波器的响应时间一致,该滤波器的时间常数为 (1.5 ± 0.15)s。

带宽: 仪器的带宽往往会产生巨大影响,特别是当谐波波动时。测量必须使用具有整个频率范围的恒定带宽仪器。在 (3 ± 0.5)Hz 处有最小值 −3dB,在 $(f_h + 15)$Hz 处为 40dB。当测量间谐波时,较大带宽将导致较大正误差。

表 7.12 要求的最小衰减值[5] (单位:dB)

注入频率/Hz	仪器频域	仪器时域
60	0	0
30	50	60
120 ~ 720	30	50
720 ~ 1200	20	40
1200 ~ 2400	15	35

7.5.2 测量结果的呈现

谐波测量数据以表格的形式呈现,如前几章中的表、时域中的波形和频域中的频谱所示。测量结果还可以表示为谐波随时间的变化(时间趋势图)。

　　时变谐波可以表示为概率直方图（图 7.22）。直方图的高低表示出现的相对频率，可以直接估计谐波水平。

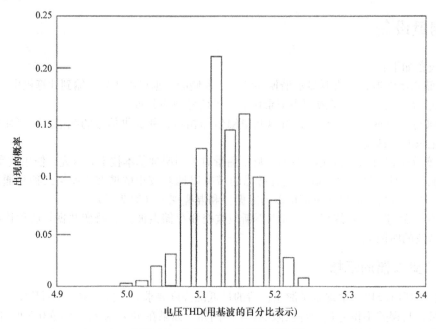

图 7.22　电压 THD 的谐波直方图

　　图 7.23 为逆分布曲线。数据采集周期 T_D 可以分为 m 个间隔，$mT = T_D$，则每个间隔的电流平均值为

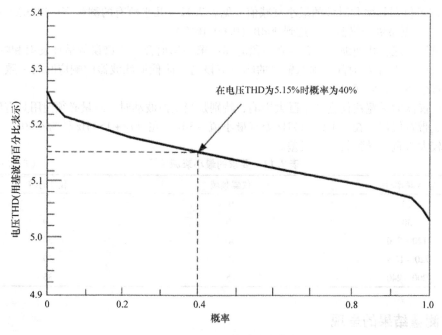

图 7.23　电压 THD 的谐波分布曲线

$$\sum_1^k \frac{I_{kh}}{k} \tag{7.21}$$

在子区间 T 上，进行 k 次测量。

方均值为

$$\sum_1^k \frac{I_{kh}^2}{k} \tag{7.22}$$

标准偏差为

$$I_h = \sqrt{I_{h,\max}^2 - I_{h,\min}^2} \tag{7.23}$$

其中：

$I_{h,\max}$	=	k 次测量 I_h 的最大值
$I_{h,\min}$	=	k 次测量 I_h 的最小值

应该在每个阶段都进行谐波测量，这些测量结果将显示谐波的变化（图 4.32a、b；有关统计术语的说明见 7.7 节）。

7.6　谐波测量传感器

电流互感器：ANSI/IEEE 标准在 60Hz 时定义电流互感器的准确度。根据参考文献［5］，当频率升高到 10kHz 时，电流互感器的准确度范围为 3%。准确度为电流互感器的阻抗和与其相连的外部负载的函数。图 7.24 给出了电流互感器有负载和无负载时的比例校正因数（RCF）。对照基波，可以计算得出百分比误差 RCF[8] 为

$$\text{RCF} = 1 + (Z_s + Z_b)\left(\frac{Z_{cs}Z_e}{Z_{cs} + Z_e}\right) \tag{7.24}$$

式中，Z_s 为二次绕组的电阻；Z_e 是电流互感器的励磁阻抗；Z_{cs} 是二次绕组的电容；Z_b 是电流互感器负载的阻抗。

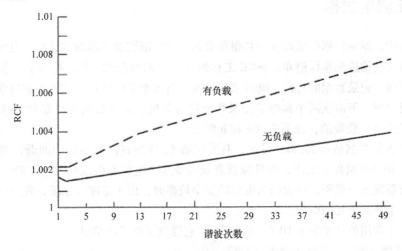

图 7.24　有负载和无负载时电流互感器的 RCF

为了获得准确的结果，必须使用屏蔽导线、同轴电缆或三同轴电缆。可以适当地采用接地和屏蔽程序来减少寄生电压。

霍尔效应探头类似于电流互感器探头，通常不用于谐波测量。霍尔效应元件允许测量直流和交流电流；商用探头的指定准确度在 500 ~ 1000Hz 范围内为 2% ~ 5%。

罗氏线圈：罗氏线圈是将线圈缠绕在柔性塑料心轴上的装置，因此可用作夹紧装置。当要测量高达 100kA 或大电流直流电流时，可以避免磁饱和。

电压测量器：磁压变压器被设计为以 60Hz 的频率运行。绕组电感和电容之间的谐波谐振可能导致较大的比率误差和相位误差（图 7.25）。对于小于 5Hz 的谐波，大多数的电压互感器准确度在 3% 以内。

电容式电压互感器不能用于谐波测量，因为典型的谐振频率峰值出现在 200Hz。电容分压器很容易制造。高压套管配有用于测量电压的电容抽头。

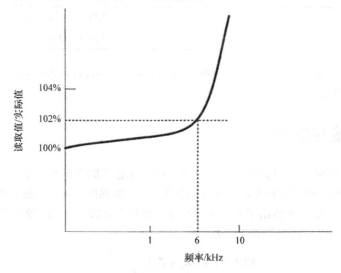

图 7.25　电压互感器的准确度

7.7　表征测量数据

很多应用中，测量数据的准确性都是很重要的，例如谐波滤波器的设计和在电气设备上施加应力，并不像之前描述的那样简单。IEEE 工作组发表了两篇论文[9,10]，提供了对非稳态电压和电流波形的测量、记录数据的特性、谐波求和以及具有多个非线性负载和概率谐波潮流系统中谐波消除的宝贵见解。下面从两个典型的记录数据进行分析。记录数据来自参考文献 [9]，是在一个站点（站点 A）获取的，如图 7.26a 和 b 所示。

代表站点 A 的数据显示 13.8kV 母线，具有配备 12 脉冲直流驱动器和调谐谐波滤波器的轧机。2.5h 后，由于轧机停止工作，并且捕获背景畸变率，电流和电压畸变率下降。站点 B 的测量结果并没有重现这一现象，这表明当电流畸变率较高时，由于是刚性系统，相应的电压畸变率很低。这是一个非常重要的概念。

谐波估计中常用的技术基于 DFT（第 2 章），它提供了准确的结果：

- 信号是静止的，但实际上并不是这样。
- 奈奎斯特定理规定采样频率应大于测量频率的 2 倍（第 2 章）。
- 采样的周期数是整数。
- 波形不包含基频非整数倍的频率，即间谐波。

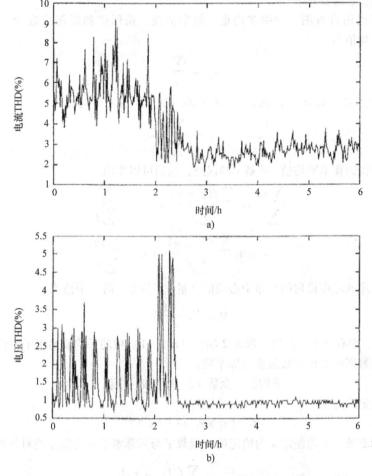

图 7.26　a）电流信号的特征；b）实际测量获得的电压信号[9]

　　当间谐波存在时，需要对多个周期进行采样，见 7.4.3 节。通过加窗傅里叶变换或短时傅里叶变换产生单个谐波的时间变化。每个谐波对应于连续信号的每个加窗部分。因此，不同的窗口大小能得到不同的谐波谱。第 2 章讨论了混叠、泄漏和栅栏效应。通过改变谐波窗口可以减轻泄漏和栅栏效应的影响。

　　最近研究的一些提高测量精度的方法如下：

- 卡尔曼滤波器分析仪[11]；
- 自同步卡尔曼滤波方法[12]；
- 基于帕塞瓦尔关系和能量概念的方法[13]；
- 使用自适应神经网络的傅里叶线性组合器[14]。

　　谐波记录数据中的不规则性可能无法被确定为相干模式，但某些模式会显示确定的分量。这种情况下，信号可以表示为确定性分量和随机分量。

7.8　概率理论

　　电气工程中使用的概率理论在本书中未进行讨论，请参见参考文献［15 - 17］。为了理解谐波数据，下面提供了简要介绍：

概率分布可以用直方图、频率多边形、频率曲线、条形图和饼图来表示。n 个数 x_1，x_2，$\cdots$，x_n 的算术平均值为

$$x_m = \frac{\sum x}{n} \tag{7.25}$$

如果 x_1 出现 f_1 次，x_2 出现 f_2 次，$\cdots$，f_n 出现 n 次，则算术平均值为

$$x_m = \frac{\sum fx}{\sum f} \tag{7.26}$$

如果 a 是假设的算术平均值，d 是 x 的误差，我们可以得出

$$\frac{\sum fd}{\sum f} = \frac{\sum f(x-a)}{\sum f} = x_m - \frac{a \sum f}{\sum f}$$

$$x_m = a + \frac{\sum f(x-a)}{\sum f} = a + \frac{\sum fd}{\sum f} \tag{7.27}$$

中值是按升序或降序排列的分布中心项的度量。n 为奇数时，中值为

$$M_d = 第\frac{n+1}{2}项 \tag{7.28}$$

n 为偶数时，则有两个中间项，取 $n/2$ 项和（$n/2+1$）项的平均值给出了中值。

众数是一组数据中出现次数最多的那个数：

$$平均值 - 众数 = 3（平均值 - 中值） \tag{7.29}$$

几何平均值定义为

$$G = (x_1 \times x_2 \times \cdots \times x_n)^{1/n} \tag{7.30}$$

平均差和标准差：平均差定义为给定的一组数字与其算术平均值偏差绝对值的平均值：

$$平均差 = \frac{\sum_{n=1}^{n} f_n |x_n - x_m|}{\sum f} \tag{7.31}$$

式中，x_1，x_2，$\cdots$，x_n 的频率为 f_1，f_2，$\cdots$，f_n。标准差定义为与算术平均值的偏差二次方的方均根值：

$$SD = \sigma = \sqrt{\frac{\sum_{n=1}^{n} f_n (x_n - x_m)^2}{\sum f}} \tag{7.32}$$

标准差的二次方即 σ^2 称为方差。方差也被称为平均值的二阶矩，由 μ_2 表示。方差系数由下式给出：

$$\frac{\sigma}{x_m} \times 100 \tag{7.33}$$

标准差可以由下式推导得出：

$$\sigma = \sqrt{\frac{\sum fd^2}{\sum f} - \left(\frac{\sum fd}{\sum f}\right)^2} \tag{7.34}$$

可以使用上述公式计算图 7.26 中信号的统计量。然而，不能断定这些信号遵循高斯分布。如果信号是完全随机的，则可以应用高斯分布。当信号包含重要的确定性分量时，将明显偏离高

斯分布。图 7.26a 中，电流信号被分为确定性和随机性两部分，如图 7.27a 和 b 所示。

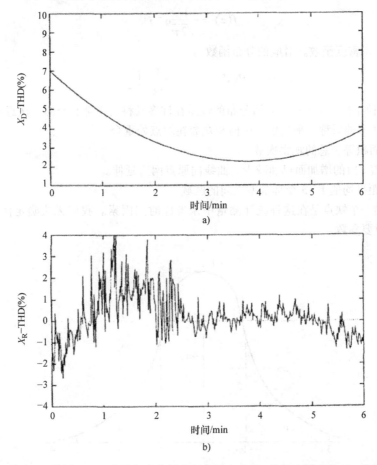

图 7.27 将图 7.26a 中的电流信号分解为确定的 X_D 分量和随机的 X_R 分量

还需要进行一些解释，高斯分布和韦伯分布常用于绝缘配合和雷电现象。简而言之，高斯分布是连续分布，在测量统计中起着重要的作用，是二项分布的极限形式。

随着测量值的增加，最常用的曲线是钟形曲线，称为正态或高斯概率密度函数（probability density function，PDF）：

$$p(x) = \frac{1}{\sigma\sqrt{2\pi}} e^{-\frac{1}{2}\left(\frac{x-\mu}{\sigma}\right)^2} \quad -\infty < x < \infty \tag{7.35}$$

式中，μ 是平均值；σ 是标准差。

如果参数 σ 和 μ 是已知的，则分布是完全确定的。相应的分布函数为

$$P(x) = P(X \leqslant x) = \frac{1}{\sigma\sqrt{2\pi}} \int_{-\infty}^{x} e^{-\frac{1}{2}\left(\frac{x-\mu}{\sigma}\right)^2} dx \tag{7.36}$$

x 处在 x_1 和 x_2 之间的概率为

$$P(x_1 < x < x_2) = \int_{x_1}^{x_2} \frac{1}{\sigma\sqrt{2\pi}} e^{-\frac{(x-\mu)^2}{2\sigma^2}} dx \tag{7.37}$$

如果使用下式替代：

$$z = \frac{x-\mu}{\sigma} \tag{7.38}$$

式中，z 为对于 x 的标准化变量，则 $z = 0$ 的均值和方差等于 1。在这种情况下，密度函数变为

$$f(z) = \frac{1}{\sqrt{2\pi}} e^{-\frac{z^2}{2}} \tag{7.39}$$

这被称为标准正态密度函数。对应的分布函数为

$$P(z) = P(Z \leqslant z) = \frac{1}{\sqrt{2\pi}} \int_{-\infty}^{z} e^{-\frac{z^2}{2}} dz \tag{7.40}$$

密度函数图如图 7.28 所示，高斯分布的性质在许多教科书中都有介绍。注意：

- 曲线关于 y 轴对称。平均值、中值和众数在原点处重合。
- 曲线的面积等于总的观察次数。
- $f(z)$ 随着 z 值的增加而迅速减少。曲线向原点两边延伸。

图 7.28 为距平均值 1~3 个标准差之间的区域。

高斯分布的一个缺点是在这种统计测量中未考虑时间因素。我们无法确定何时发生最大畸变，这是一个重要参数。

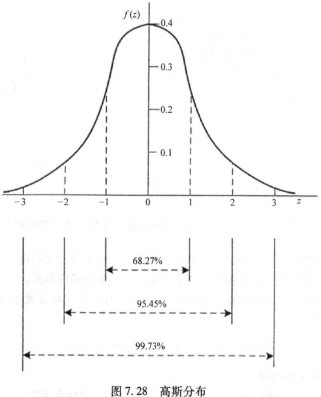

图 7.28　高斯分布

7.8.1　直方图与概率密度函数

直方图或概率密度函数可提供相对发生频率的图像，并显示了在不同时间间隔下的总测量值。当按比例缩小时，覆盖的总面积等于 1，直方图就成为精确的概率密度函数。直方图可能由于信号中的确定性分量而显得不规则。

图 7.29a 和 b 分别是与图 7.26a 和 b 中记录数据相关的概率分布函数。概率密度函数包含多个峰值。图 7.28b 中的电压概率密度函数可以近似为瑞利分布[18]。同样直方图提供了总的持续

时间，当某些事件发生时，无论是脉冲发生还是连续发生，直方图会隐藏信息。

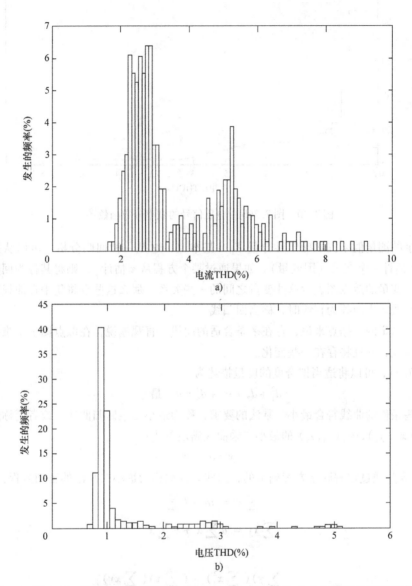

图 7.29　a）图 7.26a 的电流信号的概率密度函数；b）图 7.26b 的电压信号的概率密度函数[9]

7.8.2　概率分布函数

概率分布函数 $P(x)$ 是概率密度函数［式（7.35）和式（7.36）］的积分。图 7.23 显示了逆分布函数，而图 7.30 为图 7.26b 中电压信号的概率分布函数。同样，类似的注释也适用于这些分布曲线，但是逆分布函数将显示超过一定限度的持续时间的畸变率。

7.8.3　回归方法：最小二乘估计

我们之前谈论到的信号确定和随机部分，可以使用最小二乘法，通过将一定程度的多项式函

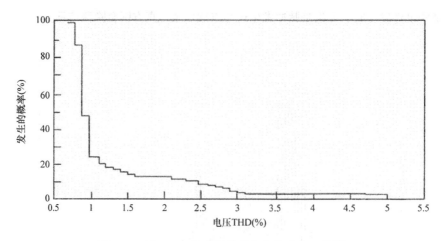

图 7.30　图 7.26b 中电压信号的概率分布函数[9]

数拟合到记录的测量值来提取确定性分量 X_D。基本上，这是一种回归分析，可以从另一个变量（自变量）来估计一个变量（因变量）。如果通过某个方程从 x 估计 y，则将其称为回归。换句话说，如果两个变量的散点图表示这些变量之间的一些关系，那么这些点将集中在曲线周围。该曲线称为回归曲线。当曲线为直线时，称为回归线。

对于某些给定的数据点来说，存在多条合适的曲线。直观地说，在散点图中很难拟合到一条准确适合的曲线，并且将存在一些变化。

参考图 7.31，可以将适当拟合度的度量描述为

$$d_1^2 + d_2^2 + \cdots + d_n^2 = a \quad 最小 \tag{7.41}$$

满足这些条件的曲线符合最小二乘法的要求，称为最小二乘回归曲线，或者简称最小二乘曲线。拟合点 $(x_1, y_1), \cdots, (x_n, y_n)$ 的最小二乘曲线满足下式：

$$y = a + bx \tag{7.42}$$

常数 a、b 是通过求解联立方程确定的，这些方程被称为最小二乘法的正则方程：

$$\sum y = an + b \sum x$$
$$\sum xy = a \sum x + b \sum x^2 \tag{7.43}$$

得出

$$a = \frac{(\sum y)(\sum x^2) - (\sum x)(\sum xy)}{n \sum x^2 - (\sum x)^2}$$

$$b = \frac{n \sum xy - (\sum y)(\sum y)}{n \sum x^2 - (\sum x)^2} \tag{7.44}$$

图 7.31 显示了通过一些随机测量绘制的最小二乘线。随机测量可以采用不同的形状，如抛物线或椭圆，可以拟合不同的曲线。进一步研究回归线和多元回归，可以见参考文献 [19]。

由于多项式函数 X_D 的增加，X_r 的分布接近高斯分布。对于图 7.26a（电流畸变信号）所示的数据，以下二次方程给出最佳拟合：

$$X_D(t) = 7 - 2.5t + 0.33t^2 \tag{7.45}$$

式中，t 是时间（h）。如图 7.27a 和 b 所示，图 7.27a 中的畸变率分解为 X_D 和 X_r 两个部分。如

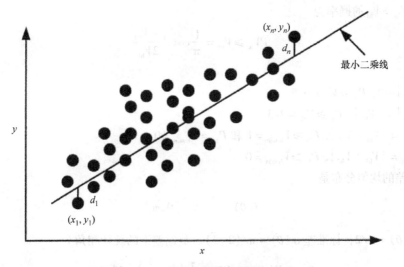

图 7.31 一些随机数据的最小二乘线

果采用图 7.27b 中的直方图，则遵循高斯分布。

7.9 随机相角谐波矢量求和

电流谐波幅值和相角是变化的。虽然通常可以测量到谐波的幅值，但相角却无法测量。参考文献 [20] 提供了概率的概念。

如果有两个矢量 V_{h1} 和 V_{h2}，有不同的相角 θ_{h1} 和 θ_{h1}，那么它们之间的夹角 θ_h 可以写为

$$\theta_h = \theta_{h2} - \theta_{h1} = \cos^{-1}\frac{V_{hs}^2 - V_{h1}^2 - V_{h2}^2}{2V_{h1}V_{h2}} \tag{7.46}$$

V_{hs} 的轨迹如图 7.32 所示。

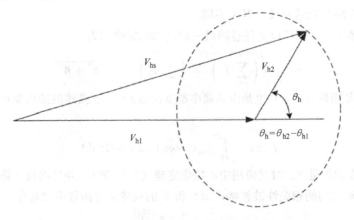

图 7.32 对具有随机相角的两个矢量求和

如果相角之差是围绕圆周均匀分布，则 PV_{hp} 超过 PV_{hs} 的概率定义为

$$PV_{hp} \geqslant PV_{hs} = \frac{1}{\pi}\cos^{-1}\frac{V_{hs}^2 - V_{h1}^2 - V_{h2}^2}{2V_{h1}V_{h2}} \tag{7.47}$$

因此，$V_{hs} > V_{h1}$ 的概率为

$$PV_{hs} \geq V_{h1} = \frac{1}{\pi} \cos^{-1} \frac{-V_{h2}}{2V_{h1}} \tag{7.48}$$

求解得

1) $|V_{h2}| \to 0$, $P_{hs} \geq V_{h1} = 0.5$
2) $|V_{h1}| = |V_{h2}|$, $P_{hs} \geq V_{h1} = 2/3$
3) $V_{h\,min} = |V_{h1} - V_{h2}|$, $P_{hs} \geq V_{h\,min} = 1$ 和 $P_{hs} = V_{h\,min} = 0$
4) $V_{h\,max} = |V_{h1} + V_{h2}|$, $P_{hs} \geq V_{h\,max} = 0$ $\tag{7.49}$

相角之差的均匀分布是

$$f(\theta) = \frac{1}{\pi}, \theta \in [0, \pi] \tag{7.50}$$

其期望值 $E(\theta) = \pi/2$，标准差 $\sigma(\theta) = \pi/(2\sqrt{3})$。负偏差下的统计相角为

$$\theta_{-\sigma} = E(\theta) - \sigma(\theta) = \frac{\pi}{2}\left(1 - \frac{1}{\sqrt{3}}\right) = 38.04° \tag{7.51}$$

对负偏差求和

$$V_{hs} = \sqrt{V_{h1}^2 + V_{h2}^2 + 2V_{h1}V_{h2}\cos 38.04°}$$
$$= \sqrt{V_{h1}^2 + V_{h2}^2 + 1.575 V_{h1}V_{h2}} \tag{7.52}$$

那么概率是

$$PV_{hp} \geq V_{hs} = \frac{38.04°}{180°} = 0.2113 \tag{7.53}$$

IEC 61000 - 3 - 6[21] 给出以下求和方程：

$$V_{hs} = \sqrt[\lambda]{\sum i V_{hi}^\lambda} \tag{7.54}$$

式中，$h < 5$ 时，$\lambda = 1$；$5 \leq h \leq 10$ 时，$\lambda = 1.4$；$h > 10$ 时，$\lambda = 2$。这是两个矢量和的范例。对于多源情况，式 (7.54) 仍然有效，但 λ 不同。

在直角坐标系下，我们可以把任意随机矢量之和的幅值记为

$$Z = \sqrt{\left(\sum_{i=1}^N X_i\right)^2 + \left(\sum_{i=1}^N Y_i\right)^2} = \sqrt{S^2 + W^2} \tag{7.55}$$

由于 S 和 W 是随机变量，Z 也是由其概率密度函数 $f_z(z)$ 所描述的随机变量。

因此

$$f_z(z) = \int_0^{2\pi} f_{SW}(z\cos\theta, z\sin\theta) z \, d\theta \tag{7.56}$$

假设有足够多的矢量 N，对其应用中心极限定理 (7.10 节)，并且随机变量 S 和 W 是正态分布的。假设 S 和 W 之间的相关性被忽略，则 S 和 W 的概率密度函数可以写作

$$f_{SW}(s, w) = \frac{e^{-\frac{(s^2+w^2)}{2\sigma^2}}}{2\pi\sigma^2} \tag{7.57}$$

代入式 (7.56)，得

$$f_z(z) = \frac{ze^{-\frac{z^2}{2\sigma^2}}}{\sigma^2}, z > 0 \tag{7.58}$$

对于分布在随机网络中的谐波源，支路阻抗及其角度都是概率量。

如果我们记角度 φ_i、θ_{mi} 与相量 I_i（分支电流）和 Z_{mi}（分支阻抗）相关，它们是随机变量，并且令 $U_{mi}=|Z_{mi}||I_i|$，$(\varphi_i+\theta_{mi})=\varphi_{mi}$，$D_{mi}=Z_{mi}I_i$，则 D_{mi} 的概率密度函数是

$$f_{Dmi}(d_{mi})=\int_{-\infty}^{\infty}(1/|e|)f_{zmiIi}(e,d_{mi}/e)\mathrm{d}e \tag{7.59}$$

式中，$f_{zmiIi}(z_{miIi})$ 是节点 i 处的分支阻抗大小和谐波电流的概率密度函数，并且引入 e 作为辅助变量，以使上式成立。

u_{mi} 的概率密度函数为

$$f_{umi}(u_{mi})=f_{Dmi}(u_{mi})+f_{Dmi}(-u_{mi}),\ u_{mi}>0 \tag{7.60}$$

φ_{mi} 的概率密度函数为

$$f_{\varphi mi}(\varphi_{mi})=\int_{-\infty}^{\infty}f_{\varphi mi}(\varphi_{mi}-\varphi_i,\varphi_i)\mathrm{d}\varphi_i \tag{7.61}$$

在上述方程中得到变量的概率密度函数后，就可以得到概率谐波矢量之和的概率密度函数。

7.10　中心极限定理

本章讨论了正态分布和高斯分布，还有一些其他的分布，比如泊松分布（在 19 世纪初的泊松之后）。如果 X 是随机变量，取值为 1，2，$\cdots$，那么 X 的概率函数是

$$f(x)=P(X=x)=\frac{\lambda^x e^{-\lambda}}{x!},\ x=0,1,2,\cdots \tag{7.62}$$

式中，λ 是正数。该分布称为泊松分布。

人们想知道除了二项分布和泊松分布之外，是否存在其他的分布也是正态分布。中心极限定理指出，如果 X_1，X_2，$\cdots$，X_n 是独立分布的随机变量，它们具有相同的分布，且有有限的均值和方差，$S_n=X_1+X_2+X_3+\cdots X_n$，则

$$\lim_{n\to\infty}P\left(a\le\frac{S_n-n\mu}{a\sqrt{n}}\le b\right)=\frac{1}{2\pi}\int_a^b e^{-\mu^2/2}\mathrm{d}u \tag{7.63}$$

下面是随机变量

$$\frac{S_n-n\mu}{\sigma\sqrt{n}} \tag{7.64}$$

式中，对应于 S_n 的标准化变量具有渐进正态性。

7.11　卡尔曼滤波

卡尔曼滤波器是递归最优估计器，已被用于谐波测量，适合于在线测量[12]。它需要冗余的谐波测量，DFT 用于将每个谐波频率测量值作为估计器的输入。它需要用于估计参数的状态变量模型，以及将离散测量与状态变量参数相关联的测量方程。涉及的数学知识在许多文献中都有讨论，这里提供一个概要。

幅值恒定或随时间变化的信号的状态表示可以通过将母线注入电流表示为时间的函数来表达，其中在 ω 处的参考旋转为

$$s(t)=I\cos\omega t\cos\theta-I\sin\omega t\sin\theta \tag{7.65}$$

令 $x^R=I\cos\theta$，$x^I=I\sin\theta$。其中包含两个组成部分：一个组成部分是常数但未知，另一个组成部分可能会随时间变化。这些变量表示同相和正交相位分量。注入电流的两个状态变量可以表

示为

$$\begin{vmatrix} x^R \\ x^I \end{vmatrix}_{k+1} = \begin{vmatrix} 1 & 0 \\ 0 & 1 \end{vmatrix} \begin{vmatrix} x^R \\ x^I \end{vmatrix}_k + \begin{vmatrix} w^R \\ w^I \end{vmatrix}_k \tag{7.66}$$

式中，w^R 和 w^I 允许状态变量是随机的。测量方程将包括信号噪声，并可表示为

$$z_k = \begin{vmatrix} \cos(\omega t_k) & -\sin(\omega t_k) \end{vmatrix} \begin{vmatrix} x_1^R \\ x_1^I \end{vmatrix}_k + v_k \tag{7.67}$$

式中，v_k 表示高频噪声。

模型 1：对于含有谐波的 N 个母线的电力系统，无噪声信号可以写成

$$s(t) = \sum_i^n I_i(t)\cos(\omega t + \theta_i) \tag{7.68}$$

式中，$I_i(t)$ 表示在时间 t 的 i 次谐波电流；θ_i 是相关的相角。

所有母线电流都被视为状态变量。状态方程为

$$\begin{vmatrix} x_1^R \\ x_1^I \\ x_2^R \\ x_2^I \\ \vdots \\ x_n^R \\ x_n^I \end{vmatrix}_{k+1} = \begin{vmatrix} 1 & 0 & 0 & \cdots & 0 \\ 0 & 1 & 0 & \cdots & 0 \\ \vdots & \vdots & \vdots & \vdots & \vdots \\ 0 & 0 & 0 & \cdots & 0 \\ 0 & 0 & 0 & \cdots & 1 \end{vmatrix} \begin{vmatrix} x_1^R \\ x_1^I \\ x_2^R \\ x_2^I \\ \vdots \\ x_n^R \\ x_n^I \end{vmatrix}_k + \begin{vmatrix} w_1^R \\ w_1^I \\ w_2^R \\ w_2^I \\ \vdots \\ w_n^R \\ w_n^I \end{vmatrix}_k \tag{7.69}$$

和测量方程为

$$z_k = H_k x_k + v_k = \begin{vmatrix} \cos(\omega k\Delta t) \\ -\sin(\omega k\Delta t) \\ \vdots \\ \cos(n\omega\Delta t) \\ -\sin(n\omega\Delta t) \end{vmatrix}^t \begin{vmatrix} x_1^R \\ x_1^I \\ \vdots \\ x_n^R \\ x_n^I \end{vmatrix} + v_k \tag{7.70}$$

H_k 是时间矢量。

模型 2：如果考虑使用固定参考值来表示随时间变化的信号的状态，则式（7.66）变为

$$\begin{vmatrix} x_1^R \\ x_1^I \\ x_2^R \\ x_2^I \\ \vdots \\ x_n^R \\ x_n^I \end{vmatrix}_{k+1} = \begin{vmatrix} M_1 & & & \\ & M_2 & & \\ & & \ddots & \\ & & & M_N \end{vmatrix} \begin{vmatrix} x_1^R \\ x_1^I \\ x_2^R \\ x_2^I \\ \vdots \\ x_n^R \\ x_n^I \end{vmatrix}_k + \begin{vmatrix} x_1^R \\ w_1^I \\ w_2^R \\ w_2^I \\ \vdots \\ w_n^R \\ w_n^I \end{vmatrix}_k \tag{7.71}$$

式中，子矩阵 M_i 为

$$M_i = \begin{vmatrix} \cos(i\omega\Delta t) & -\sin(i\omega\Delta t) \\ -\sin(i\omega\Delta t) & \cos(i\omega\Delta t) \end{vmatrix} \tag{7.72}$$

测量方程变为

$$z_k = H_k x_k + v_k = \begin{vmatrix} 1 \\ 0 \\ \vdots \\ 1 \\ 0 \end{vmatrix}^t \begin{vmatrix} x_1^R \\ x_1^I \\ \vdots \\ x_n^R \\ x_n^I \end{vmatrix} + v_k \qquad (7.73)$$

得出信号的状态方程和测量方程后，假设 w_k 和 v_k 的系统协方差矩阵为

$$E[w_k w_k^t] = Q_k, E[v_k v_k^t] = R_k \qquad (7.74)$$

假设初始变量等于 0：

$$\hat{x}_{(0)} = 0 \qquad (7.75)$$

初始协方差矩阵为

$$\hat{P}_0 = E[\hat{x} - \hat{x}_{(0)}] = E[(\hat{x})(\hat{x})^t = \sigma] \qquad (7.76)$$

初始协方差矩阵的确定取决于对某些母线谐波源发生概率和平均负载水平的先验知识。假设不同母线上注入的谐波是相关的，此矩阵为对角矩阵。递归步骤如下：

计算卡尔曼滤波器增益 K_k 为

$$K_k = \hat{P}_k H_k^t (H_k \hat{P}_k H_k^t + R_k)^{-1} \qquad (7.77)$$

用谐波测量更新 z_k 为

$$\hat{x}_k = \hat{x}_k + K_k(z_k - H_k \hat{x}_k) \qquad (7.78)$$

计算误差协方差以更新估计：

$$P_k = (1 - K_k H_k)\hat{P}_k \qquad (7.79)$$

进而得出

$$\hat{P}_{k+1} = \varphi_k P_k \varphi_k^t + Q_k$$
$$\hat{X}_{k+1} = \varphi_k \hat{X}_k \qquad (7.80)$$

更多内容请参见参考文献 [22]。

虽然本章通过计算和在线测量提供了谐波的估计，但从实际角度来看，应用工程师难以正确地估计谐波谱及其时间戳，特别是针对不同拓扑的电力电子系统和特定应用程序的电力系统。一般来说，在工程设计阶段的研究中，只要在产生谐波负载的应用中与戴维南阻抗相关，那么供应商提供的数据会更可靠。对于正在运行的工厂来说，根据过程和附近产生谐波的负载，一段时间内采用在线测量是最佳的选择。

参 考 文 献

1. A. D. Graham and E. T. Schonholzer. "Line harmonics of converters with DC-motor loads," IEEE Trans Industry Applications, vol. 19, no.1, pp. 84–93, 1983.
2. J. C. Read. "The calculation of rectifier and inverter performance characteristics," JIEE, UK, pp. 495–509, August 1945.
3. M. Grötzbach and R. Redmann. "Line current harmonics of VSI-Fed adjustable-speed drives," IEEE Transactions on Industry Applications, vol. 36, pp. 683–690, 2000.
4. M. Grötzbach, R. Redmann. "Analytical predetermination of complex line current harmonics in controlled AC/DC converters," IEEE Transactions on Industry Applications, vol. 33, no. 3, pp. 601–611, 1997.
5. IEEE Standard 519. IEEE recommended practice and requirements for harmonic control in electrical power systems, 1992.

6. M. Grötzbach and B. Draxler, "Effect of DC ripple and commutation on the line harmonics of current controlled AC/DC converters," IEEE Transactions on Industry Applications, vol. 29, no. 3, pp. 997–1005, 1993.

7. E. W. Gunther, "Interharmonics recommended updates to IEEE 519," IEEE Power Engineering Society Summer Meeting, pp. 950–954, July 2002.

8. P. E. Sutherland. "Harmonic measurements in industrial power systems," IEEE Transactions on Industry Applications, vol. 31, no. 1, pp. 175–183, 1995.

9. Y. Baghzouz, R. F. Burch, A. Capasso, A. Cavallini, et al. "Time varying harmonics Part I-Characterizing harmonic data," IEEE Transactions on Power Delivery, vol. 13, no. 3, pp. 938–944, 1998.

10. Y. Baghzouz, R. F. Burch, A. Capasso, A. Cavallini, et al. "Time varying harmonics Part II-Harmonic simulation and propagation" IEEE Transactions on Plasma Science, vol. 17, no. 1, pp. 279–285, 2002.

11. A. A. Girgis, W.B. Chang and E.B. Makram, "A digital recursive measurement scheme for on-line tracking of power system harmonics," IEEE Transactions on Power Delivery, vol. 6, no. 3, pp. 1153–1160, 1991.

12. I. Kamwa, R. Grondin and D. McNabb, "On-line tracking of changing harmonics in stressed power transmission systems-Part II: Applications to Hydro-Quebec network," in conference record, IEEE PES Winter meeting, Baltimore, MD, 1996.

13. C. S. Moo, Y.N. Chang and P. P. Mok, "A digital measuring scheme for time –varying transient harmonics," in conference record, IEEE PES Summer Meeting, 1994.

14. P. K. Dash, S. K. Patnaik, A. C. Liew, and S. Rahman, "An adaptive linear combiner for on-line tracking of power system harmonics" in conference record, IEEE PES, Winter Meeting, Baltimore, MD, 1996.

15. F. M. Dekking, C. Kraaikamp, H. P. Loup, and L. E. Meester, A Modern Introduction to Probability and Statistics, Springer Texts in Statistics, Springer, NY, 2007.

16. J. L. Devore, Probability and Statistics for Engineering and Sciences, Brooks/Cole, Boston, MA, 2011.

17. M. R. Spiegel, J.J. Schiller, and R. A. Srinivasan, Theory and Problems of Probability and Statistics, Second Edition, Schaum's Outline Series, McGraw Hill, New York, 2000.

18. G. R. Cooper and C.D. McGillem, Probabilistic Methods of Signal and System Analysis, Oxford University Press, NY, 1999.

19. F. Scheid, Theory and Problems of Numerical Analysis, Second Edition, Schaum Outline Series, McGraw Hill, New York, 1988.

20. Y. Xiao, X. Yang, "Harmonic summation and assessment based on probability distribution," IEEE Transactions on Power Delivery, vol. 27, no.2, pp. 1030–1032, 2012.

21. IEC Standard 61000-3-6, Electromagnetic Compatibility (EMC) Part 3: Limits-Section 6: Assessment of Emission Limits for Distorting Loads in MV and HV Power Systems, Second Edition, 2008.

22. R. G. Brown, D. Y. C. Hwang. Introduction to Random Signal Analysis and Kalman Filtering, John Wiley, New York, 1992.

第8章 谐波的影响

谐波对电子设备的不良影响如下[1]：

1）由于无功功率大、谐振和谐波放大而引起的电容器组故障；损害熔断器的操作。

2）感应电动机和同步发电机损耗过大、发热、谐波转矩和振动，都可能引发扭转应力。

3）同步发电机的负序电流负载增加，从而危害转子电路和绕组。

4）谐波磁通的产生、变压器磁通密度的增加、涡流加热，以及随之而来的降额。

5）由于谐振引起的电力系统过电压和过电流。

6）由于额外的涡流加热和集肤效应损耗造成的电缆降额。

7）通信电路的感应干扰。

8）固态和微处理器控制系统中的信号干扰。

9）继电器故障。

10）干扰纹波控制和电力线载波系统，造成系统误操作，从而实现远程切换、负载控制和测量。

11）基于零电压的触发电路、交叉检测和封闭系统的不稳定运行。

12）大型电动机控制器和电厂励磁系统的干扰。

13）第5章描述的次同步谐振。

14）第5章描述的闪变现象。

在电容器存在的情况下，非线性负载会产生谐振，这在之前是不存在的。此外还有以下附加效应：

- 增加变压器的瞬态电流并延长其衰减率[2]。
- 增大开关装置的作用。
- 如果绕组的瞬时频率与变压器的固有频率一致，则存在绕组谐振的可能性。

8.1 旋转电机

8.1.1 感应电动机

谐波会产生弹性变形，即轴变形、寄生转矩、振动噪声、额外的热量，并降低旋转电机的效率。

谐波运动沿着基波方向或与基波相反的方向。由 $h = 6m \pm 1$ 可以得出正向或反向旋转的准则，其中 h 是谐波次数，m 是任意整数。如果 $h = 6m \pm 1$，旋转方向为顺时针，那么速度为 $1/h$。因此，7次、13次、19次…谐波旋转的方向和基波方向都是一样的。

如果 $h = 6m - 1$，则谐波旋转的方向和基波方向相反。因此5次、11次、17次…谐波是反向旋转的，2次、5次、8次、11次、14次…谐波是负序谐波（第1章）。

三相感应电动机中谐波电流的大小可由下式计算得出：

$$I_h = \frac{V_h}{h\omega_0 L_{1h}} \tag{8.1}$$

式中，I_h 是 h 次谐波电流；V_h 是 h 次谐波电压；L_{1h} 是以定子为基准的 h 次谐波的定子和转子漏电感。当 h 增加时，有效电感趋于减少。$L_{1h} \approx L_1$（定子漏抗），即当内部电感忽略不计时的最小值。

在一定的假设条件下，谐波损耗可以定义为[1]

$$\frac{P_h}{P_{RL}} = k \sum_{h=5}^{h=\infty} \frac{V_h^2}{h^{3/2} V_1^2} \tag{8.2}$$

式中

$$k = \frac{(T_s/T_R)E}{(1-S_R)(1-E)} \tag{8.3}$$

P_h 是谐波损耗；P_{RL} 是正弦电源额定点的损耗；T_s 是起动转矩；T_R 是额定转矩；S_R 是转差率；E 是效率。在 NEMA（美国电气制造商协会）的 C 级电动机中[3]，k 值可达 25 甚至更高。

电动机畸变指数（MDI）定义为

$$\text{MDI} = \frac{1}{V_1}\left(\sum_{h=5}^{h=\infty} \frac{V_h^2}{h^{3/2}}\right)^{1/2} \tag{8.4}$$

式（8.4）可以更方便地比较不同的电动机设计，但是不能评估局部加热，只能为转子加热得出相似的比率。大型深槽式电动机或者双笼型电动机的谐波加热最高。

在详细的分析中，谐波对电动机损耗的影响应当考虑风阻、摩擦、定子铜耗、磁心损耗、转子铜耗和导体杂散损耗，以及谐波对这些分量的影响。有效转子和定子漏电感减少，阻抗随频率增大。感应电动机正序和逆序的等效电路见作者《无源滤波器设计》中的第 2 章，负序电流在高频中的影响更为明显。转子电阻可以使直流电压增加 4～6 倍，而漏电抗可以使其减小到基波频率值的一小部分，定子铜耗与总谐波电流的二次方成比例增大，此外，更高频率阻抗的集肤效应会使定子铜耗进一步增大。谐波造成的磁饱和以及畸变电压对磁心损耗的影响可忽略不计。受谐波影响的主要损耗分量是定子和转子铜耗以及杂散损耗。11% 的谐波因数可以使通用电动机降额约 25%。

源自 NEMA[3] 的图 8.1 给出了与谐波电压因数相关的降额因数，它是电压畸变因数的另一个名称。

8.1.2 转矩降额

电动机低于额定转速运行时，由于冷却降低，造成转矩降额，NEMA 给出了降额曲线。当逆变器运行时，由于谐波损耗导致的额外温升以及某些逆变器的电压 - 频率特性，转矩会降低。在定义降额时，电动机的热储备是很重要的，额定频率下的降额因数为 0%～20% 不等。NEMA[3] 指出，目前还没有确定特殊电动机降额曲线的方法。首选方法是在有负载的情况下测试电动机设计的代表性样本，同时使用逆变器设计的代表性原型进行操作并测量绕组的温升。图 8.2 转载自 NEMA[3]。对于超过 90Hz 的操作，在所需功率下，需要使用高于 60Hz 的电动机，运行频率为基频 1.15 倍的电动机是更好的选择。图 8.2 中的降额曲线并不规范，图中有两个曲线，分别标为"电动机 1"和"电动机 2"。由图可知同一运行条件下的转矩降额是由电动机设计决定的。

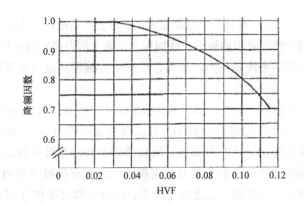

图 8.1　由于谐波电压因数（HVF）与 THD_V 相同而得出的电动机降额曲线

（源自 NEMA 的第 30 章[3]）

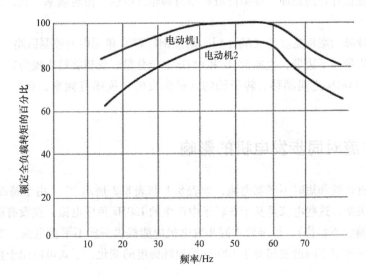

图 8.2　与逆变器一同使用时，NEMA 电动机转矩降额的案例（源自 NEMA 的第 30 章[3]）

8.1.3　脉动磁场和动态应力

在同步电机中，转子的感应频率是基频和谐波频率之间的净旋转差。5 次谐波相对于定子和转子反向旋转，其感应频率是 6 次谐波的频率。类似的，相对于定子的正向旋转的 7 次谐波在转子中产生 6 次谐波。这些磁场的相互作用产生 360Hz 的脉动转矩，并造成轴振动。类似的，谐波对 11 和 13 产生 12 次转子谐波。如果在起动过程中机械谐振的频率接近于这些谐波，则可能会产生较大的机械力。

同样的现象也出现在感应电动机中。考虑到感应电动机的转差率，正序谐波（$h = 1$，4，7，10，13，…）在旋转方向上产生 $(h-1+s)\omega$ 的转矩；负序谐波（$h = 2$，5，8，11，14，…）产生与旋转方向相反的 $-(h+1-s)\omega$ 转矩。其中，s 是感应电动机的转差率。

由于定子和转子槽的某些组合，谐波转矩可能会增大，并且与绕线转子相比，笼型转子更容易产生谐波电流循环（第 3 章）。

零序谐波（$h = 3$，6，…）不会产生净磁通密度，但会产生阻抗损失。

所有的寄生磁场都会产生噪声和振动。叠加在主磁通上的谐波磁通会导致齿饱和，齿顶漏磁可以生成围绕转子运动的不平衡磁拉力。因此，转子轴会偏转并通过临界谐振转速来放大转矩脉动。

转矩波动可能在各种频率下存在。如果逆变器是 6 脉冲型的，则当电动机在频率范围为 6 ～ 60Hz 内运行时，就会产生 6 次谐波转矩波动，其波动范围可能为 36 ～ 360Hz。电动机低速运行时，这种转矩波动可能会明显地反映为轴速度的振荡以及转矩和转速脉动，通常称为齿槽效应（第 3 章）。在运行范围内的速度可能与负载或支撑结构的固有机械频率相对应。此时，可能会出现频率放大，使动应力大大增加。在这些速度下，应避免瞬时操作（即在起动期间）以外的操作。

同步发电机中的振荡转矩可以将涡轮发电机模拟为复杂的耦合振动模式，从而导致转子元件的扭转振荡和涡轮机叶片的挠曲。如果谐波频率与涡轮发电机的扭转频率一致，则可以通过转子振荡将其放大。

大型发电机故障的案例见参考文献 [4]。附近钢厂 SVC 单元内的控制回路导致 60Hz 波形的调制，产生了上边带和下边带，生成 55Hz 和 65Hz 电流分量。反相旋转表现为转子上的 115Hz 刺激频率，在 114 ～ 118Hz 之间漂移。转子轴的这种激发的六模固有频率，会产生大的扭转应力（见第 5 章）。

8.2　负序电流对同步发电机的影响

同步发电机有连续和短时不平衡电流，如表 8.1 和表 8.2 所示[5,6]。由于持续失衡或者在故障状态下造成的失衡，这些电流是基于在转子中产生的 120Hz 负序电流。在没有谐波产生和阻抗不对称时（如传输线不移位），标准要求同步发电机应能提供一些不平衡电流。当将这些能力用于谐波负载时，应考虑不同谐波相对于 120Hz 的损耗强度的变化。下式可以用于负序电流谐波的等效热效应：

$$I_{2,\text{equiv}} = \left[\left(\frac{6f}{120} \right)^{1/2} (K_{5,7})(I_5 + I_7)^2 + \left(\frac{12f}{120} \right)^{1/2} (K_{11,13})(I_{11} + I_{13})^2 + \cdots \right]^{1/2} \tag{8.5}$$

式中，$K_{5,7}$，$K_{11,13}$，…是从最大转子表面损耗强度转换为平均损耗强度的校正因数[7]，这些都可以从图 8.3 中读取，f 为基频，且 I_5、I_7 为谐波电流（pu）。

表 8.1　同步发电机不平衡故障的要求

同步发电机类型	允许的 $I_2^2 t$
凸极发电机	40
同步调相机	30
圆柱形转子发电机	
间接冷却	30
直接冷却（0 ～ 800MVA）	10
直接冷却（801 ～ 1600MVA）	$10 - (0.00625)(\text{MVA} - 800)$[①]

① 因此，对于 1600MVA 发电机，$I_2^2 t = 5$。

表 8.2 发电机持续失衡电流能力

发电机和功率类型	允许的 I_2
凸极与阻尼绕组连接	10
凸极未与阻尼绕组连接	5
圆柱形转子, 间接冷却	10
圆柱形转子, 直接冷却至	
960MVA	8
961~1200MVA	6
1201~1500MVA	5

例 8.1:

（a）设同步发电机带有 0.10pu（表 8.2）的持续失衡能力。其分别受 0.07pu 的 5 次谐波和 0.06pu 的 7 次谐波影响。是否超过了失衡能力？从图 8.3 和谐波含有率 0.06/0.07 = 0.857 来看，$K_{5,7}$ =0.4。由式（8.5）得出

$$I_{2equiv} = [\sqrt{3}(0.4)(0.07+0.06)^2]^{1/2} = 0.108$$

超出了持续负序能力。如果只简单地将谐波相加，得到 13%。因此，简单求和的计算是不准确的。

（b）谐波分析研究表明，13.8kV、100MVA 发电机在满载时吸收以下谐波电流：5 次谐波 =40%，7 次谐波 =30%，11 次谐波 =18%，13 次谐波 =10%，17 次谐波 =5%，19 次谐波 =2%。发电机有 $I_2^2T = 30$。为保护发电机的负序继电器，保守起见 I_2^2T 设为 25，可得继电器的工作时间。此时，仅需考虑负序谐波：

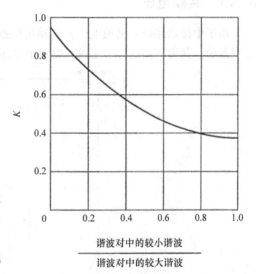

图 8.3 K 是基于谐波对的平均损耗和最大损耗比率[7]

$$[(0.4)^2 + (0.18)^2 + (0.05)^2]t = 25$$

继电器将在 128.3s 内跳闸，发电机承受负序谐波的能力是 153s。发电机谐波负载必须经过详细计算并且同步发电机必须受到保护。

8.3 绝缘应力

带 IGBT 的脉宽调制（PWM）变流器的高频运行见第 4 章。它使电动机承受高 dv/dt，这对电动机的绝缘产生不利影响，并会增加电动机的轴承电流和轴电压。电动机端子上电压脉冲的上升时间会影响电动机绕组上的电压应力。随着电压上升时间变长，电动机绕组的行为就像是串联的电容元件网络。相绕组的第一线圈承受过电压，这会引起振铃。有文献记载，由于高 dv/dt 应力引起的匝间短路或相对地故障导致绝缘故障率升高[8]。常用的补救措施是提供逆变器级绝缘或者增加滤波器。关于软开关降低初始上升速度的讨论见第 4 章。

美国电气制造商协会（NEMA）[3] 对 NEMA 设计的通用型对 A 和 B 感应电动机和专用逆变器电压上升进行了限制。为特定逆变器级电动机设计的绕组使用电磁线圈，这种线圈的构造更加牢

固，这些聚酯基电线具有更高的击穿强度。电动机的上升时间短于100ns，浪涌高于3.7pu就会出现定子绕组问题。

- 额定电压≤600V 的通用电动机定子绕组绝缘系统应能承受 $V_{peak} = 1kV$，上升时间≥2μs；对于额定电压 >600V 的电动机，应能承受 $V_{peak} \leq 2.5pu$，上升时间≥1μs。
- 额定电压≤600V 的特定逆变器级电动机应能承受 $V_{peak} \leq 1600V$，上升时间≤0.1μs。基本额定电压 >600V 的电动机应能承受 $V_{peak} \leq 2.5pu$，上升时间≤0.1μs。V_{peak} 具有一单幅值，并且 1pu 是最大运行速度点的线路对地电压峰值。

NEMA[3]中描述了由于谐波因数产生的降额对电动机转矩、起动电流和功率因数的影响[9-12]。

8.3.1 共模电压

由于中性点移位和共模电压，电动机绕组可能承受高于正常电压的电压[13]，在一些电流源逆变器中，其可能高达标称正弦线路对地电压峰值的3.3倍。共模电压的产生可以参考三相6脉

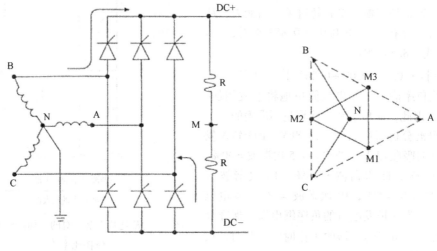

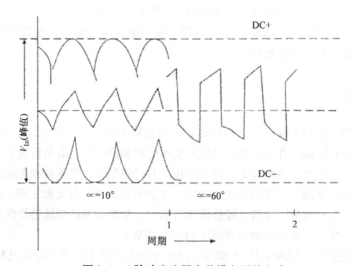

图8.4 6脉冲变流器中共模电压的生成

冲桥式整流电路（图 8.4）。一次只有两个相导通，并且显示了到中点的直流正电压和负电压。这些电压不会增加到零，中点振动是交流供电系统频率的 3 倍。直流正母线和负母线都有共模电压，其大小随触发延迟角而改变。电压峰值约为 $0.5V_{In}$，其中 V_{In} 是线路至中性点输入电压峰值。

输出桥通过与输入桥完全相同的机制来创建共模电压，其中发电机的反电动势与线电压相似。因此，共模电压引起的最坏情况就是空载并全速运行，两个变流器的相移角都是 90°，电动机电压基本上与线电压相同。共模电压的总和 V_{In} 约是输入频率的 6 倍。因为输入和输出频率通常是不同的，所以电动机会经历具有输入和输出频率的差频的波形，并且有时会经历两倍于额定电压的情况。

可以设计接地系统，以使电动机绝缘系统承受的压力不超过其设计水平[13]。

谐波还会对其他电气设备的绝缘层施加较高的介电应力。谐波过电压可能会导致电晕，形成空隙和劣化。

利用传输线行波理论，假定电动机定子绕组和连接电线都有一定的浪涌阻抗，可以计算位于电动机端的浪涌电压。参考文献 [14] 描述了宽频为 50 ~ 10MHz 的监视器（对浪涌上升时间为 50ns 的傅里叶分析将显示高达 6MHz 的频率）。

8.3.2 轴承电流和轴电压

绕组中的不对称、开槽、偏心和键槽引起轴电压，电感或电容耦合使轴电流流通，导致电流流经轴承。共模电流产生高频电流，使得 PWM 驱动器会产生更多的轴电流，这是一种感应效应。并且在高频下，容性电流取决于定子绕组的前几匝。一个在基频上对称的电动机，在更高频率上会变得不对称。造成的破坏程度取决于包括轴承的质量在内的许多因素。有时，使用半导体润滑脂来提供电流路径，但是会降低轴承寿命。如果轴电压高于 300mV 峰值，电动机应该配有绝缘轴承。

驱动端和非驱动端的轴承必须绝缘。电容耦合电流流向地面。如果只有一个轴承被绝缘，所有的电流将流经非绝缘的轴承，造成快速失效。此外，机械负载必须绝缘。如果不是绝缘机械负载，必须增加轴承接地电刷，以提供地面低阻抗路径。图 8.5a 为循环感应电流，图 8.5b 为容性耦合电流。使用 BJT 和 IGBT 的 PWM 驱动器可能生成放电加工（EDM）电流。PWM 逆变器激起定子绕组、转子和定子架间的电容耦合。共模电流不流通但会流向地面，如图 8.5b 所示。绕组和定子框架间的电容通常是定子绕组和转子间电容的 30 ~ 100 倍。

高频电流可以在接地导体的表面流过。电动机安装基座应被焊接在机械负载基座上，以便有效接地。有时，轴承是非绝缘的，并且增加轴承接地电刷。定子框架应当有效接地以适应更高的频率。这可以通过将电动机基架焊接到机械负载基座来保证。

由 PWM 导致的共模噪声是正弦波的 10 倍甚至更高。增加电动机端滤波器可以减少电动机端的差模和共模 dv/dt，并感应出轴电压和对地的泄漏电流。图 8.6 表示用来减少电动机端差模和共模 dv/dt 的输出滤波器[15-18]。图 8.7a 为消除噪声的定子电流方均根值随着故障加深而增加；轴承处于 50% 的负载水平。图 8.7b 为振动随着故障加深而增加[18]。

8.3.3 电缆类型和长度的影响

电动机通过长电缆连接时，PWM 逆变器产生的高 dv/dt 脉冲引发电缆上的行波现象，从而增强了电动机终端阻抗不连续造成的入射波和反射波。电压可达到逆变器输出电压的 2 倍。电动机电缆阻抗比和电缆运行长度是影响反射系数的重要因素。可以用长传输线和行波现象作类比。入射行波在电动机端子处反射，从而增强了入射波和反射波。由于介电损耗和电缆阻抗，当波形

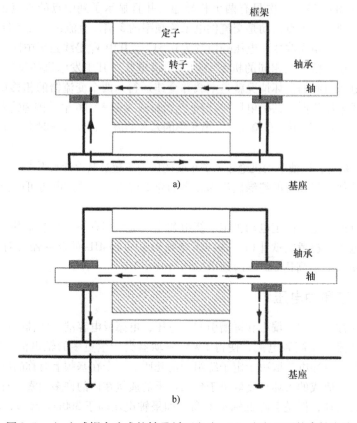

图8.5　a）电感耦合造成的轴承循环电流；b）流向地面的容性电流

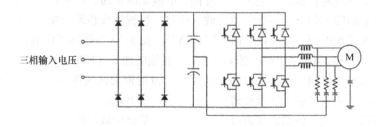

图8.6　避免差模和共模高 $\mathrm{d}v/\mathrm{d}t$ 的输出滤波器

从电线的一端映射到另一端时，产生了阻尼振铃。振铃频率是电缆长度和波传播速度的函数，为 $50\mathrm{kHz} \sim 2\mathrm{MHz}^{[14]}$。

可通过下式对产生电压倍增的可能性进行近似检查：

$$L_{\mathrm{c}} = \frac{vt_{\mathrm{r}}}{2} \tag{8.6}$$

式中，L_{c} 是电缆临界长度；v 是电缆中的传播速度，可视为光速的 $50\% = 150\mathrm{m/\mu s}$；$t_{\mathrm{r}}$ 是脉冲的上升时间（ms）。

对于速度最快的 IGBT，$t_{\mathrm{r}} = 0.1\mu\mathrm{s}$。给出电缆的临界长度为 7.5m，对于 $4.0\mu\mathrm{s}$ 的最慢脉冲上升时间，$L_{\mathrm{c}} = 360\mathrm{m}$。

图 8.8 是在此基础上构建的，可见表 8.3。

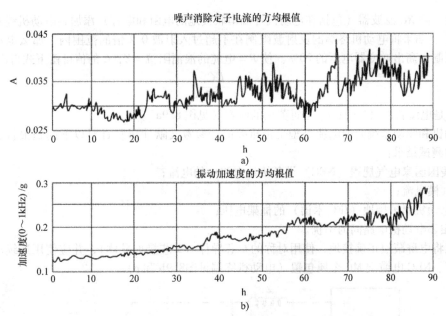

图 8.7　a）消除噪声的定子电流方均根值随着故障加深而增加；
轴承处于 50% 的负载水平；b）振动随着故障加深而增加[18]

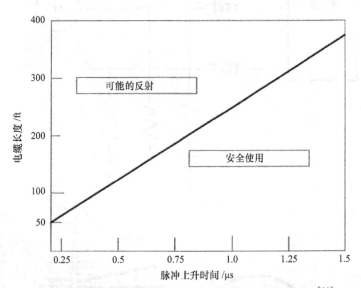

图 8.8　电缆长度与可能引起反射的脉冲上升时间的关系[14]

表 8.3　最短电缆长度和 PWM 上升时间

PWM 上升时间 /μs	最短电缆长度 /ft
0.1	19
0.5	97
1.0	195
2.0	390
3.0	585
4.0	780

　　可将一阶 *RC* 滤波器（包括在电动机终端串联接地的电阻和电容）添加到电动机终端来限制过电压[11]。如果将电动机终端的反射波限制在不超过入射波 0.2 倍的范围内，那么电动机的终端电压限制为高出逆变器电压的 20%。使 *R* = 电缆的浪涌阻抗 = *Z*，*C* 的值可由下式得出：

$$C = \frac{l_c C_c}{0.22314} \qquad (8.7)$$

式中，l_c 是电缆长度（ft）⊖；C_c 是每英尺的电容（见图 8.9a）。

　　电动机和驱动系统间的电缆类型是很重要的。参考文献［14］针对以下问题报告了不同类型电缆的测试结果：

- 美国国家电气规程（NEC）设备接地电路中的电流；
- 共模电流；
- 电动机保护接地（IEC 术语）的框架电压；
- 相邻电动机电路间的串扰。

　　建议将电屏蔽层正确接地，使用对称的 6 芯导体（3 芯接地导体），并应使用连续波纹铝铠装型护套、NEC 电缆型 MC 金属包覆（电动机终端见图 8.9b 和 c）。

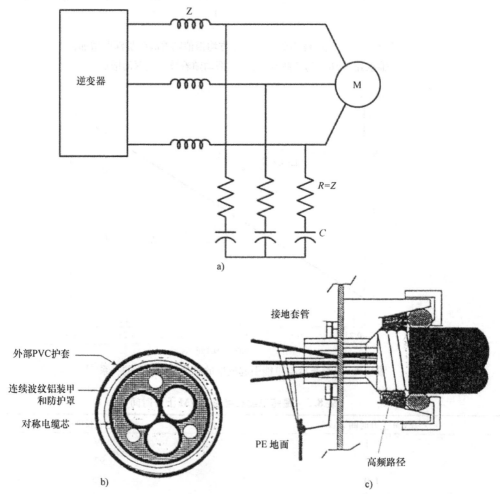

图 8.9　a）电动机终端的输出滤波器，用来防止反射；b）ASD 的电缆构造；c）电缆终端

⊖　1ft = 0.3048m。

通过增加输出滤波器，可以降低电动机绝缘电缆充电电流和介电应力。常见的滤波器类型如下：
- 输出线电感；
- 输出限制滤波器；
- 正弦波滤波器；
- 电动机终端滤波器。

输出电感降低逆变器和电动机上的 dv/dt。振铃和超调量也可能减少。输出限制滤波器可能包括叠片铁心电感或铁氧体磁心电感。正弦波滤波器是由输出电感、电容和阻尼电阻构成的常见低通滤波器。电动机终端滤波器是一级电阻/电容滤波器。

8.4 变压器

变压器提供的非线性负载可能会降低。谐波影响变压器损耗和涡流损耗密度。电流畸变因数的上限是负载电流的 5%，变压器应当能够承受额定负载 5% 的过电压和空载 10% 的过电压。外加电压的谐波电流不应超过这些限值。

除了由谐波电流和感应涡流损耗产生的降额，驱动系统变压器还可能受电流循环和负载需求影响，这取决于驱动系统。

8.4.1 变压器损耗

双绕组变压器的线性模型见 3.1.1 节，其等效电路和矢量图见图 3.1 和图 3.2。磁滞和涡流损耗的表达式见式（3.4）和式（3.5）。

在简化的基础上，变压器正序、负序模型由制造商规定的电抗百分比得出，通常以变压器自冷 [ONAN（油浸自冷）] 额定容量（MVA）为基础。该电抗保持相当恒定，可以通过对变压器进行短路测试获得。励磁电路元件通过开路测试获得。

磁滞和涡流损耗构成非负载损耗，并且可由开路测试确定。测试是在二次绕组开路和应用于一次绕组的额定电压下进行的。在高压变压器中，二次绕组可能是励磁的，一次绕组会断开。在恒定的施加频率下，B_m 直接与外加电压成正比，铁损约和 B_m^2 成正比。励磁电流在低磁通密度下大幅上升，然后在铁达到其最大磁导率时缓慢上升，此后又随着到达饱和状态再次急升。

从图 3.1a 可以看出，开路导纳是

$$Y_{OC} = g_m - jb_m \tag{8.8}$$

忽略流经 r_1 和 x_1 的小电压，则

$$g_m = \frac{P_0}{V_1^2} \tag{8.9}$$

式中，P_0 是实测功率；V_1 是外加电压。此外

$$b_m = \frac{Q_0}{V_1^2} = \sqrt{\frac{S_0^2 - P_0^2}{V_1^2}} \tag{8.10}$$

式中，P_0、Q_0 和 S_0 分别是实测有功功率、无功功率和开路容量。需注意的是，通过 r_1 和 x_1 的非负载电流产生的压降，使励磁电压 E_1 不等于 V_1，如图 3.2a 所示。这个压降可以进行修改。当二次侧没有任何负载并且开路时，一小部分电流流经 r_1 产生了部分铜损，这可以在计算中考虑。

短路测试是在绕组额定电流下进行的，该绕组被短路，另一绕组被降压，以使满额定电流循环：

$$P_{sc} = I_{sc}^2 R_1 = I_{sc}^2 (r_1 + n^2 r_2) \tag{8.11}$$

式中，P_{sc} 是短路中的实测有功功率，代表铜损；I_{sc} 是短路电流。

$$Q_{sc} = I_{sc}^2 X_1 = I_{sc}^2 (x_1 + n^2 x_2) \tag{8.12}$$

关于变压器中的损耗将在以后的章节中讨论。

固定损耗：包括涡流和磁滞损耗（铁损和电介质损耗），通过空载测试获得，并修正为 I^2R 空载损耗。磁滞损耗占铁损的 75% ~ 80%。

直接损耗：一次和二次绕组中的铜损，取决于负载电流和功率因数。

杂散负载损耗：包括导体和变压器的其他部件（如罐壁和结构部件）中的涡流损耗。

冷却系统损耗：这些损耗是强制冷却和强制油泵通风设备的损耗。制造商规定的损耗见表 8.4。

表 8.4 变压器测试数据

测试参数	测试结果	备注
绕组电阻	H1 – H2、H1 – H3 和 H2 – H3 之间的测量，X1 – X2、X1 – X3 和 X2 – X3 之间的测量	测量值、测量温度和平均值间的差异已给出。并提供了所有抽头的测量值
铁心损耗	测试电压和频率、平均电压、电流和功率	提供额定输出电压的 90%、100% 和 110%
绕组损耗（铜损及杂散负载损耗）	额定容量（MVA）下的平均电流、功率、方均根电压、频率、测试温度和电压	修正至 75℃下的变压器一次抽头电压和相应阻抗

需注意的是，杂散损耗没有在表 8.4 中单独规定，但是可以计算出来。在进行非线性负载的变压器降额计算之前获得变压器实际损耗数据是很重要的。

来自参考文献 [19] 的图 8.10 为铁心式变压器中电流产生的电磁场。每一个金属导体都有产生涡流的感应电压。涡流损耗以热量形式消散。涡流损耗可以分为两部分：发生在绕组内的叫作"涡流损耗"，绕组外的叫作"其他杂散损耗"。铁心式变压器的内部绕组损耗更高，这是因为电磁通量趋向于流向心柱的低磁阻路径。最大的涡流损耗出现在内部绕组的端部导体中，因为端部区域的径向电磁通量密度最高。IEEE 标准[19] 对内部绕组和外部绕组中涡流损耗的相对比例做了一个简单假设，以计算变压器降额。

8.4.2 提供非线性负载的变压器的降额

以下计算基于参考文献 [19]。

根据 8.4.1 节的讨论，变压器总损耗 P_{LL} 是

$$P_{LL} = P + P_{EC} + P_{OSL} \tag{8.13}$$

式中，P 是 I^2R 损耗。在此，杂散负载损耗分为绕组损耗和变压器非绕组部件损耗，即铁心夹、结构和油箱。P_{EC} 是绕组涡流损耗。P_{OSL} 是其他杂散损耗。

谐波电流对损耗的影响：工频和与谐波相关的频率的绕组涡流损耗 P_{EC} 往往与电流的二次方成正比，也与频率的二次方成正比。这一特征造成了绕组损耗过大，从而导致温度上升异常。

其他杂散负载损耗将与电流二次方成比例增加，但是不会与频率二次方成比例。研究表明，通过 0.8 或更少的谐波指数因子可以增加母线、连接件和结构件中的涡流损耗。这些损耗的影响

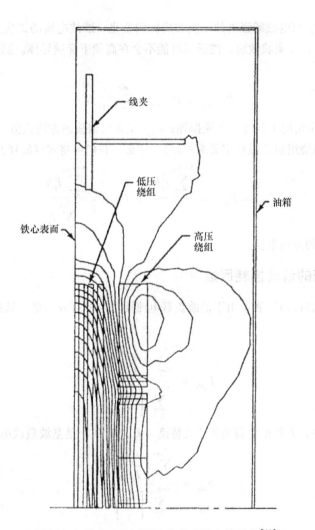

图 8.10 铁心式变压器在负载时的电磁通量[19]

取决于变压器的类型。非绕组部分的温升对干式变压器并不是很重要，但是必须考虑温升对液浸变压器的影响。

对于液浸变压器，由于谐波负载的原因，最高油温上升 θ_{TO} 将随着总负载损耗的增加而上升。不同于干式变压器中 P_{OSL} 被忽略，油浸变压器中的 P_{OSL} 必须考虑，因为它会影响最高油温。

负载电流和谐波直流分量在参考文献 [19] 中未被考虑，但它可能会增加励磁电流（见图 3.2 "分量 I_m"）和声频噪声。

式 (8.13) 可以用 pu 表示：

$$P_{\mathrm{LL-R(pu)}} = 1 + P_{\mathrm{EC-R(pu)}} + P_{\mathrm{OSC-R(pu)}} \tag{8.14}$$

如果包括谐波在内的电流方均根值与基波电流相同，$I^2 R$ 损耗将保持不变。谐波增加，导致方均根值增加，$I^2 R$ 损耗也随之增加：

$$I_{\mathrm{(pu)}} = \left[\sum_{h=1}^{h=\max} (I_{h\mathrm{(pu)}})^2 \right]^{1/2} \tag{8.15}$$

式中，h 是谐波次数；$h = \max$ 是最高的谐波次数；$I_{h\mathrm{(pu)}}$ 是 h 次谐波的方均根电流（pu）。

假定涡流损耗 P_{EC} 与电磁场强度的二次方成比例变化。谐波电流的二次方或谐波数量的二次方可作为它的代表。由于集肤效应，磁通量可能不会在高频下穿透导体。漏磁通量在两个绕组接口间的浓度值最高。

$$P_{EC(pu)} = P_{EC-R(pu)} \sum_{h=1}^{h=max} I_{h(pu)}^2 h^2 \tag{8.16}$$

式中，$P_{EC-R(pu)}$ 是额定情况下的绕组涡流损耗；$I_{h(pu)}$ 是 h 次谐波的方均根值（pu）。为了方便实地测量，将测试电流的绕组涡流损耗定义为 P_{EC-0}。那么，我们可将式（8.16）写为

$$P_{EC} = P_{EC-0} \times \frac{\sum_{h=1}^{h=h_{max}} I_h^2 h^2}{I^2} = P_{EC-0} \times \frac{\sum_{h=1}^{h=h_{max}} I_h^2 h^2}{\sum_{h=1}^{h=h_{max}} I_h^2} \tag{8.17}$$

式中，I 是负载电流的方均根值。

8.4.3 绕组涡流的谐波损耗因数

绕组的谐波损耗因数 F_{HL} 表示由于谐波负载电流而产生的有效热量，其比率为式（8.17）中的 P_{EC}/P_{EC-0}：

$$F_{HL} = \frac{\sum_{h=1}^{h=h_{max}} \left[\frac{I_h}{I}\right]^2 h^2}{\sum_{h=1}^{h=h_{max}} \left[\frac{I_h}{I}\right]^2} \tag{8.18}$$

在式（8.18）中，方均根负载电流 I 被替换为 I_1，其中 I_1 是基波负载电流的方均根值：

$$F_{HL} = \frac{\sum_{h=1}^{h=h_{max}} \left[\frac{I_h}{I_1}\right]^2 h^2}{\sum_{h=1}^{h=h_{max}} \left[\frac{I_h}{I_1}\right]^2} \tag{8.19}$$

这表明无论是将 I 还是 I_1 标准化，F_{HL} 的计算都会得到相同的结果。

例8.2： 假设基波电流为 1500A，5 次谐波电流为 300A，7 次谐波电流为 200A，11 次谐波电流为 80A，13 次谐波电流为 50A。更高次谐波忽略不计。使用式（8.18）和式（8.19）计算 F_{HL}。

为使用式（8.18），首先标准化基波负载电流的方均根值。

计算基波负载电流的方均根值

$$I = \sqrt{1500^2 + 300^2 + 200^2 + 80^2 + 50^2} = 1545.61A$$

表 8.5 给出了计算结果，需注意比率 I_h/I 和进一步的计算。

$$F_{HL} = \frac{3.206332}{1.00} = 3.206$$

为使用式（8.19），将基波负载电流的方均根值标准化。表 8.6 给出了计算步骤。

$$F_{HL} = \frac{3.40307}{1.601735} = 3.2052$$

这样可以在计算误差内确认计算结果。

表8.5　归一化为负载电流的方均根值的谐波分布

h	I_h	I_h/I	$(I_h/I)^2$	h^2	$(I_h/I)^2h^2$
1	1500	0.97049	0.9418	1	0.9418
5	300	0.1941	0.03767	25	0.94185
7	200	0.1294	0.0167	49	0.82046
11	80	0.052	0.00267	121	0.32416
13	50	0.0323	0.0011	169	0.17685
Σ			1.0		3.206

表8.6　归一化为基波负载电流的谐波分布

h	I_h	I_h/I_1	$(I_h/I_1)^2$	h^2	$(I_h/I_1)^2h^2$
1	1500	1	1.0	1	1.0
5	300	0.2	0.04	25	1.0
7	200	0.1333	0.0178	49	0.8722
11	80	0.0533	0.00284	121	0.3436
13	50	0.0333	0.00111	169	0.1876
Σ			1.061		3.4034

8.4.4　其他杂散损耗的谐波损耗因数

干式变压器：对于干式变压器，由于其他杂散损耗产生的热量不是考虑因素，因为产生的热量通过冷却空气散失。

液浸变压器：在液浸变压器中，其他杂散损耗不能被忽略：

$$P_{OSL} = P_{OSL-R} \times \sum_{h=1}^{h=max} \left(\frac{I_h}{I_1}\right)^2 h^{0.8} \tag{8.20}$$

式中，P_{OSL-R} 是在额定情况下的其他杂散损耗。

其他杂散损耗的谐波损耗因数可写为与式（8.18）类似：

$$F_{HL-STR} = \frac{\sum_{h=1}^{h=h_{max}} \left[\frac{I_h}{I}\right]^2 h^{0.8}}{\sum_{h=1}^{h=h_{max}} \left[\frac{I_h}{I}\right]^2} \tag{8.21}$$

I 可以替换为式（8.19）中的 I_1，可以获得相同的结果。

8.4.5　干式变压器的计算

当 $P_{OSL}=0$ 时，假定所有的杂散损耗都发生在绕组中。P_{LL} 可以写为

$$P_{LL(pu)} = \sum_{h=1}^{h=max} I^2_{(pu)} \times (1 + F_{HL}P_{EC-R(pu)})pu \tag{8.22}$$

为了调整每个绕组中的单位损耗密度，必须清楚 F_{HL} 对每个绕组的影响。干式变压器的非正弦电流的 pu 值，使式（8.22）的结果等于额定频率和额定电流在最高损耗区域中的损耗密度的设计值，由下式给出：

$$I_{max(pu)} = \left[\frac{P_{LL-R(pu)}}{1 + [F_{HL} \times P_{EC-R(pu)}]}\right]^{1/2} \tag{8.23}$$

P_{EC-R} 的计算可以从变压器测试数据中得出。最大涡流损耗密度假设为绕组平均值的400%。绕组间涡流损耗分类如下：

- 所有自冷等级小于1000A的变压器，不计匝数比，其内部绕组占60%和外部绕组占40%。
- 所有匝数比为4:1或以下的变压器，其内部绕组占60%和外部绕组占40%。
- 所有匝数比大于4:1，并且有一个或者多个最大自冷额定值大于1000A的变压器，其内部绕组占70%和外部绕组占30%。
- 假设每个绕组内涡流损耗分布是不均匀的。

负载损耗的杂散损耗分量由下式计算得出：

$$P_{TSL-R} = 总负载损耗 - 铜损$$
$$= P_{LL} - K\left[I_{(1-R)}^2 R_1 + I_{(2-R)}^2 R_2\right] \tag{8.24}$$

式中，R_1 和 R_2 是在绕组端子（即 H_1 和 H_2 或 X_1 和 X_2）处测量的电阻，不应与每相的绕组电阻混淆。单相变压器中，$K=1$；三相变压器中，$K=1.5$。

假设干式变压器共有67%的杂散损耗为绕组涡流损耗：

$$P_{EC-R} = 0.67 P_{TSL-R} \tag{8.25}$$

假设总杂散损耗的33%为液浸式绕组涡流损耗：

$$P_{EC-R} = 0.33 P_{TSL-R} \tag{8.26}$$

其他杂散损耗为

$$P_{OSL-R} = P_{TSL-R} - P_{EC-R} \tag{8.27}$$

因为低压绕组是内部绕组，所以最大 P_{EC-R} 为

$$\max P_{EC-R(pu)} = \frac{K_1 P_{EC-R}}{K(I_{(2-R)})^2 R_2}pu \tag{8.28}$$

式中，K_1 是内部绕组中涡流损耗的分度，等于0.6或0.7，乘以最大涡流损耗密度4.0pu，即2.4或2.8，取决于变压器匝数比和电流额定值；K 已根据相数定义。

例8.3：$13.8 \sim 2.4kV$、3000kVA的 $\triangle - Y$ 联结的干式隔离变压器，以基频电流 I_1 的百分比形式为非线性负载提供以下电流谱。

$I_1 = 1$，$I_5 = 0.20$，$I_7 = 0.125$，$I_{11} = 0.084$，$I_{13} = 0.07$，$I_{17} = 0.05$，$I_{19} = 0.04$，$I_{23} = 0.03$，$I_{25} = 0.025$

计算变压器是否由于谐波电流频率而过载。以下数据由制造商提供：在提供额定满载电流时，$R_1 = 1.052\Omega$，$R_2 = 0.0159\Omega$，在75℃时，总负载损耗为3900W。

变压器的额定基频电流为721.7A。13.8kV的一次绕组采用三角形联结。因此，在13.8kV基频线电流为125.5A。基频绕组的铜损为

$$1.5\left[(1.052)(125.5)^2 + (0.0159)(721.71)^2\right] = 37229.3W$$

损耗数据为

$$P_{TSL-R} = 39000 - 37229.3 = 1770.7W$$

由于变压器匝数比大于4:1，二次绕组电流小于1000A，则绕组涡流损耗为

$$P_{EC-R} = 1770.7 \times 0.67 = 1186.4W$$

变压器的匝数比大于4:1，但二次电流小于1000A。由式（8.28）得出最大 $P_{EC-Rmax}$ 为

$$P_{EC-Rmax} = \frac{2.4 \times 1186.4}{1.5(0.0159)(721.7)^2} = 0.2254pu$$

表8.7是基于721.7A的变压器基波电流，作为基准电流而构建的，计算步骤显而易见：

$$F_{HL} = 6.6149/1.0732 = 6.164$$
$$P_{LL(pu)} = 1.0732 \times (1 + 0.2254 \times 6.164) = 2.5643$$

表8.7 谐波负载引起的干式变压器降额计算

h	I_h/I_1	$(I_h/I_1)^2$	h^2	$(I_h/I_1)^2 h^2$
1	2	3	4	5
1	1	1.0	1.0	1.0
5	0.2	0.04	25	1.00
7	0.125	0.0156	49	0.766
11	0.084	0.0071	121	0.854
13	0.07	0.0049	169	0.8281
17	0.05	0.0025	289	0.7225
19	0.04	0.0016	361	0.5776
23	0.03	0.0009	529	0.4761
25	0.025	0.00063	625	0.3906
Σ		1.0732		6.6149

那么，由式（8.23）得出非正弦电流的最大允许值是

$$I_{max(pu)} = \sqrt{\frac{1.2254}{1 + 6.164 \times 0.2254}} = 0.716pu$$

因此，具有给定非正弦负载电流谐波成分的变压器能力约为 721.7 × 0.716 = 516.74A。

8.4.6 液浸变压器的计算

在不考虑所有杂散损耗影响的情况下，液浸变压器类似于干式变压器。对于自冷 OA（ONAN）模式，顶部油温升高超过环境温度，由下式给出：

$$\theta_{TO} = \theta_{TO-R} \left[\frac{P_{LL} + P_{NL}}{P_{LL-R} + P_{NL}} \right]^{0.8} ℃ \tag{8.29}$$

式中，θ_{TO-R}是超过环境低压条件的顶部油温升高值；P_{NL}是空载损耗；P_{LL}是额定条件下的负载损耗，且

$$P_{LL} = P + F_{HL}P_{EC} + F_{HL-STR}P_{OSL} \tag{8.30}$$

式中，F_{HL-STR}是其他杂散损耗的谐波损耗因数；P是负载损耗的I^2R部分。

绕组最热点导体的上升值为

$$\theta_g = \theta_{g-R} \left(\frac{1 + F_{HL}P_{EC-R(pu)}}{1 + P_{EC-R(pu)}} \right)^{0.8} \tag{8.31}$$

式中，θ_g和θ_{g-R}分别是在谐波负载和低劣条件下最热点导体在顶部油温的上升值。

对于液浸变压器，式（8.31）变为

$$\theta_{gl} = \theta_{gl-R} \left(\frac{1 + 2.4F_{HL}P_{EC-R(pu)}}{1 + 2.4P_{EC-R(pu)}} \right)^{0.8} ℃ \tag{8.32}$$

或者

$$\theta_{gl} = \theta_{gl-R} \left(\frac{1 + 2.8F_{HL}P_{EC-R(pu)}}{1 + 2.8P_{EC-R(pu)}} \right)^{0.8} ℃ \tag{8.33}$$

式中，θ_{gl}是最热点高压导体在顶部油温的上升值；θ_{gl-R}是低额定条件下最热点高压导体在顶部油温的上升值。

例8.4：13.8 ~ 4.16kV、2500kVA、△ − Y 联结的三相变压器 ONAN 受以下谐波电流谱（pu）的影响，用 4.16kV 下变压器满载电流 346.97A 来计算：

$$I_1 = 1, \ I_5 = 0.65, \ I_7 = 0.40, \ I_{11} = 0.07, \ I_{13} = 0.05, \ I_{17} = 0.04, \ I_{19} = 0.025$$

需要计算最高油温上升值和绕组最热点导体上升值。供应商提供的数据是

$$空载损耗 = 5000W$$
$$R_1 = 1.01\Omega$$
$$R_2 = 0.032\Omega$$

总负载损耗 = 25600W（全负载，75℃）。

满载铜损是

$$1.5[(1.01)(104.6)^2 + (0.032)(346.97)^2] = 22354.5W$$

那么

$$P_{TSL-R} = 25600 - 22354.5 = 3245.5$$
$$P_{EC-R} = 3245.5 \times 0.33 = 1071.0W$$
$$P_{OSL-R} = P_{TSL-R} - P_{EC-R} = 3245.5 - 1071.0 = 2174.5W$$

假设以下温度上升对额定 55℃ 的变压器来说是正常的：

$$高压和低压绕组平均值 = 55℃$$
$$最高油温上升值 = 55℃$$
$$最热点导体上升值 = 65℃$$

表 8.8　谐波负载引起的液浸变压器降额的计算

h	I_h/I_1	$(I_h/I_1)^2$	h^2	$(I_h/I_1)^2 h^2$	$h^{0.8}$	$(I_h/I_1)^2 h^2$
1	2	3	4	5		5
1	1	1.0	1.0	1.0	1.0	1.0
5	0.65	0.422	25	10.56	3.62	1.60
7	0.40	0.160	49	7.84	4.74	0.758
11	0.07	0.0049	121	0.5929	6.81	0.0334
13	0.05	0.0025	169	0.4225	7.78	0.0194
17	0.04	0.0016	289	0.4624	9.65	0.0154
19	0.025	0.000625	361	0.2256	10.54	0.0066
Σ		1.592		21.10		3.433

表 8.9　例 8.4 中液浸变压器的损耗的计算

损耗类型	额定损耗/W	负载损耗/W	谐波乘数	修正损耗/W
空载	5000	5000		5000
铜	22354.5	22577.5		22577.5
绕组涡流	1071.0	1082.06	13.254	14337.0
其他杂散	2174.2	2195.9	2.156	4734.4
总计	30600			46649

从表 8.8 可以看出，谐波损耗因数为 13.254。其他杂散损耗的谐波损耗因数是第 7 列的总和除以第 3 列的总和 = 3.433/1.592 = 2.156。

如果我们假设变压器只能承受其额定值的 80%，必须根据实际负载情况调整损耗。这些计算见表 8.9。

从表 8.8 中可以看出，方均根电流等于第 3 列之和的二次方根，即 $\sqrt{1.592} = 1.2618$。总损耗必须调整以反映方均根电流和负载因数。因此，方均根电流修正为

$$P_{\text{LL}} = I_{\text{rms-pu}}^2 L_{\text{f}}^2 = 1.2618^2 \times 0.8^2 = 1.01$$

使用先前计算的谐波乘数来修正损耗，如表 8.9 所示。

因此，总损耗为 46649W。

那么，式（8.29）的最高油温是

$$\theta_{\text{TO}} = 55 \times \left(\frac{46649}{30600}\right)^{0.8} = 77.06℃$$

经过修正的方均根电流的内部绕组额定损耗为

$$1.01 \times 1.5(0.032)(346.97)^2 = 5836.4\text{W}$$

额定情况下的损耗 $= 5778.6\text{W}$。

低压绕组电流小于 1000A。假设绕组涡流损耗的 60% 在低压绕组中，最热区域的最大涡流损耗假设为平均涡流损耗的 4 倍。使用式（8.31）计算最高点导体在最高油温之上的上升值。

$$\theta_{\text{g}} = (65 - 55) \times \left(\frac{5836.4 + 14337 \times 2.4}{5778.6 + 1071 \times 2.4}\right)^{0.8} = 35.19℃$$

那么，最热点温度是 $77.06 + 35.19 = 112.25℃$。

这超出了最大值 65℃，并超出了 47.25℃。变压器在连续运行时，将损耗 80% 的负载因数。

如果变压器加载到 50%，那么

$$\text{总损耗} = 20523\text{W}$$

$$\theta_{\text{TO}} = 55 \times \left(\frac{20523}{30600}\right)^{0.8} = 39.9℃$$

且

$$\theta_{\text{g}} = (65 - 55) \times \left(\frac{2323 + 5707 \times 2.4}{5778.6 + 1071 \times 2.4}\right)^{0.8} = 16.84℃$$

那么，热点温度是 56.74℃。这是可以接受的。

因此，变压器能够提供约 56.7% 的额定负载。这种高的降额是由于频谱中的高谐波含量产生的。这表明，当提供非线性负载时，液浸变压器或风冷变压器不能被加载到基频额定值，并且在每种情况下都必须计算降额。

8.4.7　变压器的 UL K 因数

UL（美国保险商实验室）标准[20,21]规定了承载非正弦负载时变压器降额（K 因数）。UL 定义的 K 因数为

$$K \text{ 因数} = \sum_{h=1}^{h=h_{\max}} I_{h\text{-pu}}^2 h^2 \tag{8.34}$$

K 因数的 UL 定义是基于在之前公式中计算每单位电流时使用的变压器额定电流：

$$K \text{ 因数} = \frac{1}{I_1^2} \sum_{h=1}^{h=h_{\max}} I_{h\text{-pu}}^2 h^2 \tag{8.35}$$

这可以表示为

$$K \text{ 因数} = \left(\frac{\sum_{h=1}^{h=\max} I_h^2}{I_1^2}\right) F_{\text{HL}} \tag{8.36}$$

谐波损耗因数是谐波电流分布的函数，与其相对大小无关。UL K 因数取决于谐波电流的大小和分布。对于具有按额定变压器二次电流（pu）规定的谐波电流的新变压器，K 因数和谐波损耗因数将具有相同的数值。也就是说，只有当谐波电流总和的二次方根等于变压器的额定二次电流时，K 因数才等于谐波因数。

ANSI/IEEE 推荐的降额和 UL K 因数有明显差异。如果变压器的涡流损耗为 3%，K 因数为 5，则涡流损耗增加 3% × 5 = 15%。UL 降额忽略涡流损耗梯度。图 8.11 为使用 ANSI 方法计算 6 脉冲谐波电流谱，由此得出更高的降额，假设谐波的理论幅值为 $1/h$，K 因数负载约为 9。

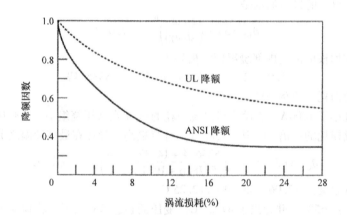

图 8.11 采用 ANSI 法和 UL K 因数时，变压器降额因数随涡流损耗的变化

例 8.5：计算例 8.1 的变压器负载谐波谱的 UL K 因数。

从表 8.7 可以看出，需要使变压器 UL K 因数 = 6.164/1.07 = 5.76K，这样才能提供 100% 的电子负载（可能由 SMP 电源组成）。

8.4.8　变压器浪涌电流

如果电容器和变压器同时切换，则浪涌电流可能会增加，并且在特定频率上可能发生谐振[22-25]。

例 8.6：图 8.12 给出了 20MVA 变压器与空载变压器二次侧 5Mvar 电容器组同时切换的配置。该配置中浪涌电流的 EMTP 仿真结果如图 8.13 所示。所产生的浪涌瞬变即使在 1s 后也不会快速衰减。变压器的浪涌电流通常持续 0.1～0.2s，如图 3.8b 所示。

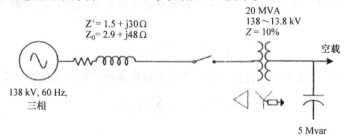

图 8.12　二次绕组上带有 5Mvar 电容器组和
20MVA 变压器同时切换的系统配置

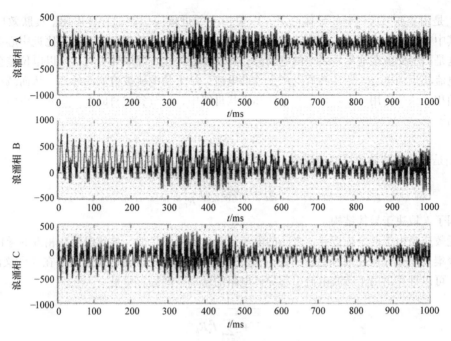

图 8.13 图 8.12 中开关瞬态的 EMTP 仿真结果

8.5 电缆

导体中的非正弦电流导致额外损耗。交流导体电阻由于集肤效应和邻近效应而改变。这两种效应都取决于频率、导体尺寸、电缆结构和间距。即使在 60Hz，导体的交流电阻也高于直流电阻（表 8.10）。谐波电流使这些效应更为显著。交流电阻由下式得出：

表 8.10 AC/DC 电阻比率

导体尺寸	5～15kV 无铅屏蔽电缆线，相同金属管道中的三相同心导线	
（KCMIL 或 AWG）	铜	铝
1000	1.36	1.17
900	1.30	1.14
800	1.24	1.11
750	1.22	1.10
700	1.19	1.09
600	1.14	1.07
500	1.10	1.05
400	1.07	1.03
350	1.05	1.03
300	1.04	1.02
250	1.03	1.01
4/0	1.02	1.01
3/0	1.01	<1%
2/0	1.01	<1%

$$\frac{R_{AC}}{R_{DC}} = 1 + Y_{cs} + Y_{cp} \qquad (8.37)$$

式中，Y_{cs}是由集肤效应引起的导体电阻；Y_{cp}是由于邻近效应引起的导体电阻。集肤效应是交流现象，其中整个导体横截面中的电流密度不均匀，并且导体的外表面电流密度比近中心电流密度更大。这是因为交流磁通导致感应的电动势，其在中心处比在圆周处更大，所以电位差会产生与中心主电流相反的电流，并在圆周上产生辅助电流。结果是电流被迫流向外部，从而减小了导体的有效面积。该效应用于大容量空心导体和管状母线中，以节省材料成本。集肤效应由参考文献 [26] 得出

$$Y_{cs} = F(x_s) \tag{8.38}$$

式中，Y_{cs}是导体集肤效应损耗造成的；$F(x_s)$是集肤效应函数：

$$x_s = 0.875 \sqrt{f \frac{k_s}{R_{DC}}} \tag{8.39}$$

式中，因子k_s取决于导体结构。

邻近效应是由于两个临近导体之间的电流分布畸变而发生的，导致电流在相近的导体和母线上部分聚集（电流流向正向和返回路径）。用于计算邻近效应的表达式和图表在参考文献 [26] 中给出。可以计算出由于谐波电流引起导体电阻的增加，降额容量是

$$\frac{1}{1 + \sum_{h=1}^{h=\max} I_h^2 R_h} \tag{8.40}$$

式中，I_h是谐波电流；R_h是谐波电阻和导体直流电阻之比。

对于典型的 6 脉冲谐波谱，根据电缆尺寸，降额为 3% ~ 6% ，如图 8.14[27] 所示。这种处理没有考虑谐波谐振条件。包含谐波谐振的电缆可能会受过电压和电晕以及可能的损坏的影响。

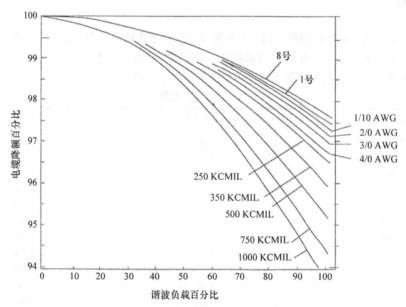

图 8.14　6 脉冲电流源换流器的电缆降额

8.6　电容器

谐波对电容器的主要影响是谐振会与负载产生的谐波一同发生。有关电力系统中电容器的进

一步讨论和放置问题请参见第 9 章和有关文献。

8.7　电压凹陷

　　换相凹陷如图 4.10 所示。这是由第 4 章中讨论的换相产生的。在整流桥连接的母线上，电压将降至 0。正常的大短路电流在短暂的换相期间不流动。图 8.15 更详细地显示了过零点和振荡，并且阐述了具有多个过零点的电压波形。许多电子设备使用波形交叉来检测频率或用作生成触发延迟角的参考。这些设备包括定时器、家用时钟和 UPS（不间断电源）系统。使用反余弦型控制电路的许多控制器易受过零影响。发电机的自动电压调节器是另一个例子。触发延迟角的控制以及直流电压和励磁将受到影响。使用整流器前端的所有驱动器都可能受影响，并可能发生变换器故障。线路谐波有可能会影响磁性设备和外围设备的精度和操作。还要注意的是由电感 – 电容耦合造成的振荡。电容可以是功率因数校正电容器或电缆间的电容。该振荡的频率范围为 5~50kHz，可以通过电力线与电话线的耦合（三相中的互感可能不相同）连接到通信电路。如果触发延迟角大，接近电压波峰，如图 8.15 所示，系统会遭受过电压和绝缘应力。高 dv/dt 也会影响绝缘系统、固态器件的故障和电磁干扰（EMI）。

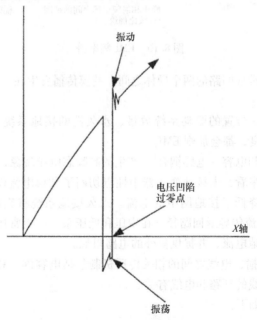

图 8.15　具有较大触发延迟角及振荡电压波峰的电压凹陷过零点

　　IEEE 关于电压凹陷的限制和计算示例参见第 10 章。

8.8　电磁干扰

　　由 BJT（双极结型晶体管）、IGBT（绝缘栅双极型晶体管）和高频 PWM 系统等开关设备产生的干扰以及由变换器引起的电压凹陷，会产生高频转换谐波。此外，由于开关的换相动作，上升和下降时间缩短为 $0.5\mu s$ 或更短。无线电频率范围内以 10kHz 和 1GHz 间的阻尼振荡形式产生了足够的能量。我们利用频率来定义以下 EMI 的近似分类：

低于 60Hz：次谐波；

60Hz ~ 2kHz：谐波；

16 ~ 20kHz：噪声；

20 ~ 150kHz：声波和射频干扰之间的范围；

150kHz ~ 30MHz：传导射频干扰；

30MHz ~ 1GHz：辐射干扰。

图 8.16 显示了 EMI 频率谱。高频干扰称为 EMI。辐射以电磁波的形式在自由空间中传播，而传导则通过电力线传输，特别是在配电层。传导 EMI 远高于辐射噪声。传导 EMI 的两种模式：

- 对称模式或差模；
- 非对称模式或共模。

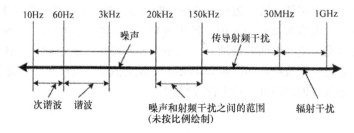

图 8.16　EMI 频率谱

差模传播发生在形成常规回路的两个导体之间，共模传播发生在一组导体和接地导体或其他导体组之间。

由于更高的电压、同一位置的驱动系统数量、永久性的接地系统、电动机引线长于 100ft、PLC 数字通信以及接地不良，都会加剧 EMI。

由于电弧接地的现象和电容 – 电感耦合[25]产生的高瞬态电压现象，使未接地系统越来越少。然而，从驱动系统的角度来看，未接地变压器中性点切断了共模电流流回 ASD 输入端的返回路径。因此，共模噪声大大降低了接地网中的电流。永久接地系统将完成从 ASD 输出到接地网，又流回 ASD 的共模噪声电流传导返回路径。在中压和低压系统中更常用的 HRG（高阻接地）系统确实大大降低了共模接地电流，并提供额外的电路阻尼。

传导 EMI 通过电线传播，电线之间的相关传播机制包括电容耦合和电感耦合，如图 8.17[28]所示。辐射现象与作为天线的环路和电线有关。

EMI 研究的主要方向如下：

- EMI 的产生；
- EMI 耦合机制；
- EMI 减轻；
- EMI 对设备的影响；
- EMI 建模；
- EMI 标准和检测方法。

参考文献［29］讨论了现代 PWM 驱动器的相关内容，并提供了 53 个参考文献供进一步阅读。共模噪声是最难减弱的。开关设备高 dv/dt 激励变压器绕组和散热器的寄生电容产生共模电流流动。差模噪声是由等效串联电感两端的感应电压以及输入和输出电压电容器的电阻引起的。6 阶 PWM 波形的共模电压谱和差模电压谱如图 8.18a 和 b[29]所示。开关频率 $f_c = 500Hz$，脉冲上

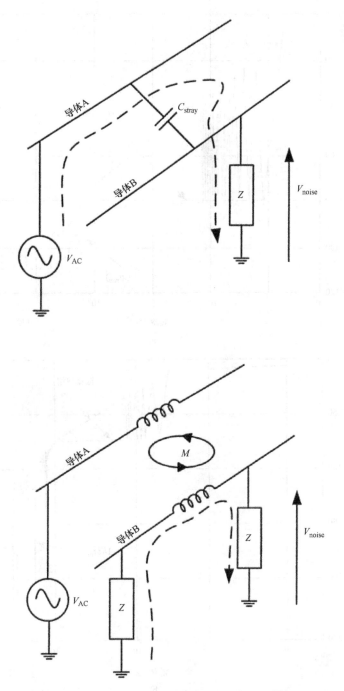

图 8.17　电容与电感耦合引起的导体噪声[28]

升时间 = 200ns。频谱被归一化为直流母线值。可以看到以驱动器 f_c 为中心的 EMI 分量和 f_c 谐波。

频率在几千赫兹左右的噪声可能会影响视听设备和电子钟。预防措施有屏蔽和适当的过滤。雷电浪涌、电弧型故障、断路器和熔断器的操作也可产生 EMI。屏蔽电缆、接地和滤波器设计是一些可以限制 EMI 的技术。对于有效的 EMI 滤波器设计，必须将相电流和中性点电流分解为差

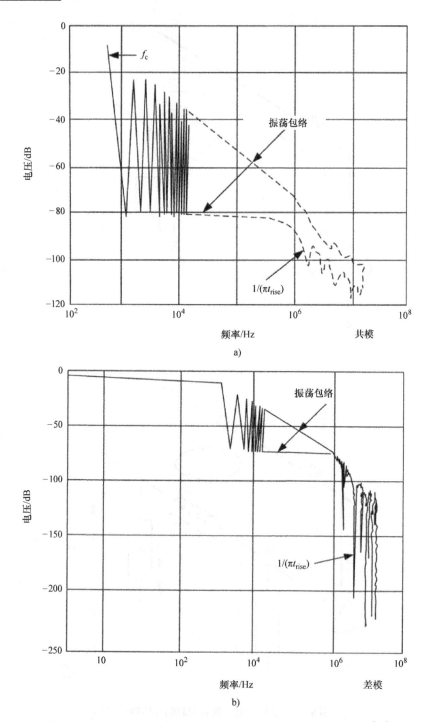

图 8.18　a) ASD 输出的共模电压谱；b) ASD 输出的差模电压谱[29]

模和共模电流。避免技术如下：

- 适当低频和高频接地；
- 屏蔽电缆，屏蔽敏感设备的噪声；
- 减弱噪声来源；

- 捕获噪声并将噪声返回到源头。

图 8.19 显示了用于 PFC（功率因数控制）的共模和差模滤波器[28]。

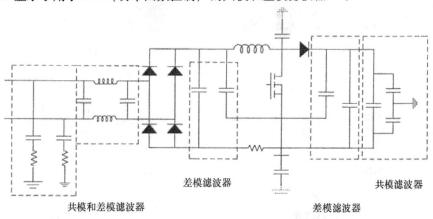

图 8.19　PFC 的共模和差模滤波器[28]

8.8.1　FCC 规范

FCC 标准［1，pt. 15，subpt J］用来规范与其他设备连接的计算机。计算设备的定义是一种电子设备，它产生或使用大于 10kHz 时钟频率的定时信号。它定义了辐射（30～1000MHz）和传导干扰（0.45～30MHz）。主要的问题是传导干扰。对于驱动系统，如果不使用大于 10kHz 的振荡器，则不受 FCC 规范的限制。

8.9　中性点过载

图 4.19 显示了开关电源的线电流以脉冲形式流动。此外，PBM 技术会产生中性点电流。在低电流水平下，脉冲在三相系统中是不重叠的，也就是三相系统中只有一相在任一时刻都有电流。唯一的返回路径是通过中性点，因此中性点可以承载三相的总电流（图 8.20）。那么

$$I_{\text{phase}} = (1.0 + 0.7^2)^{1/2} = 1.22$$
$$I_{\text{neutral}} = (0.7 + 0.7 + 0.7) = 2.1$$
$$\frac{I_{\text{neutral}}}{I_{\text{phase}}} = 1.72 \tag{8.41}$$

因此，中性点电流的方均根值为线电流的 172%。随着负载的增加，中性点上的脉冲重叠并且中性点电流占线电流的百分比降低。3 次谐波是中性点电流的主要贡献者；其他 3 倍次谐波的贡献微乎其微。在平衡的星形联结系统中，至少需要 33% 的 3 次谐波才能产生 100% 的中性点电流。

计算中性点方均根电流的近似表达式为

$$I_{\text{rms,neutral}} = 3\sqrt{\frac{0.5P_{\text{nl}}^2}{1 + 0.5P_{\text{nl}}^2}} I_{\text{rms,phase}} \tag{8.42}$$

这是基于以下假设：电路负载是平衡的，非线性负载是总负载的分量 P_{nl}，负载电流具有基波 70% 的 3 次谐波分量。图 8.21 为中性点电流占电子负载的百分比。

NFPA（美国消防协会）发布的 NEC（美国国家电气规程）[30]建议，如果负载的主要部分是

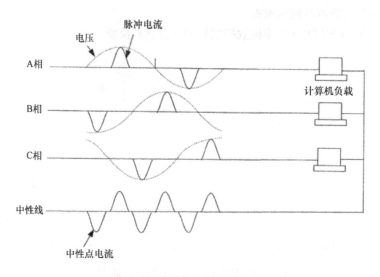

图 8.20 具有单相非线性负载的三相四线系统内的中性点电流

非线性负载，则中性线应视为载流导体。通常，NEC 中规定了相导体相比中性线截面是减少的。在某些安装中，中性点电流可能会超过最大相电流。单相分支电路可以针对每相使用单独的中性点运行，而不是使用具有共享中性点的多线分支电路。

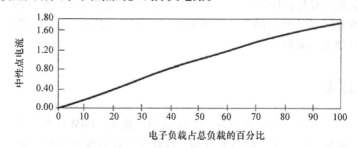

图 8.21 中性点电流占电子负载的百分比

图 8.22 说明流经地面的中性点电流可能会使变电站出现问题，在变电站中，中性点电流必须返回中性点连接。变电站附近可能会产生高杂散电场，接地故障继电器可能会误动作。另一个问题是配电变压器可能由于中性点电流的流动而过热。在铁心型变压器中，零序电流的返回路径通过油箱壁，可能会引起热点。

为脉冲电源负载供电的三相四线星形联结变压器连接的曲折形或三角形 – 星形联结变压器将充当零序陷阱。

8.10 保护继电器和保护仪表

谐波可能会导致继电器有害操作。取决于波峰电压和（或）电流或电压零点的继电器受到波形谐波畸变的影响。过大的 3 次谐波零序电流可能导致接地继电器的误跳闸。加拿大的一项研究[31]记录了以下影响：

1）继电器表现出运行速度较慢和（或）具有较高的吸合值趋势，而不是更快地运行和（或）具有较低的吸合值趋势。

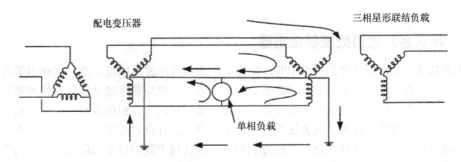

流经地面和中性点的3次谐波电流

图 8.22　由于单相负载，流经地面和中性点的 3 次谐波电流

2）静态低频继电器易受操作特性中实质性变化的影响。

3）大多数情况下，在正常运行期间，操作特性在适度的畸变率范围内变化很小。

4）根据制造商的要求，过电流和过电压继电器在运行特性方面表现出各种变化。

5）根据谐波含量，继电器的工作转矩可以反向。

6）运行时间会随着计量数量中的频率组合而变化很大。

7）平衡杆式远距继电器可以表现出欠范围和超范围。

8）谐波可能会损害高速差动继电器的运行。

9）将阻抗继电器设置为基频阻抗。在故障条件下进行谐波处理可能会导致测量误差。

通常需要 10% ～20% 的谐波水平才能引起继电器操作问题。这些水平远远高于电力系统所能承受的水平。参考文献 [31] 指出，由于所使用的继电器种类不同以及可能发生具有畸变性质的变化，即使仅讨论 6 脉冲和 12 脉冲变换器也不能完全定义继电器响应。不仅谐波大小和主要谐波次数有所不同，相对的相角也会变化。继电器对具有相同特征幅值但相角不同的两个波形会产生不同的响应。

非正弦电流波形对机电和固态继电器影响的具体研究可见参考文献 [32]。其中包括对制造商特定的感应模式继电器和固态继电器的调查。操作模拟了 33.33% 的 3 次谐波、20% 的 5 次谐波和 14.3% 的 7 次谐波的波形。感应模式继电器设置吸合值为 1A，时间刻度为 1，在吸合电流 1.3 倍的情况下操作速度提高 54%，在吸合电流 3 倍的情况下操作速度提高 15.4%，在吸合电流 6 倍的情况下操作速度提高 4.4%，在吸合电流 8 倍的情况下操作速度提高 3.5%。当施加的复合波等效方均根电流为 1.0823A 时，运行时间产生差异。50Hz 及 3 次、5 次和 7 次谐波电流和等效方均根电流下的固态继电器的跳闸时间变化很大。

表 8.11 为不同继电器类型的测试结果[33]。

表 8.11　测试结果——谐波对保护继电器动作的影响

计量装置	单频输入的近似吸合值	混合频率输入的近似吸合值
拍合	$\alpha\sqrt{f}$（可能频跳）	稍高于方均根吸合值
感应盘（过载电流）	随频率增加	基本保持不变
感应盘（相不平衡）	120Hz、180Hz 时，低于 15%；高于 540Hz 时，为 15% ～30%	基本保持不变
负序过电流	$\alpha\sqrt{f}$	基本保持不变
汽缸（方向）	αf	稍高
汽缸（母线差动）	αf^2	稍高
汽缸（欠电压）	$\alpha f^{0.85}$	相同基波吸合值
有极（变压器差动）	$\alpha f^{0.25}$	稍高
有极（谐波抑制）	第 2s 限制，超过第 2s 减少	第 2s 限制
微处理器（异步采样）	不变	方均根响应

8.10.1 现代多功能微处理器继电器

现代多功能微处理器继电器（MMPR）是使用电流和电压波形的滤波器。它利用了各种测量技术——数字采样、数字滤波、异步采样和方均根值测量。使用数字滤波器的微处理器继电器不受谐波影响，因为它可以从波形中提取基波。使用异步采样的方均根值测量直接测量输入电流的方均根值，并将其视为工作量。该方法不使用数字滤波器，并且对波形进行足够的采样次数以说明更高的频率情况。对每个样本进行二次方和相加，并且每个周期样本和的二次方根的平均值作为方均根值。这导致计算负担高，并且处理时间受每个周期所需样本数量的限制。

相关观察结果表明，机电继电器不再适用于工业应用。从保护继电器方面来讲就有许多限制，例如，固定的时间－电流特性、较高的维护和校准成本以及由于移动部件而导致的停机时间。与此相反，基于微处理器的继电器具有可编程特性、故障诊断、通信和计量功能。

8.10.2 计量和仪表

计量和仪表会受到谐波的影响。与谐振近似，高次谐波电压会引起显著的误差。20%的5次谐波含量会在二元件三相功率传感器中产生10%～15%误差。根据仪表的类型，谐波导致的误差可以是正、负，或3次谐波较小。机电式千瓦时仪表会将消费者产生的ASD谐波值读高。谐波的存在降低了功率因数表的读数。

无论波形如何，固态仪器都只会测量真实的功率。只要谐波在仪器的工作带宽内，现代方均根感应电压表和电流表实际上就不受波形畸变的影响。在存在谐波的情况下，以方均根值校准的平均值和峰值读数仪表不适用。

8.11 断路器和熔丝

谐波分量会影响电路断路器的电流中断能力。电流零点处的高 di/dt 会使中断过程更加困难。用于6脉冲变换器的图4.7显示了电流零点的扩展，当前零点的 di/dt 非常高。行业中没有明确的降额标准。一种方法是假设所讨论的谐波与基波同相[31]，根据基频中断额定值达到断路器的最大 di/dt，然后将其转换为最大谐波电平。

根据一家制造商公布的数据，表8.12说明在使用高频正弦波电流时，塑壳断路器的电流承载能力会降低。对较大断路器的影响可能更严重，因为这一现象的产生也与集肤效应和邻近效应有关。

表8.12 塑壳断路器在40℃温升下的载流能力（%）下降

断路器大小	正弦电流/A	
	300Hz	420Hz
70A	9	11
225A	14	20

注：在厂商提供数据的基础上得出。

谐波将降低熔丝的载流能力，也可以改变时间－电流特性，熔化时间也会发生变化。谐波也会影响熔丝的中断额定值。在自然点过零前，迫使电流降为零可能会使限流熔断器产生的瞬态过电压过大。这可能会导致电涌放电器操作和电容器故障。

用于电容切换的断路器应为"专用"断路器。

8.12 电话干扰系数

我们在第 1 章中讨论了电话干扰系数（TIF），见式（1.21）~ 式（1.24）。谐波电流和电压可能会产生影响通信系统性能的电场和磁场。由于近似性，将会与通信系统电感耦合。通过对表示音频通信干扰的各种谐波频率进行测试建立了相对权重。这是基于 1kHz 注入的相同信号产生的干扰相对于谐波频率信号注入产生的干扰。TIF 加权因子是 C 信息加权特征和电容器的组合，C 消息加权特征考虑了语音带中各种频率的相对干扰效应，电容器产生了与频率成正比的加权，从而考虑了假定的耦合函数[31]。它是表示波形而不是表示幅值的无量纲量。

式（1.21）中包含的信号只是正序或负序信号时，将使用术语"平衡"；当式（1.21）中包含零序信号时，将使用术语"残差"：

$$TIF = \sqrt{TIF_r^2 + TIF_b^2} \tag{8.43}$$

可将 TIF 电流或电压写为

$$\frac{\sqrt{\sum X_f^2 W_f^2}}{X_t} \tag{8.44}$$

式中，X_f 是单频电流或电压；X_t 是总电压或电流。

反映 C 信息加权并归一化为 1kHz 的耦合的 TIF 加权函数由式（1.24）给出，在此重复等式：

$$W_f = 5 P_f f \tag{8.45}$$

式中，P_f 是频率 f 的 C 信息加权。如 1kHz 的 TIF 加权是

$$W_f = (5)(1)(1000) = 5000 \tag{8.46}$$

因为 C 信息衰减为 1。

因此，C 信息指数定义为

$$C_I = \frac{\sqrt{\sum_{h=1}^{h=max} c_h^2 I_h^2}}{I_{rms}}$$

$$C_V = \frac{\sqrt{\sum_{h=1}^{h=max} c_h^2 V_h^2}}{V_{rms}} \tag{8.47}$$

式中，c_h 是除以谐波次数 h 的 5 倍加权因子。

单频 TIF 值列见表 8.13，并以图形方式呈现在图 8.23 中。在 2 ~ 3.5kHz 频率范围内，人为听力最敏感，而此范围加权值也很高。

表 8.13 1960 单频 TIF 值

频率	TIF	频率	TIF	频率	TIF	频率	TIF
60	0.5	1020	5100	1860	7820	3000	9670
180	30	1080	5400	1980	8330	3180	8740
300	225	1140	5630	2100	8830	3300	8090
360	400	1260	6050	2160	9080	3540	6730
420	650	1380	6370	2220	9330	3660	6130
540	1320	1440	6560	2340	9840	3900	4400
660	2260	1500	6680	2460	10340	4020	3700
720	2760	1620	6970	2580	10600	4260	2750
780	3360	1740	7320	2820	10210	4380	2190
900	4350	1800	7570	2940	9820	5000	840
1000	5000						

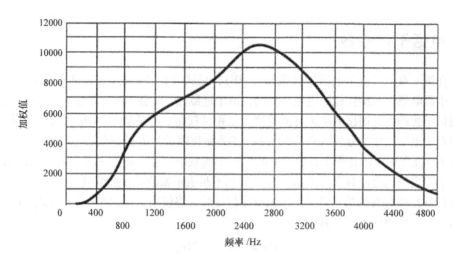

图 8.23 1960 TIF 加权值[31]

电话干扰通常表示为电流和 TIF 的乘积，即 IT 乘积，其中 I 是方均根电流（A）。或者表示为电压（kV）和 TIF 加权的乘积，即 kV－T 乘积：

$$IT = \text{TIF} \times I_{\text{rms}} \qquad VT = \text{TIF} \times V_{\text{rms}} \tag{8.48}$$

表 8.14[31] 给出了变换器安装的平衡 IT 指南。该值适用于在架空系统（电源和电话）之间暴露的电路。在工业厂房或商业建筑内，电力电缆和双绞电话线之间的干扰很小，通常不会产生干扰。电话线路特别容易受到接地回路电流的影响。

表 8.14 变换器联络线安装的平衡 IT 指南

类别	描述	IT
Ⅰ	不会造成干扰的等级	>10000
Ⅱ	可能会造成干扰的等级	10000～50000
Ⅲ	可能将造成干扰的等级	>50000

例 8.7：大型工业系统由专用的 115kV 母线供电，也被称为 PCC（见第 10 章）。115kV 时的三相对称短路电流为 30kA，50MVA 时负载需求为 251A。电厂负载 PCC 的谐波注入和 TIF 计算如表 8.15 所示。加权值在约 47 次谐波时达到最大，所有的高次谐波都是非常重要的。即使是可能存在的偶次和 3 倍次谐波（表 8.15 中未示出）也不应该被忽略。表 8.15 中的计算结果显示，IT 为 57879.4，大于 50000，并且可能发生干扰。TIF 为 230.03。IT 结果超出了类别 Ⅲ（表 8.14）。

8.12.1 噪声计加权

CCITT（国际电信联盟）给出的噪声计加权在欧洲广泛应用。C 信息加权和噪声计加权有细微差异。

干扰水平用电话形状系数（TFF）来描述，忽略了耦合的几何结构：

$$\text{TFF} = \sqrt{\sum_{h=1}^{h_{\text{max}}} \left(\frac{U_h F_h}{U} \right)^2} \tag{8.49}$$

式中

$$F_h = \frac{p_h h f}{800}$$

(8.50)

p_h是噪声计加权因子；f是50Hz基频；U_h是干扰电压h次谐波的分量；U是方均根电压。TFF要求的限制通常为1%。

表 8.15   TIF 计算（例 8.7）

谐波次数/频率	谐波电流/A	表 8.13 的 TIF 值	$X_f W_f$	$(X_f W_f)^2$
1/60	251	0.5	126	15 876
5/300	10	225	2250	5 062 500
7/420	9	650	5850	34 222 500
11/660	6	2260	13 560	183 873 600
13/780	5	3360	16 800	282 240 000
17/1020	4	5100	20 400	416 160 000
19/1140	4.2	5630	23 646	550 559 296
21/1260	4.0	6050	24 200	585 640 000
23/1380	2.2	6370	14 014	196 392 196
25/1500	1.9	6680	12 692	161 086 864
29/1740	1.8	7320	13 176	173 606 976
31/1860	1.8	7820	14 076	198 133 776
35/2100	1.3	8830	11 479	131 767 441
37/2220	1.2	9330	11 196	125 350 416
41/2460	1.2	10 340	12 408	153 958 464
43/2580	1.0	10 600	10 600	112 360 000
47/2820	1.0	10 210	10 210	104 244 100
49/2940	1.0	9820	9820	96 432 400

$IT = \sqrt{\sum (X_f W_f)^2} = 57\ 879.4$

$X_t = 251.62$

$TIF = 230.03$

CCITT建议电话电路上的总噪声计加权噪声的电动势应小于1mV；电话电路的特性阻抗为600Ω。终端电阻上的噪声计加权噪声应为0.5mV。CCITT还定义了等效干扰电流

$$I_p = \left(\frac{1}{p800}\right)\sqrt{\sum_f (h_f p_f I_f)^2}$$

(8.51)

式中，I_f是引起干扰的电流频率f的分量；P_f是频率f的噪声计加权因子；h_f是频率函数，并考虑线路之间的耦合类型。根据定义，$h_{800}=1$。

干扰可通过以下方式减少：

- 相位倍增（第6章）；
- 可以使用屏蔽和双绞线导体将接地回路电流的影响最小化；
- 公用变压器和换流变压器的电抗会影响换流器的换相电抗，这将导致换流器线端的 *IT* 乘积和 kVT 乘积随相位延迟角快速增加；
- 可应用串联和并联滤波器。

谐波的影响可以在产生点距离很远的地方感知。有时，要进行严谨的学习才能对此有一定的直觉。参考文献［31］详细说明了谐波问题的一些异常情况。这些是输电线路的自然谐振、变压器过励磁和零序电路中的谐波谐振，本书会做进一步讨论。

参 考 文 献

1. IEEE. A report prepared by Load Characteristics Task Force. "The effects of power system harmonics on power system equipment and loads," IEEE Transactions, vol. PAS 104, pp. 2555–2561, 1985.
2. J.F. Witte, F.P. DeCesaro, and S.R. Mendis. "Damaging long term overvoltages on industrial capacitor banks due to transformer energization inrush currents," IEEE Transactions of Industry Applications, vol. 30, no. 4, pp. 1107–1115, 1994.
3. NEMA. Motors and Generators, Parts 30 and 31, 1993. Standard MG-1.
4. IEEE. Working Group J5 of Rotating Machinery Protection subcommittee, Power System Relaying Committee. "The impact of large steel mill loads on power generating units," IEEE Transactions of Power Delivery, vol. 15, pp. 24–30, 2000.
5. ANSI. Synchronous generators, synchronous motors and synchronous machines in general, 1995. Standard C50.1.
6. ANSI. American standard requirements for cylindrical rotor synchronous generators, 1965. Standard C50.13.
7. M.D. Ross and J.W. Batchelor. "Operation of non-salient-pole type generators supplying a rectifier load," AIEE Transactions, vol. 62, pp. 667–670, 1943.
8. A.H. Bonnett. "Available insulation systems for PWM inverter fed motors," IEEE Industry Applications Magazine, no. 4, pp. 15–26, 1998.
9. G. Stone, S. Campbell, and S. Tetreault. "Inverter-fed drives: which stators are at risk?," IEEE Industry Applications Magazine, vol. 6, no. 5, pp. 17–22, 2000.
10. M. Hodowanec. "Proper application of motors operated on adjustable frequency control," IEEE Industry Applications Magazine, vol. 6, no. 5, pp. 41–46, 2000.
11. A. van Jouanne, P. Enjeti, and W. Gray. "Application issues for PWM Adjustable speed AC motor drives," IEEE Industry Applications Magazine, vol. 2, no. 5, pp. 10–18, 1996.
12. S. Bell and J. Sung. "Will your motor insulation survive a new adjustable frequency drive," IEEE Transactions of Industry Applications, vol. 33, pp. 1307–1311, 1997.
13. J.C. Das and R.H. Osman. "Grounding of AC and DC low-voltage and medium-voltage drive systems," IEEE Transactions on Industry Applications, vol. 34, pp. 205–216, 1998.
14. J.M. Bentley and P.J. Link. "Evaluation of motor power cables for PWM AC drives," IEEE Trans Industrial Applications, vol. 33, pp. 342–358, 1997.
15. D. Macdonald and W. Gary. "PWM drive related bearing failures," IEEE Industry Applications Magazine, vol. 5, no. 4, pp. 41–47, 1999.
16. P.J. Link. "Minimizing electric bearing currents in ASD systems," IEEE Industry Applications Magazine, vol. 5, no. 4, pp. 55–65, 1999.
17. J. Erdman, R. Kerman, D. Schlegel, and G. Skibinski. "Effect of PWM inverters on AC motor bearing currents and shaft voltages," IEEE Transactions of Industry Applications, vol. 32, pp. 250–259, 1996.
18. W. Zhou, B. Lu, T.G. Habetler, and R.G. Harley. "Incipient bearing fault detection via motor stator noise cancellation using Wiener filter," IEEE Transactions of Industry Applications, vol. 45, no. 4, pp. 1309–1316, 2009.

19. IEEE Standard C57.110. IEEE recommended practice for establishing liquid-filled and dry-type power and distribution transformer capability when supplying nonsinusoidal load currents, 2008.

20. UL. Dry-type general purpose and power transformers, 1994. Standard UL 1561.

21. UL. Transformers distribution, dry-type over 600V, 1994. Standard UL 1562.

22. R.S. Bayless, J.D. Selmen, D.E. Traux, and W.E. Reid. "Capacitor switching and transformer transients," IEEE Transactions PWRD, vol. 3, no. 1, pp. 349–357, 1988.

23. J.C. Das. "Analysis and control of large shunt capacitor bank switching transients," IEEE Transactions of Industry Applications, vol. 41, no. 6, pp. 1444–1451, 2005.

24. J.C. Das. "Surge transference through transformers," IEEE Industry Applications Magazine, vol. 9, no. 5, pp. 24–32, 2003.

25. J.C. Das. Transients in Electrical Systems, McGraw Hill, New York, 2011.

26. J.H. Neher and M.H. McGrath. "The calculation of the temperature rise and load capability of cable systems," AIEE Transactions, PAS, vol. 76, pp. 752–764, 1957.

27. A. Harnandani. "Calculations of cable ampacities including the effects of harmonics," IEEE Industry Applications Magazine, vol. 4, pp. 42–51, 1998.

28. L. Rossetto, P. Tenti, and A. Zuccato. "Electromagnetic compatibility issues in industrial equipment," IEEE Industry Application Magazine, vol. 5, no. 6, pp. 34–46, 1999.

29. G.L. Skibinski, J. Kerkman, and D. Schlegel. "EMI emissions of modern PWM ac drives," IEEE Industry Application Magazine, vol. 5, no. 6, pp. 47–80, 1999.

30. NFPA. National Electric Code 2009. NFPA 70.

31. IEEE Standard 519. IEEE Recommended Practice and Requirements for Harmonic Control in Electrical Systems, 1992.

32. P.M. Donohue and S. Islam. "The effect of non-sinusoidal current waveforms on electromechanical and solid state overcurrent relay operation," IEEE Transactions of Industry Applications, vol. 46, no. 6, pp. 2127–2133, 2010.

33. W.A. Elmore, C.A. Kramer, and S. Zocholl. "Effect of waveform distortion on protective relays," IEEE Transactions of Industry Applications, vol. 29, no. 2, pp. 404–411, 1993.

第 9 章 谐 波 谐 振

谐波谐振是影响系统谐波水平的主要因素。由于谐波谐振，负载产生的谐波可以被放大很多倍。在工业系统中，没有使用并联电容器组的谐振几乎可以被忽略，但在配电和输电系统中并不是这样。配电系统的频率响应受并联电容和系统电感的影响。在配电系统中会使用许多小型电容器组，这些电容器组会产生多个谐振频率。输电系统具有复杂的频率响应，对电缆、线路和变压器电容都必须建模。在输电系统上应用大型电容器和静态无功补偿器（SVC）是很常见的，导致切换时频率响应特性发生变化。

电力系统中的谐波谐振问题是不容忽视的，必须避免。谐波放大会导致设备升温，产生谐波转矩，引起保护装置误动作、电气设备降额、由过载引起的并联电容器损坏，并可能导致停机。

9.1 双端口网络

在谐波分析中，可得到网络的频率响应，它代表网络一定频率范围内的性能。利用频率响应可以得到系统谐振。为了显示频率响应，构建了阻抗幅值、相角和频率的关系图。双端口网络的表示如图 9.1a 和 b 所示。输出端可以接入阻抗，可以开路或短路。

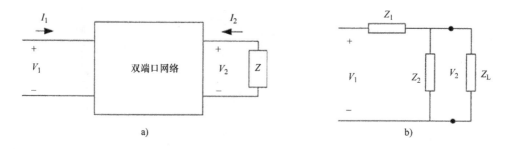

图 9.1　a）双端口网络；b）通用表示

我们为双端口网络定义以下参数：

$$Z_{in} = \frac{1}{Y_{in}} = H_z = \frac{V_1}{I_1}$$

$$H_v = \frac{V_2}{V_1} = \frac{Z'}{Z_1 + Z'}$$

$$V_2 = \frac{Z'}{Z_1 + Z'} V_1 \tag{9.1}$$

式中

$$Z' = \frac{Z_2 Z_L}{(Z_2 + Z_L)}$$

$$H_i = \frac{I_2}{I_1}$$

$$Z_{tr} = \frac{V_2}{I_1} \text{或} \frac{V_1}{I_2} \tag{9.2}$$

Z_{in} 和 Z_{tr} 分别是输入阻抗和传输阻抗；函数 H 称为网络函数或传递函数。这些都是频率实际变量的复杂函数（见表9.1的传递函数）。

表9.1 双端口网络的传递函数

函数→输出↓	$H_z = V_1/I_1$	$H_v = V_2/V_1$	$H_i = I_2/I_1$	$H_v H_z = V_2/I_1$	$H_i/H_z = I_2/V_1$
连接到负载 Z_L	$Z_1 + Z'$	$\dfrac{Z'}{Z_1 + Z'}$	$-\dfrac{Z_2}{Z_2 + Z_L}$	Z'	$\dfrac{-Z'}{Z_L\,(Z_1 + Z')}$
开路	$Z_1 + Z_2$	$\dfrac{Z_2}{Z_1 + Z_2}$	0	Z_2	0
短路	Z_1	0	-1	0	$-1/Z_1$
单位	Ω	无量纲	无量纲	Ω	S

9.1.1 高通和低通电路

图9.2所示为高通和低通电路，其中图a、图b是低通电路，图c、图d是高通电路。

- 如果 H_v 的幅值随着频率的增加而减小，则称为高频衰减，该电路是低通电路。
- 如果 H_v 的幅值随频率的降低而减小，则称为低频衰减，该电路是高通电路。

图9.2c中的高通电路函数如下：

$$H_z = R_1 + j\omega L_2 \tag{9.3}$$

除以 R_1：

$$\frac{H_z}{R_1} = 1 + j\frac{\omega}{\omega_x} < \tan^{-1}\left(\frac{\omega}{\omega_x}\right) \tag{9.4}$$

式中

$$\omega_x = \frac{R_1}{L_2} \tag{9.5}$$

绘制函数 H_z/R_1，其幅值和相角 θ_H 分别如图9.3a和b所示。随着频率的增加，幅值将接近无限大，相角接近90°。

同样可以得出

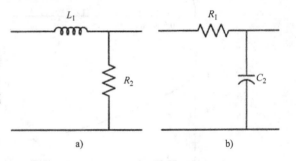

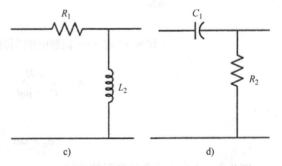

图9.2 a）、b）低通电路；c）、d）高通电路

$$H_v = \frac{j\omega L_2}{R_1 + j\omega L_2} = \frac{1}{1 - j(\omega_x/\omega)} \tag{9.6}$$

和

$$\theta_H = \tan^{-1}\left(\frac{\omega_x}{\omega}\right) \tag{9.7}$$

图9.3c和d给出了 H_v、θ_H 的曲线。由图可知，传递函数 H_v 在高频处约为1.0，即输出电压与输入电压相同，这就是高通电路的"低频衰减"。

对于图9.2a中的低通电路

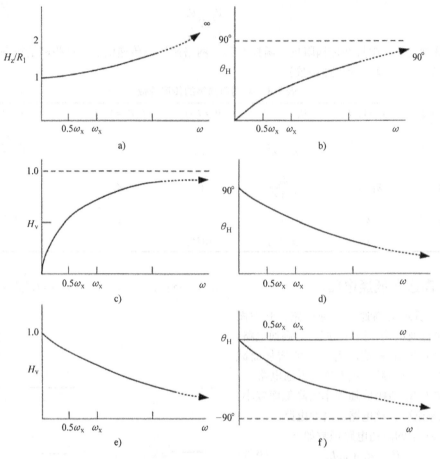

图9.3 a)~d) 高通电路的特性；e)、f) 低通电路的特性

$$H_v = \frac{j\omega R_2}{R_2 + j\omega L_1} = \frac{1}{1 + j(\omega/\omega_x)} \tag{9.8}$$

以及

$$\theta_H = \tan^{-1}\left(-\frac{\omega}{\omega_x}\right) \tag{9.9}$$

图9.3e、f 给出了低通电路的曲线。

9.1.2 半功率频率

在具有电容器或电感器或两者都存在的网络中，我们将半功率频率 ω_x 定义为

$$|H(\omega)| = 0.707 |H(\omega_x)| \tag{9.10}$$

但该频率不可能总是对应于50%的功率，有两个半功率频率，一个高于峰值频率，另一个低于峰值频率，这些频率分别称为半功率频率上限和半功率频率下限。

半功率频率上下限之间的间隔为带宽，这些概念在以下关于串联和并联谐振的讨论中将得以运用。

9.2 串并联 *RLC* 电路谐振

在串并联 *RLC* 谐振电路中会出现电压和电流放大。

9.2.1 串联 *RLC* 电路

如图 9.4a 所示，串联电路的阻抗

$$z = R + \mathrm{j}\left(\omega L - \frac{1}{\omega C}\right) \tag{9.11}$$

在一定频率下，f_0、z 是最小值：

$$\omega L - \frac{1}{\omega C} = 0 \quad \text{或} \quad \omega = \omega_0 = \frac{1}{\sqrt{LC}} \tag{9.12}$$

谐振时电流为

$$I_\mathrm{r} = \frac{V_1}{R} = \frac{V_2}{R} \tag{9.13}$$

电流受到电阻的限制，如果电阻很小，电流可能很大。

在谐振时，电感器两端的电压为

$$V_\mathrm{L} = \frac{\mathrm{j}\omega_0 LV}{R} = \mathrm{j}QV \tag{9.14}$$

同样，电容器两端的电压也是相同的：

$$V_\mathrm{c} = -\mathrm{j}QV \tag{9.15}$$

这些电压大小相等，符号相反。电路 *L* 和 *C* 中的电压比系统电压大 *Q* 倍，且 *Q* 可以很大以提高调谐的清晰度。

图 9.4b 为电路的频率响应图，在低频下容抗与频率成反比，而在高频下感抗与频率成正比。由图 9.4c 可知，电路为电容性的，在 f_0 以下和 f_0 以上 *Z* 是负的；电路是电感性的，*Z* 为正。如图 9.4d 所示，电压传递函数 $H_\mathrm{v} = V_2/V_1 = R/Z$。图 9.4d 所示曲线是图 9.4b 的倒数，半功率频率表示为

$$\omega_\mathrm{h} = \frac{R}{2L} + \sqrt{\left(\frac{R}{2L}\right)^2 + \frac{1}{LC}} = \omega_0\left(\sqrt{1 + \frac{1}{4Q_0^2}} + \frac{1}{2Q_0}\right)$$

$$\omega_1 = -\frac{R}{2L} + \sqrt{\left(\frac{R}{2L}\right)^2 + \frac{1}{LC}} = \omega_0\left(\sqrt{1 + \frac{1}{4Q_0^2}} - \frac{1}{2Q_0}\right) \tag{9.16}$$

如图 9.4d 所示，带宽 β 为

$$\beta = \frac{R}{L} = \frac{\omega_0}{Q_0}(\ = \omega_\mathrm{h} - \omega_1) \tag{9.17}$$

或者

$$Q_0 = \frac{\omega_0 L}{R} \tag{9.17}$$

品质因子 Q_0 定义为

$$Q_0 = 2\pi\left(\frac{\text{最大存储能量}}{\text{每周期消耗的能量}}\right) \tag{9.18}$$

Q_0 被称为性能系数，由每个周期的最大存储能量和每个周期消耗能量的比值乘以（2π）得

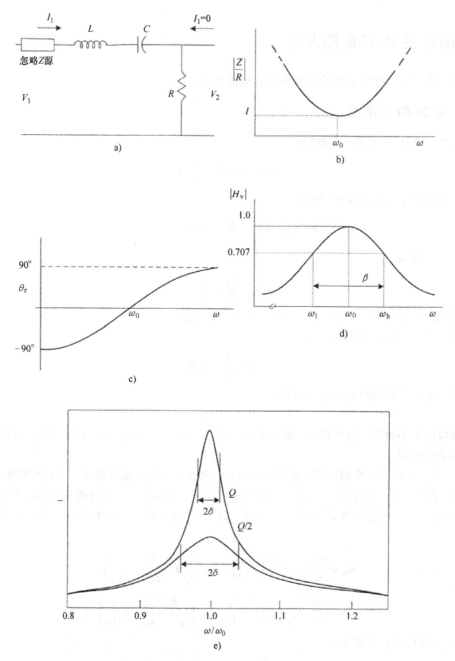

图9.4 a）串联电路；b）频率响应，只有模量；c）角度；d）半功率点和频率；
e）RLC 电路的性能与 Q 的关系以及谐振的 Q 值

出。电抗器中的能量为 $0.5LI_m^2$，而在其串联电阻 R 中消耗的能量是 $RI_m^2/2$。其中 I_m 是峰值电流，Q_0 为

$$Q_0 = \frac{2\pi LI_m^2}{RI_m^2/f} = \frac{\omega L}{R} \tag{9.19}$$

电容器存在一定的损耗，它可以用理想电容器并联高电阻来表示。那么电容器的 Q_0 变为

$$Q_0 = \frac{2\pi C V_m^2}{V_m^2 / Rf} = \omega CR \tag{9.20}$$

式中，V_m 是电阻器和电容器并联两端的最大电压。R 不随频率变化。因此，Q_0 是与频率相关的函数。在谐振电路中电容器的阻抗非常大，所以电感器的 Q_0 是控制因素。谐振电路的 Q_0 代表电路测量值。串联电路的 1/2 功率频率是

$$\omega_h \omega_i = \frac{1}{LC} = \omega_0^2 \tag{9.21}$$

谐振电路对频率具有选择性，我们期望电路对窄频带响应而对其他频率不响应。接近谐振频率时，串联电路的电路阻抗可以写为

$$Z = R + j \sqrt{\frac{L}{C}} \left(\omega \sqrt{LC} - \frac{1}{\omega \sqrt{LC}} \right) \tag{9.22}$$

$$Z = R + j \sqrt{\frac{L}{C}} \left(\frac{\omega}{\omega_0} - \frac{\omega_0}{\omega} \right)$$

$$= R \left[1 + jQ_0 \left(\frac{\omega}{\omega_0} - \frac{\omega_0}{\omega} \right) \right] \tag{9.23}$$

引入新的变量 δ，定义为

$$\delta = \left(\frac{\omega}{\omega_0} - \frac{\omega_0}{\omega} \right) \text{ 或 } \frac{\omega}{\omega_0} = 1 + \delta \tag{9.24}$$

δ 是实际频率与谐振频率的偏差。

然后

$$Z = R \left[1 + jQ_0 \left(1 + \delta - \frac{1}{1+\delta} \right) \right]$$

$$(1 + \delta)^{-1} \approx 1 - \delta + \delta^2 \tag{9.25}$$

因此

$$Z \approx R \left[1 + jQ_0 \delta (2 - \delta) \right]$$

这使得串联谐振电路的阻抗与谐振频率的小偏差有关。

图 9.4e 展示了串联谐振电路将如何像频率选择器一样运行（高 Q_0 电路提供更多的可选曲线）。带宽可以用频率定义，其中电路功率是最大功率的一半。

在半功率时

$$\frac{P}{2} = \frac{I_r^2 R}{2} \tag{9.26}$$

式中，I_r 是谐振时的峰值电流。

然后

$$\frac{I_r}{\sqrt{2}} = \frac{1}{\sqrt{2}} \frac{V}{R} = \frac{V}{\sqrt{R^2 + X^2}} \tag{9.27}$$

得到

$$R = X \tag{9.28}$$

在半功率频率下电阻和电抗相等，可以由式（9.25）得到

$$Q_0 \delta_{1/2} (2 - \delta_{1/2}) = 1 \tag{9.29}$$

对于大多数选择电路，半功率频率下的 $\delta_{1/2}$ 相对于 2 倍因子 Q_0 来说是很小的：

$$2Q_0 \delta_{1/2} = 1 \tag{9.30}$$

每个半功率点的频率偏差为 $\delta(1/2)$，因此两个半功率频率之间的偏差将为 $2(\delta(1/2))$。每个周期的带宽是

$$\beta = 2\delta_{1/2}f_0 = \frac{f_0}{Q_0} \tag{9.31}$$

式中，Q_0 对应于完整的串联电路、电感电容和电源。注意，在图9.4a中，没有显示源阻抗。串联电路的总阻抗是总电阻，这意味着串联电路应该与低电阻的电压源相连接。

9.2.2 并联 *RLC* 电路

在图9.5a的并联 *RLC* 电路中，导纳在谐振频率处很高：

$$y = \frac{1}{R} + \frac{1}{j\omega L} + j\omega C \tag{9.32}$$

因此，谐振条件为

$$-\frac{1}{\omega L} + \omega C = 0 \ \text{或} \ \omega = \omega_a = \frac{1}{\sqrt{LC}} \tag{9.33}$$

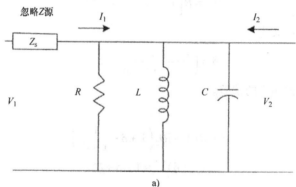

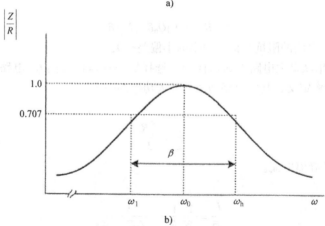

图9.5　a) 并联 *RLC* 电路；b) 频率响应，只有模量

比较并联谐振的式（9.33）和串联电路的式（9.12）。

图9.5b 所示为 *Z/R* 的大小、半功率频率。带宽为

$$\beta = \frac{\omega_a}{Q_a} \tag{9.34}$$

式中，并联电路的质量因子由下式给出：

$$Q_a = \frac{R}{\omega_a L} = \omega_a RC = R\sqrt{\frac{C}{L}} \tag{9.35}$$

实际的电感器有串联电阻，并且电容器也有一定的功率损耗。

例 9.1：推导串联和并联 *RLC* 电路的 *Q* 因子表达式。

串联电路

系统中瞬时存储的能量是

$$W_s = \frac{1}{2}Li^2 + \frac{q_C^2}{2C}$$

最大值时

$$\frac{dW_s}{dt} = Li\frac{di}{dt} + \frac{q_C}{C}\frac{dq}{dt} = i(v_L + v_C) = 0$$

$i=0$，v_C 为最大值，因为电压使电流滞后 $90°$：

$$W_{s,max} = \frac{Q_{max}^2}{2C} = \frac{1}{2}CV_{max}^2 = \frac{I_{max}^2}{2C\omega^2} \quad \omega \leqslant \omega_0$$

对于第二种情况

$$v_L + v_C = 0(电流为最大值)$$

电流最小：

$$W_{s,max} = \frac{1}{2}LI_{max}^2 \quad \omega \geqslant \omega_0$$

电阻中损耗的能量是

$$W_r = \frac{I_{max}^2 R\pi}{\omega}$$

因此

$$\begin{aligned} Q &= 1/\omega CR \quad \omega \leqslant \omega_0 \\ &= \omega L/R \quad \omega \geqslant \omega_0 \end{aligned} \tag{9.36}$$

并联电路

系统中瞬时存储的能量是

$$W_s = \frac{1}{2}Li_L^2 + \frac{q_C^2}{2C}$$

最大值时

$$\frac{dW_s}{dt} = Li_L\frac{di}{dt} + \frac{q_C}{C}i_C = v(i_L + i_C) = 0$$

对于 $v=0$，$q_C=0$：

$$i_L = \pm I_{L,max} = \pm\frac{V_{max}}{\omega L}$$

得出

$$W_{s,max} = \frac{1}{2}\frac{V_{max}^2}{L\omega^2}$$

对于

$$(i_L + i_C) = 0, i_L = i_C = 0, q_C = \pm CV_{max}$$

得出

$$W_{s,max} = \frac{1}{2}CV_{max}^2$$

因此

$$Q = \frac{R}{L\omega} \quad \omega \leqslant \omega_0$$

$$= \omega CR \quad \omega \geqslant \omega_0 \tag{9.37}$$

考虑 $R = 10\Omega$、$L = 25\text{mH}$、$C = 0.5\mu\text{H}$ 的 RLC 电路

$$\omega_0 = \frac{1}{\sqrt{0.025 \times 0.5 \times 10^{-6}}} = 8944.3\text{rad/s}$$

$$Q = \frac{\omega_0 L}{R} = 22.4$$

$$Q = \frac{1}{\omega_0 CR} = 22.4$$

$$Q = \frac{\omega_0}{\beta} = 22.4$$

电容器和电感器是储能元件。Q 因子的物理含义为存储能量的效率。

例 9.2：本示例是串联和并联 RLC 电路的 EMTP 仿真，用来阐明这些电路之间的关系。若电路电阻为 0.01Ω，电抗为 0.1mH，电容为 $2.814\mu\text{F}$，电感和电容已定，使得它们在 300Hz 时对于 5 次谐波有相同的阻抗。对串联和并联电路都施加 300Hz、480V 电压。图 9.6a、b 分别为串联和并联电路中元件的连接图。

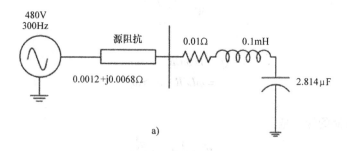

a)

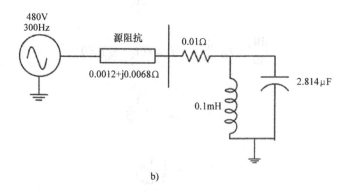

b)

图 9.6　a）串联谐振电路；b）用于 EMTP 仿真的谐振槽路

串联电路中（图 9.6a）

$$j\omega L - \left(\frac{1}{j\omega C}\right) = 0$$

由电路电阻和电源阻抗产生的电源电流很大，该电流曲线如图 9.7 所示，电流的方均根值为 13.5kV 且对称。在电容器和电感器两端产生的线间方均根电压的最大值为 2695V（在 EMTP 仿真中，相电压或电流达到峰值）。由图 9.8 可知，这些电压会彼此抵消（图 9.8）。

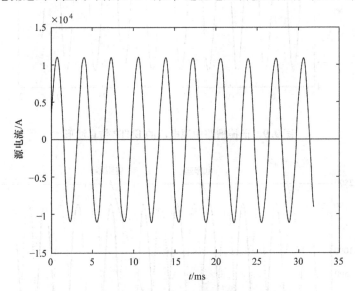

图 9.7 串联谐振电路中源电流的 EMTP 仿真波形

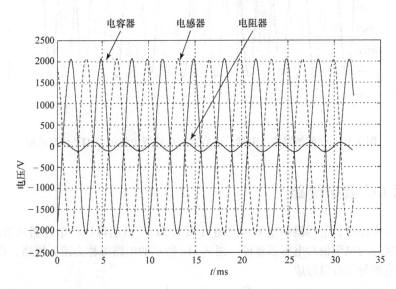

图 9.8 串联谐振电路中电阻器、电容器和电感器两端电压的 EMTP 仿真波形

在图 9.6a 的电路中，源电流很小，方均根值为 4A（图 9.9）。然而，电容器和电抗器的方均根电流高达 2572A（图 9.10）。这些电流将在电感器和电容器的并联电路中循环。

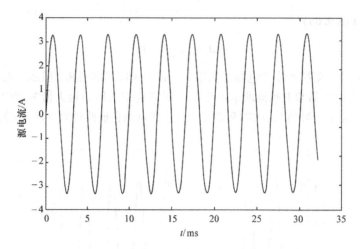

图9.9 谐振槽路中源电流的 EMTP 仿真波形

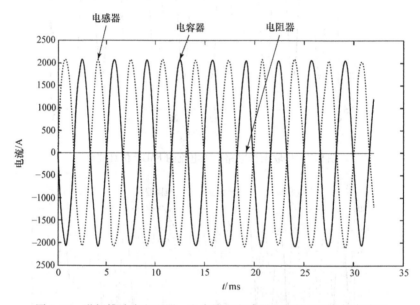

图9.10 谐振槽路中电阻器、电容器和电感器电流的 EMTP 仿真波形

9.3 实际 *LC* 谐振槽路

在并联谐振电路中，电感器的电阻被忽略（图 9.5a），虽然可以将电容器视为理想电容器，但必须用一些实际的电阻值对电感器建模。图 9.11a 所示的电路被称为谐振槽路，由于它是由零电阻源驱动，它的导纳可以写成

$$Y = \frac{R}{R^2 + \omega^2 L^2} - \mathrm{j}\left(\frac{\omega L}{R^2 + \omega^2 L^2} - \omega C\right) \tag{9.38}$$

谐振电路具有单位功率因数，也就是说

$$\left(\frac{\omega_0 L}{R^2 + \omega_0^2 L^2} - \omega_0 C\right) = 0 \tag{9.39}$$

这表明谐振发生在

$$\omega_0 = \sqrt{\frac{1}{LC} - \frac{R^2}{L^2}} \tag{9.40}$$

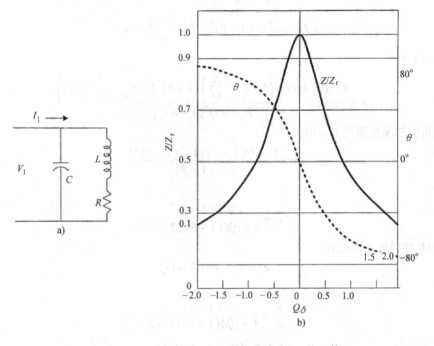

图 9.11 a）谐振槽路；b）谐振曲线为 $Q\delta$ 的函数

这意味着如果满足式（9.41），并联电路就不会发生谐振：

$$\frac{R^2}{L^2} > \frac{1}{LC} \tag{9.41}$$

相反，串联电路在所有电阻值下都可以谐振，只有 Q 因子和调谐清晰度会随之改变。

式（9.40）可以写成

$$\omega_0 = \sqrt{\frac{1}{LC}}\sqrt{1 - \frac{R^2 C}{L}} = \sqrt{\frac{1}{LC}}\sqrt{1 - \frac{1}{Q^2}} \tag{9.42}$$

因此，它与串联电路的不同之处在于

$$\sqrt{1 - \frac{1}{Q^2}} \tag{9.43}$$

如果 Q 比较大，$Q > 10$，误差将小于 1%。在 $Q < 1$ 的情况下，谐振是不可能发生的。根据式（9.42）可得

$$\omega_0^2 LC = 1 - \frac{1}{Q^2}$$

$$X_L = X_C\left(1 - \frac{1}{Q^2}\right) \tag{9.44}$$

由式（9.44）可知，与串联谐振电路不同，并联谐振电路中电感和支路电容完全不相等。但并联电路频率与阻抗的变化与串联电路相似，我们可以在式（9.38）中引入导纳

$$Y = \frac{R\left(1 - \frac{j\omega L}{R} + \frac{\omega^2 CL^2}{R} + \omega CR\right)}{R^2 + \omega^2 L^2} \tag{9.45}$$

写出

$$\frac{\omega L}{R} = \frac{\omega_0 L}{R} \frac{\omega}{\omega_0} = Q(1+\delta)$$

$$\omega^2 LC = \omega_0^2 LC(1+\delta)^2 = \left(1 - \frac{1}{Q^2}\right)(1+\delta)^2 \tag{9.46}$$

并代入式（9.45）：

$$Y = \frac{1 - jQ(1+\delta)\left\{1 - \left(1 - \dfrac{1}{Q^2}\right)(1+\delta)^2\left(1 - \dfrac{1}{Q^2(1+\delta)^2}\right)\right\}}{R\left[1 + Q^2(1+\delta)^2\right]} \tag{9.47}$$

这里可以简单地假设 $Q > 10$：

$$Y = \frac{1 - jQ(1+\delta)\{1 - (1+\delta)^2\}}{RQ^2(1+\delta)^2} \tag{9.48}$$

或者

$$Z = \frac{RQ^2(1+\delta)^2}{1 + jQ\delta(1+\delta)(2+\delta)} \tag{9.49}$$

在 $\delta = 0$ 处谐振，因此有

$$Z_r \approx R(1+Q^2) \approx RQ^2 \tag{9.50}$$

然后

$$\frac{Z}{Z_r} = \frac{(1+\delta)^2}{1 + jQ\delta(1+\delta)(2+\delta)} \tag{9.51}$$

假设 $\delta \ll 1$：

$$\frac{Z}{Z_r} = \frac{1}{1 + j2Q\delta} = A < \theta \tag{9.52}$$

图 9.11b 为电路中 $Q\delta$ 和角度 θ 的变化图。其中 δ 为负值或低于谐振频率时，电路是电感性的；δ 为正值时，电路是电容性的。

在单位功率因数时，电路不会产生最大阻抗。导纳的二次方是

$$|Y|^2 = \frac{1 - 2\omega^2 LC + \omega^2 C^2(R^2 + \omega^2 L^2)}{R^2 + \omega^2 L^2} \tag{9.53}$$

通过 ω 可以求出的最小值

$$\frac{d|Y|^2}{d\omega} = 0 \tag{9.54}$$

得出

$$\omega = \left[\frac{1}{LC}\sqrt{1 + \frac{2CR^2}{L} - \frac{R^2}{L^2}}\right]^{1/2} \tag{9.55}$$

因此，在单位功率因数下，阻抗不会在频率变化时产生最大值。如果 Q 较大，那么最大阻抗会减少。

9.4 电抗曲线

电抗曲线是将谐振可视化的一种简单方法。我们可以使用电抗或导纳值。根据这些元件的定义，曲线如下：

- 正线性：感抗和电容电纳。

- 负双曲线：容抗和电感电纳。
- 正线性关系的倒数是负双曲线，反之亦然。当电阻很小时，电抗和电纳曲线可以结合，得到复合谐振曲线。

对于串联谐振电路，图 9.12 给出了 X_L 和 X_C 的曲线以及相加的曲线 X_T，由此得出了频率变化时的电路特性，在谐振点为零电抗，谐振频率以下为容抗，谐振频率以上为感抗。

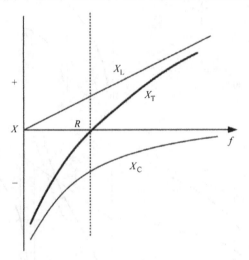

图 9.12 串联 *LC* 电路的电抗曲线

对于振荡电路，电感电抗、频率曲线如图 9.13 所示，其中，X_T 为 b_T 的倒数。理论上谐振点的电抗无穷大。

例 9.3：绘制 9.14a 所示电路的电抗曲线。

可以单独考虑电路中每个元件，并为每个元件绘制曲线，然后将其合并。L_2 和 C_2 串联分支电路在图 9.14b 中被描述为 X_2。X_2 的倒数，即 b_2 绘制在图 9.14c 中，并可用代数的方式添加到 b_{C1} 中，因为这两个分支是并联的。然后得出两个分支的总电纳（图 9.14c）。b_{12} 的倒数，即 X_{12} 绘制在图 9.14d 中。在 X_{12} 上加入串联元件 X_{L1}，得到总电抗曲线 X_T，进而得到了电路的理想性能。

通常，电路的串联和并联谐振不大于其网络数 +1。

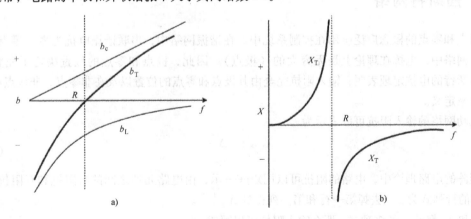

图 9.13 a）并联 *LC* 电路的电抗曲线；b）总电抗 X_T

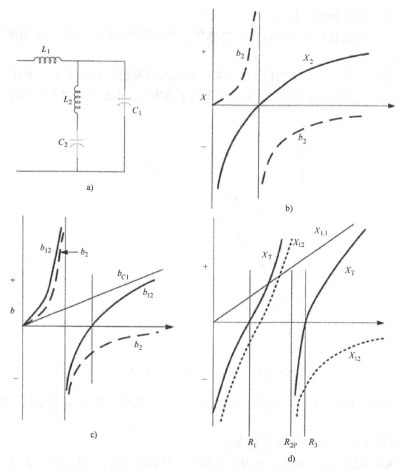

图 9.14　a）用于绘制电抗曲线的电路配置；b）~ d）分步绘制图 a 中的电路并依次进行图形求和以
绘制最终曲线的分步过程（例 9.3）

9.5　福斯特网络

极点和零点的概念广泛应用在控制系统中。在谐振网络中，串联谐振电抗为零（零点），而在并联网络中，电抗在理论上是无穷大的（极点）。因此，极点和零点的位置决定了完整的网络。福斯特的电抗定理表明，输入阻抗完全由其极点和零点的位置以及在非零点、非极点和频率处的值来定义。

无功网络的输入阻抗可以表示为

$$Z_{in} = \frac{\Delta}{\Delta_{11}} \tag{9.56}$$

矩阵的电路理论中，电路的阻抗可以用矩阵表示，由电路元件之间的自阻抗和互阻抗构成。Z 矩阵的行列式为 Δ，去掉第一行和第一列得到 Δ_{11}[1-4]。

Δ 和 Δ_{11} 都是 ω 的多项式，那么输入阻抗可以写成

$$Z_{in} = S \frac{a_0 + a_2\omega^2 + a_4\omega^4 + \cdots + a_{2m}\omega^{2m}}{b_0 + b_2\omega^2 + b_4\omega^4 + \cdots + b_{2m}\omega^{2m}} \tag{9.57}$$

系数 S 为

$$S = \pm j\omega K \text{ 或 } = \pm \frac{K}{j\omega} \qquad (9.58)$$

K 是比例因子。

一般来说，Δ 为 ω 的偶次幂，分母 Δ_{11} 为奇次幂，反之亦然。分子和分母因 ω 的不同而不同，由 ω 在 S 中的位置决定。功率最高为 $2m$，其中 m 是网络决定因子 Δ 的阶数。

通过分解：

$$Z_{\text{in}} = S \frac{(\omega^2 - \omega_1^2)(\omega^2 - \omega_3^2)(\omega^2 - \omega_5^2)\cdots(\omega^2 - \omega_{2m-1}^2)}{(\omega^2 - \omega_2^2)(\omega^2 - \omega_4^2)(\omega^2 - \omega_6^2)\cdots(\omega^2 - \omega_{2m}^2)} \qquad (9.59)$$

Δ 的根为零点，Δ_{11} 的根为极点。这意味着

$$\omega = \omega_1, \omega_3, \omega_5, \cdots$$

阻抗函数为零，所有的这些频率都是谐振角频率。同样，在

$$\omega = \omega_2, \omega_4, \omega_6, \cdots$$

阻抗函数为无限大，具有极点。因为 S 中包含 ω，所以 $\omega = 0$ 可以是极点或零点。随着 ω 变得无限大，阻抗可能接近无穷大或为零。因此，Z_{in} 可以四种形式中的任何一种形式出现。

式（9.59）可以通过使用分数进行扩展：

$$Z_{\text{in}} = j\omega H \left(1 + \frac{A_0}{\omega^2} + \frac{A_2}{\omega^2 - \omega_2^2} + \cdots + \frac{A_{2m-2}}{\omega^2 - \omega_{2m-2}^2} \right) \qquad (9.60)$$

式中，$S = -j\omega H$。

由式（9.60）可以看出，第一项代表串联电感，第二项代表串联电容，之后是并联电感和电容。可以通过式（9.59）和式（9.60）乘以 ω_2 来评估系数 A_k。

$$\frac{(\omega^2 - \omega_1^2)(\omega^2 - \omega_3^2)(\omega^2 - \omega_5^2)\cdots(\omega^2 - \omega_{2m-1}^2)}{(\omega^2 - \omega_2^2)(\omega^2 - \omega_4^2)(\omega^2 - \omega_6^2)\cdots(\omega^2 - \omega_{2m}^2)}$$
$$= \omega^2 + \frac{A_0}{1} + \frac{A_2 \omega^2}{\omega^2 - \omega_2^2} + \cdots + \frac{A_{2m-2}\omega^2}{\omega^2 - \omega_{2m-2}^2} \qquad (9.61)$$

如果 $\omega = 0$，则可以得到 A_0。

然后乘以 $(\omega^2 - \omega_k^2)$ 并令 $\omega = \omega_k$ 将得到其他系数。

电抗函数的斜率始终为正，在极点处，电抗函数须改变符号并在到达另一个极点之前经过零点，这意味着零点和极点交替出现。这是极点和零点的分离特性。如图 9.14d 所示，先有零点，之后是极点，然后再次为零点。

9.6 谐波谐振

谐波谐振发生在某个或多个谐波中，当谐振发生在非线性负载产生的谐波上时，我们称其为"谐波谐振"。当并联电容用于改善功率因数、电压支持或无功功率补偿时，它们相当于与系统阻抗并联。

这意味着我们认为系统阻抗是感性的（并且存在一些串联电阻）且与电容并联。正如前几节所讨论的，谐振发生在感抗和容抗相等的频率上。对于无损耗的系统，组合的阻抗是无穷的。当谐振频率交叉时，阻抗角会突然改变。从电容的应用角度看，电源与配电系统（公用事业、变压器、发电机和电动机）的感抗等于谐振频率下的容抗。

$$j2\pi f_0 L = \frac{1}{j2\pi f_0 C} \qquad (9.62)$$

式中，f_0 是谐振频率。图 9.15 是对图 9.13 的再现，显示了谐振发生在由电子负载产生的 5 次谐波上。谐振点取决于电感和电容的相对值。如果谐振频率是 300Hz，则 $5j\omega L = 1/(5j\omega C)$，其中 ω 与基频一致（见例 9.2）。当以谐振频率激励时，尽管励磁电流很小，并联电路的谐波电流放大，由例 9.2 可知，放大倍数可以达到励磁电流的多倍，甚至可以超过基频电流。它会使电容过载、熔丝断开，谐波电流被严重放大时导致波形畸变，从而对电力系统部件产生有害影响。

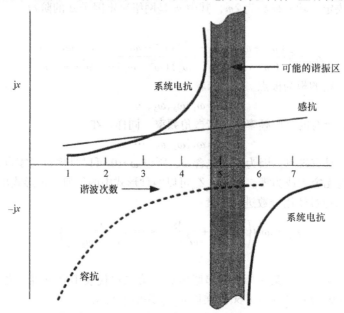

图 9.15　谐波谐振说明

负载谐波谐振是电力系统中存在谐波的最主要影响，在任何电力电容的应用中都应该避免这种情况。为了更加方便理解，电力系统中的谐振条件可以表示为

$$h = \frac{f_0}{f} = \sqrt{\frac{\text{kVA}_{sc}}{\text{kvar}_c}} \tag{9.63}$$

式中，h 是谐波次数；f_0 是谐振频率；f 是基频；KVA_{sc} 是并联电容应用时的短路水平；kvar_c 是并联电容的额定功率（kvar）。

由式（9.63）可知，假设电力电容的短路水平为 500MVA，对于容量为 20Mvar、10.2Mvar、4.13Mvar、2.95Mvar 的并联电容器，分别在 5 次、7 次、11 次、13 次谐波处发生谐振。电容的容量越小，谐振频率越高。

系统中的短路水平并不是固定值，它会随条件变化。在工厂里，这些变化可能会比市电系统更加明显，因为根据工艺和操作的变化，工厂发电机或部分工厂旋转负载可能会暂停工作，系统的谐振频率将会有所波动。

从谐振的角度来看，低次谐波更棘手，因为随着谐波次数增加，它们的幅值将会减小。有时，谐波分析的研究最多仅限于 25 次或 29 次谐波，而在更高频率上可能产生的谐振将会被忽略。

由此，可以得出如下结论：

• 谐振频率将根据系统阻抗的变化而变化，例如，接通或关断联络电路，并在减小的负载下工作。电容的某些部分可能会被断开，从而改变谐振频率。

• 配电系统的扩展或重组可能会产生一种之前不存在的谐振状态。

● 即使设置系统中的电容可以避开电流谐振条件，但由于系统的不断变化，例如，公用事业系统的短路水平增加[5]也无法保证不受将来谐振条件的影响。

例9.4：在串联谐振电路中，$X_c = 300\Omega$，谐振发生在10次谐波处，当频率从60Hz变化到600Hz时，求出电抗和串联电路阻抗值。Q因子设为50。

在600Hz处：

$$X_c = X_L$$

基频时，$X_c = 300\Omega$；600Hz时，$X_c = 30\Omega$。

因此，600Hz时，$X_L = 30\Omega$；基频时，$X_L = 3\Omega$。Q因子（在基频处）为50，因此，R为0.06Ω。在谐振时，阻抗R为0.06Ω。因此，该串联电路的阻抗曲线如图9.16所示。

我们将再次使用这个例子来说明并联谐振电路。应用式（9.16）和式（9.17）计算的阻抗如图9.17所示。

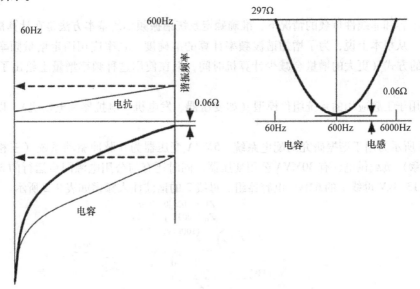

图9.16 例9.4中串联 *RLC* 电路的谐振曲线

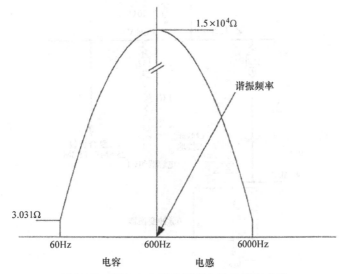

图9.17 例9.4中并联 *RLC* 电路的谐振曲线

例9.5：计算例9.4中的半功率频率，并说明这些频率有什么意义？

我们认为 Q 是指基频下的数值。因此，在谐振频率下，$Q_0 = 500$。由式（9.16）可知，频率和600Hz谐振频率并没有太大的差别。

半功率频率决定了调谐的清晰度，此时电阻很低。

如果我们计算较低的 Q 值，如 $Q = 30$ 或更高，则频率和谐振频率不会有太大的不同。如果我们认为谐振点的 Q 值只有10，那么频率可以被统一计算，约为谐振频率的6.24%。

这显示了电阻变化对调谐的清晰度的影响。实际上，在谐波滤波器的设计中，选择某个特定 Q 时的基频损耗变得非常重要。选择较低的 Q 值可以产生较高的基频损耗和大量的热量。

9.7 配电系统中的谐波谐振

在存在电容和非线性负载的情况下，准确确定系统谐振频率的基本方法是在计算机上运行频率扫描程序。从根本上说，为了增加谐波频率计算的准确度，频率应用固定增量频率（例如以2Hz增量）的方式（更大的增量会减少计算机时间，但在使用这种频率增量上给出了50%的误差带宽）。

修改了用于工频应用的系统组件模型（如变压器、发电机、电抗器和电动机），以实现更高的频率。

图9.18所示为用于谐振研究的配电系统。5MVA变压器为6脉冲驱动系统（三相全桥控制电路，第1章）负载供电，有30MVA公用变压器，同时还有与公用电源同步运行的35.3MW发电机，以及13.8kV母线上的6Mvar电容器组。母线2的谐波注入频谱如表9.2所示。

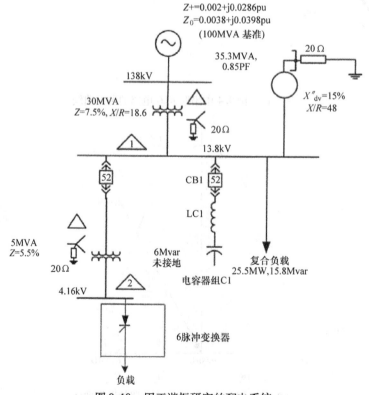

图9.18 用于谐振研究的配电系统

表9.2 例9.7中6脉冲变换器的谐波发射

h	5	7	11	13	17	19	23	25	29	31
%	18	13	6.5	4.8	2.8	1.5	0.5	0.4	0.3	0.2

与负载潮流计算相似，所有的系统阻抗都必须得到精确的建模，而且这些阻抗在每次选择频率扫描增量时都应进行修改。

母线2的频率扫描、阻抗模量和角度分别如图9.19和图9.20所示。谐振发生在11次谐波附近。图9.19给出了在谐振频率处阻抗模量的急剧变化，得到谐振频率处的阻抗模为672Ω。图9.21给出了13.8kV母线1和4.16kV母线2的电压谱，这表明4.16kV母线2的11次谐波电压为17.2%，而在13.8kV母线1的11次谐波电压为11.8%。图9.22给出了这两个母线在一个周期内的电压畸变波形。图9.23为电容器的电流谱，11次谐波电流是13.8kV时基频电流的130%（基频电流未显示）。4.16kV母线2的11次注入谐波电流根据表9.2得出为45.1A。

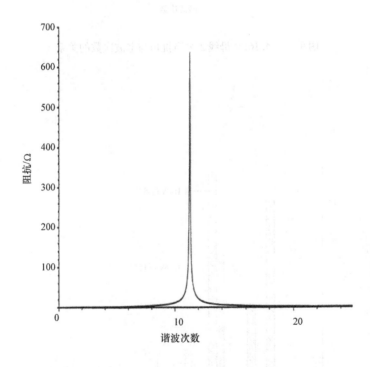

图9.19 4.16kV母线2中阻抗模量与谐波次数的关系

因此，11次谐波电流存在严重的放大。我们将在接下来的章节中说明如何通过应用无源滤波器来缓解这些较大的波形畸变。

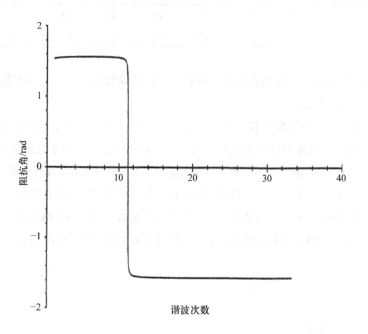

图 9.20   4.16kV 母线 2 中阻抗角与谐波次数的关系

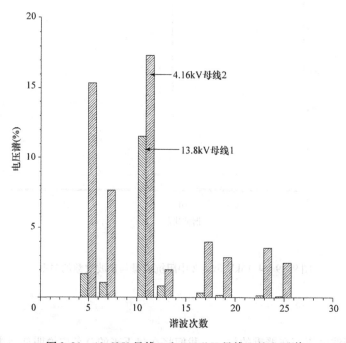

图 9.21   13.8kV 母线 1 和 4.16kV 母线 2 的电压谱

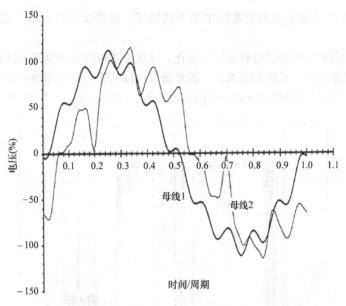

图 9.22　13.8kV 母线 1 和 4.16kV 母线 2 的电压畸变波形

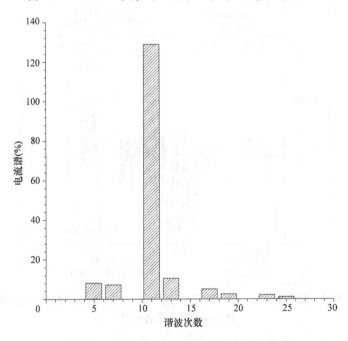

图 9.23　经过 6Mvar 电容器组的谐波电流谱

9.8　谐振问题的不确定性

　　电力系统的谐振是一个潜在的问题，也是一个严重的问题。有许多因为谐振引起的组件故障和工厂关闭的案例。谐振可能不会立即出现，可能会出现在电力系统的某些运行条件下。它有时会"出现"和"消失"，而不会立即引起注意，因为它可能是"局部的"谐振——因此，这意味着谐振阻抗不能精准地满足 $Q\delta = 0$ 的情况。因此，大多数情况下，谐振条件是"难以捉摸的"。

它可能需要长期的在线测量来确定系统中的干扰因素。参考文献［6，7］提供了一些记录的案例。

谐波畸变可能会随着时间的推移而发生变化。这些模式可以被识别并与特定类型的扰动负载相关联，如公共交通系统、轧机和电弧炉。弧光谐波可以从明到暗的图像中识别。

图 9.24 说明了由用户的负载模式引起的谐波畸变。注意谐波畸变与负载模式的相关性[5]。

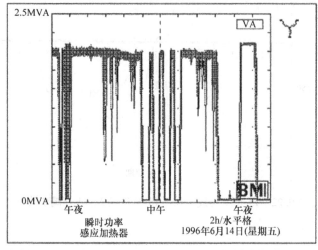

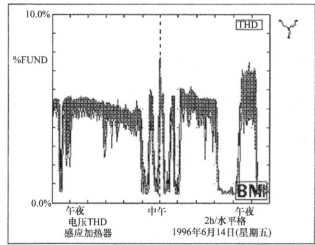

图 9.24　配电系统上的电压畸变率与时间的关系，以及引起谐波畸变的特定用户的负载曲线[5]

9.9　单调谐滤波器引起的谐振

单调谐滤波器最为常用，并且这种滤波器能够非常有效地从电力系统中分流所期望的谐波。然而，谐波谐振并不能被消除，但是谐波谐振频率相对于单调谐滤波器的调谐频率偏移较小的值。图 9.25 说明了这一点。图中：

f_1 是单调谐滤波器的调谐频率。滤波器会将调谐频率与所期望的谐波频率相匹配。

f_2 是原始的谐振频率，没有应用单调谐滤波器。

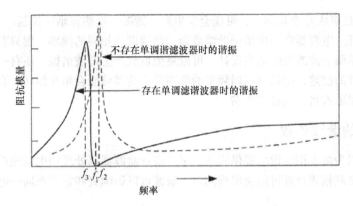

图 9.25 单调谐滤波器的谐振频率偏移

f_3 是由单调谐滤波器引起的谐振频率偏移。

如果单调谐滤波器被调谐以分流 5 次谐波，则其偏移的谐振频率可以是 3 次或 4 次谐波频率，或者是这两个值之间的某个值，这可以通过计算得出。我们研究了间谐波和偶次谐波，并且可以通过谐波频率偏移来放大这些谐波。

通常会将多个单调谐滤波器一起使用，此时需要一些不同频率的单调谐滤波器，比如 5 次、7 次和 11 次的滤波器。这些单调谐滤波器都将产生低于调谐频率的谐振频率。

在单调谐滤波器设计中，谐振频率偏移是一个重要的考虑因素。

9.10 改善功率因数的开关电容器

改善功率因数的开关电容器通常应用于低压或中压环境。随着负载的增加、功率因数的下降，电容器接通。在存在非线性负载的情况下，这将产生多个谐振频率。假设将切换分为 4 个步骤，如图 9.26 所示，切换第一个电容器组时，将产生谐振频率 f_1。当切换到第二个电容器组，负载增加、功率因数下降时，谐振频率变为 f_2。类似地，当切换到第三个电容器组时，频率变为 f_3，最后切换到第四个电容器组时，频率变为 f_4。这些频率将随着每个步骤中切换的电容器的大小而变化，切换电容器的目的是在负载变化的情况下将功率因数保持在一定的工作范围内。

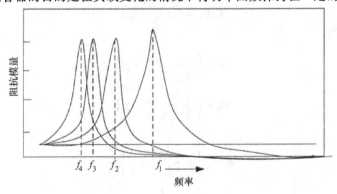

图 9.26 多个谐振频率，电容器组按顺序切换以维持负载功率因数

这将产生两个问题：

- 由开关设备连续切换和占空比引起的瞬变。

- 随着谐振频率从 f_1 变化到 f_4，可能会发生多个谐振，这些将难以控制。

如果将每个开关电容器都变成单调谐滤波器，都调谐到相同的频率，则只有一个谐振频率需要处理。通过对单调谐滤波器的适当设计，可以避免负载产生谐波谐振。还有一个需要考虑的问题，就是由于元件的误差，调谐到相同频率的单调谐滤波器可能会相互驱动。有时会在单调谐并联滤波器设计中采取有目的的轻微失谐。

9.10.1 附近的谐波负载

公用电源可以为多个用电设施提供服务。可以设计滤波器以处理用电设施产生的谐波，但是由于产生谐波的负载相邻过近可能会出现问题。谐波可以影响到和它们在同一电源下有相当距离的设施。

同一电源处，用电设施的干扰负载会使滤波器的设计无效，甚至使这些滤波器过载。电容器和滤波器的同时存在可能会产生更多的畸变并使滤波器的性能降低，有时还会产生额外的谐振频率。因此，监测每个用电设施及其产生的畸变就变得非常重要。

9.11 二次谐振

当二次电路中存在接近开关电容器组谐波频率时，初始浪涌会触发二次电路产生比开关电路大得多的振荡，这些频率的比率为

$$\frac{f_c}{f_m} = \sqrt{\frac{L_m C_m}{L_s C_s}} \tag{9.64}$$

式中，f_c 是耦合频率；f_m 是主电路开关频率；L_s 和 C_s 分别是二次电路中的电感和电容；L_m 和 C_m 分别是主电路中的电感和电容。图 9.27a 为二次电路，图 9.27b 为多个电容电路中的瞬态电压放大[8-10]。当两个电路的固有频率几乎相同时，放大效果会更明显。一次电路和耦合电路的阻尼比会影响两个电路间相互作用的程度。

当用户的电力系统中有二次电容器时，开关电容器可以在公用系统中使用。过电压可能会对二次电容器造成损害，导致 ASD 和敏感设备损坏。

如果出现以下情况，可以预期出现最大开关浪涌：

$$L_m C_m = C_s(L_s - L_m) \tag{9.65}$$

电路的角频率为

$$\beta_1 = \left(\frac{\alpha}{2} - \sqrt{\frac{\alpha^2}{4} - \beta}\right)$$

$$\beta_2 = \left(\frac{\alpha}{2} + \sqrt{\frac{\alpha^2}{4} - \beta}\right) \tag{9.66}$$

式中

$$\alpha = \frac{1}{L_m C_m} + \frac{1}{L_s C_s} + \frac{1}{L_s C_m}$$

$$\beta = \frac{1}{L_m C_m L_s C_s} \tag{9.67}$$

电容器 C_s 两端的电压为

$$V_s = V_m \left[1 - \frac{\beta_2^2 \cos\beta_1 t - \beta_1^2 \cos\beta_2 t}{\beta_2^2 - \beta_1^2}\right] \tag{9.68}$$

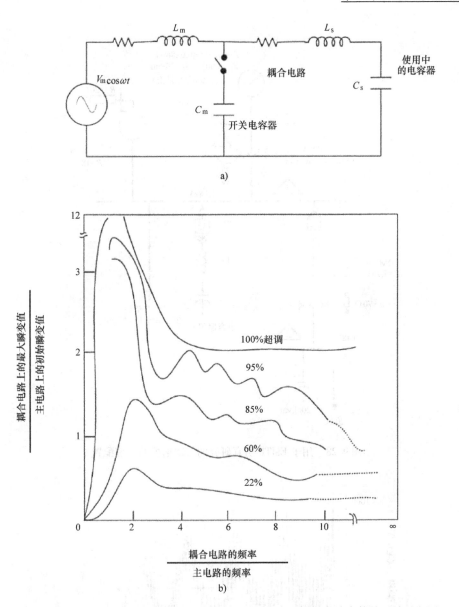

图 9.27 a) 用于说明二次谐振的电路配置；b) 取决于耦合电路参数的开关过电压

最大电压为

$$V_{s,max} = V_m \frac{\beta_2^2 + \beta_1^2}{\beta_2^2 - \beta_1^2} \tag{9.69}$$

例 9.6： 这个例子是对二次谐振的 EMTP 仿真。图 9.18 被修改以显示出在 2MVA 变压器二次侧上的 200kvar 电容器，如图 9.28 所示。该电容器保持在工作状态，同时切换了 13.8kV 母线上的 6Mvar 电容器。图 9.29 的仿真结果显示，480V 变压器的二次侧产生了 1220V 相电压峰值。该过电压是额定系统电压的 3.1 倍。计算结果表明，$f_e/f_m \approx 3.8$。图 9.30 给出了经过 200kvar 电容器的瞬态电流，峰值为 2200A，约为 200kvar 电容器全负载电流的 6.5 倍。

当在配电系统中以多电压等级施加电容器时，除了由于先前的谐振造成的过电压，也会使瞬变衰减延长。

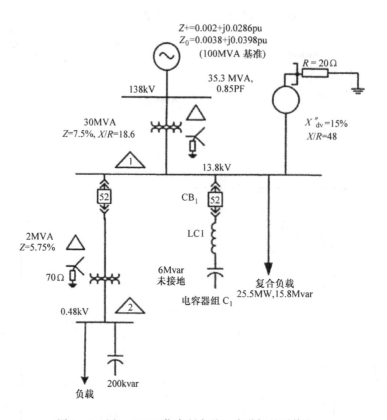

图 9.28　用于 EMTP 仿真研究的二次谐振的系统配置

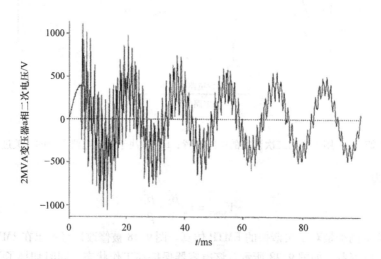

图 9.29　6Mvar、13.8kV 电容器组切换时的 2MVA 变压器二次（480V）瞬态电压的 EMTP 仿真波形

因此，最好只在一个电压等级上应用电容器。如果将电容器应用于多个电压等级，则需要进行严格的切换瞬态分析来确定谐振点，进而消除谐振点。这通常会由于建模过于复杂而难以实施。

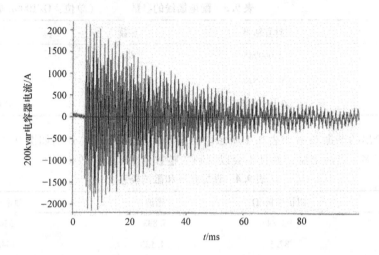

图 9.30 6Mvar、13.8kV 电容器组切换时通过 200kvar 电容器组的瞬态电流的 EMTP 仿真波形

9.12 配电馈线中的多重谐振

由于电容器组的位置，在配电馈线中可能会发生多个谐振。通过以下示例进行说明：

例 9.7：图 9.31 为从变电站出发的配电馈线电路，变电站有 66～12.47kV、5MVA 变压器。变电站变压器二次侧架空线路电压 12.47kV，为非线性负载、荧光灯、开关电源和 ASD 供电。它们的频率见第 4 章。为了支持系统中的电压，在负载点处使用了并联电容器。通过调整 5MVA 变压器的空载抽头，为 12.47kV 变压器的二次绕组提供 2.5% 的升压，基频负载潮流计算表明，可以在这些负载下维持近似额定的工作电压。

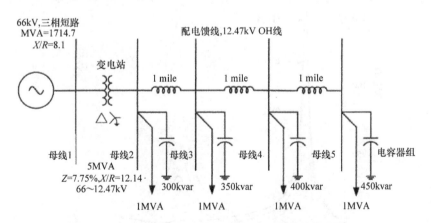

图 9.31 用于研究谐波谐振的具有多个电容器和非线性负载的配电馈线

AAC 4/0 线缆、12.47kV 导线距地面高度为 25ft⊖，线缆之间平行相距 1.2ft，馈线使用 3/#10 AWG 的钢制接地线，土壤的电阻率是 100Ω/m，将这些参数输入计算机以计算线路常数，结果

⊖ 1ft = 0.3048m。

如表9.3所示。

表9.3 配电馈线的参数　　　（单位：Ω/1000ft 或 S/1000ft）

参数	计算结果	参数	计算结果
R_1	0.099945	R_0	0.189825
X_1	0.104826	X_0	0.608527
Y_1	0.0000015	Y_0	0.000006

频率扫描给出的谐振频率如表9.4所示。相角和阻抗模量曲线分别如图9.32和图9.33所示。它们给出了多个谐波谐振，并且不会以基频的整数倍出现。

表9.4 谐振频率和阻抗模量

母线编号	阻抗模量/Ω	谐波	频率/Hz
2	92.84	5.833	350
	87.1	24.133	1448
3	128.47	5.833	350
	34.92	24.2	1452
4	158.55	5.833	350
	2.68	24.1	1446
5	176.42	5.833	350
	58.42	24.34	1460

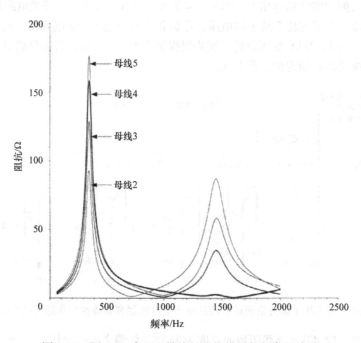

图9.32　图9.31中配电馈线的阻抗模量与频率的关系

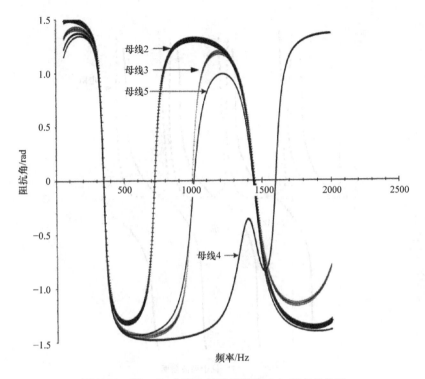

图 9.33　图 9.31 中配电馈线的阻抗角与频率的关系

9.13　变压器绕组的部分绕组谐振

变压器中的部分绕组谐振主要是由于开关浪涌、断路器中的电流斩波（小感应电流）和气体绝缘变电站中的 VFT（快速瞬变）引起的。1968 年和 1971 年，美国电力公司的 500kV 和 765kV 系统的 4 台自耦变压器发生故障，导致了对绕组谐振现象的研究[11-13]。当线路、电缆的开关或故障产生的振荡电压与变压器中一部分基频重合时，可能会产生高的过电压和介电应力。低幅值和高振荡的开关瞬变不能被浪涌抑制器抑制，但是却能耦合到变压器的绕组上。

前文已经讨论过了阻抗电路极点和零点的位置问题。我们认为终端谐振在最大电流和最小阻抗下发生，也称为串联谐振。其中，终端阻抗的无功分量为零。终端反谐振在最小电流和最大阻抗下进行定义。内部谐振使电压升高，导致绝缘失效。端子谐振和内部谐振可能不一定具有直接关系。部分绕组谐振可能会显著影响变压器绕组部分的瞬态振荡，但其影响可能不会体现在终端阻抗图中，终端电抗和电阻图如图 9.34 所示。

通常，变压器的第一个固有谐振频率高于 5kHz。不考虑 VFT，心式变压器的谐振频率从 5kHz 到几十万赫兹不等。不同制造商的变压器之间的谐振频率可能不会有太大变化。一般来说，会尽力避免可能产生振荡电压的网络状况。在设计阶段，可以分析绕组电感和电容的集总等效电路；对于工作中的变压器，频率响应是可以测量的。

稳态条件下，部分绕组不太可能产生谐波谐振（通常在 3kHz 以下）。但在电容器组切换时，会出现较大的浪涌电流和较高的频率。IEEE 对"具有明确用途的断路器"的并联电容的规定如下：

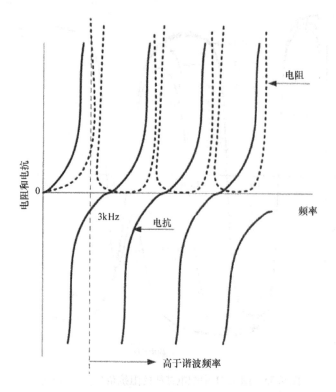

图 9.34　变压器终端电阻和电抗随频率的变化

- 室内断路器，K 因子 = 1 ~ 38kV = (2 ~ 4.2)kHz；
- 额定值为 72.5kV 及以下的室外断路器，包括 GIS（气体绝缘变电站）中的断路器：(3.360 ~ 6.8)kHz；
- 额定值为 123 ~ 550kV 的室外断路器，包括 GIS 中的断路器：4.25kHz。

图 9.35 显示了 13.8kV、9Mvar 隔离电容器组切换时电压谐波含量的快速傅里叶变换（FFT）。当前 FFT 遵循大致相同的模式。频率限制在约 3.5kHz，因此无须担心。然而，互联系统中的开关操作可能会引发较高的频率。由于电容器组切换操作而引起的部分绕组谐振的可能性很小，但不能被排除。

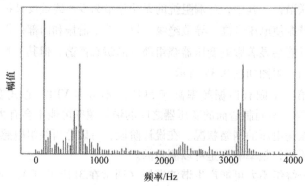

图 9.35　并联电容器开关过电压的 FFT

9.14　复合谐振

交流系统的阻抗通过换流器后将与直流端产生完全不同的阻抗特性,从而产生谐振频率。这些频率取决于三个参数,即①交流系统的阻抗;②直流系统的阻抗;③换流器的开关。

复合谐振可以被认为是一个矩阵量[14]。任何单谐波电流流入复合阻抗,都会产生大量的电压谐波。放大因数被用来隔离谐振频率,这些因数可以定义为串联换流器虚拟电压源与直流滤波器端电压间的传递函数。

如图 9.36 所示,通过选择换流器附近的一个点(比如换流器的直流端)来确定复合频率。每条线路(进入直流系统并进入换流器)的等效阻抗相加。当无功分量彼此相消并且等于零时,所得的阻抗将指示谐振。

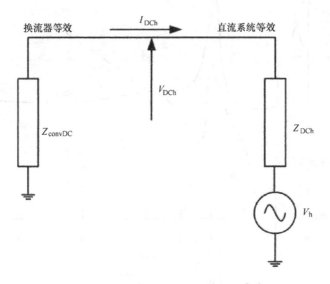

图 9.36　换流器与直流系统的等效[16]

复合谐振频率可以由系统瞬变或者换流器组件、控制的不平衡引起。可以推导出等效串联谐振电路以匹配谐振频率的复合谐振,由此推导出放大因数。*RLC* 网络是二阶系统,可以从初始的微分方程开始,得到电流的时域解是

$$i(t) = \mathrm{e}^{-\sigma t}(A_1 \cos\omega_r t + A_2 \sin\omega_r t) \tag{9.70}$$

式中

$$\sigma = \frac{R}{2L} \tag{9.71}$$

σ 是阻尼因子;从初始条件计算出 A_1 和 A_2。图 9.37 给出了基于母线电容的二次谐波放大率,在某些值下,电感和电容元件产生的谐波彼此抵消或具有大致相同的值。

测试用例是 HVDC 链路的 CIGRE 基准模型[15],案例中讨论了复合电路串联阻抗的三种情况。该模型旨在表明交流侧的并联谐振与直流侧的基频串联谐振。选择整流器直流端作为加入系统阻抗的点。有两个例子考虑了在整流器上的恒定控制增益以及正负的阻尼系数。第三个例子是将高通滤波器与 PI 控制路径并联放置,用以增加复合谐振阻尼系数,而不影响低频的瞬态响应。图 9.38 显示了例 1 和例 3 串联复合谐振电路的电阻和电抗分量[16]。

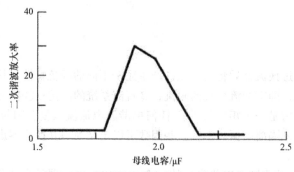

图 9.37   基于母线电容的二次谐波放大率

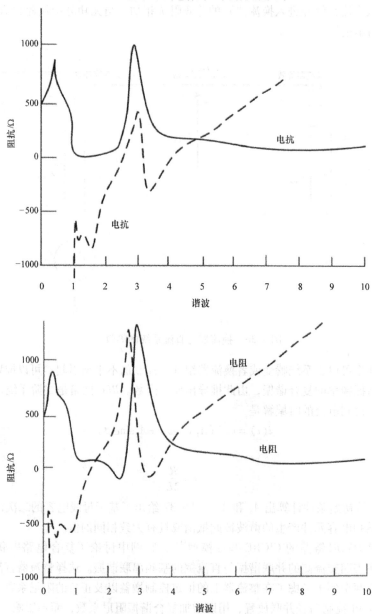

图 9.38   复合串联阻抗[16]

9.15 输电线路谐振

输电线路的固有谐振频率根据长度确定。在固有谐振频率下，输入阻抗可以为零（串联谐振）或非常大（并联谐振）。串联谐振频率接近换流器产生的主要谐波频率，也可能会与其发生谐振，导致严重的电话干扰。

控制这种情况的方法并没有那么简单。例如，可以应用串联阻塞滤波器和并联滤波器，或者改变线路的长度来解决。[17,18]

9.16 零序谐振

图 9.39 显示了一种有可能导致零序谐振的系统配置。发电机中性点通过电抗器接地，或者发电机以升压配置与发电机侧的星形联结绕组连接，并且这些星形联结的绕组牢固接地或通过中性点电抗器接地，都将导致零序谐振的产生。首先，人们可能会注意到，根据美国的工业接地实践，发电机和变压器的中性点很少通过电抗器来接地。第 7 章讨论了发电机零序谐波电压。这些电压的作用类似于谐波电压源，并串联连接发电机、变压器、馈线和中性点接地电抗以及容抗（发电机绕组、变压器间绕组、绕组和套管电容）。如果这两个谐波频率幅值相同，则将有大的谐波电流在该环路中流动，导致异常的阶跃和接触电压问题，以及接地故障继电器的误动作。注意，发电机通过升压变压器与发电机侧组成三角形联结，从而中断了谐振回路。

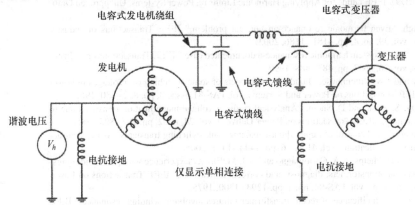

图 9.39 可能产生零序谐振的电路

9.17 谐波谐振影响因素

影响谐波谐振的因素有以下几种：
- 电力系统中同步和异步电动机以及负载会吸收一些谐波并改变谐振点。对它们进行正确建模是影响谐振的一个重要因素。
- 必须确定和考虑公用电源的谐波阻抗。当谐波源存在时，谐波阻抗不仅仅由三相短路电流得出。
- 不建议在负载产生谐波的情况下使用并联功率电容器。在仔细研究之后，必须将其变为谐波滤波器，并应用于电力系统的适当位置。

- 在配电系统中施加多电压等级时，并联电容器可能会发生二次谐振。这是一个重要的考虑因素。当配电系统高压侧的电容器组切换时，电容器组可能产生 4~5 倍的过电压，而电容器应在较低的电压下工作。

- 负载电阻在系统谐振中起重要作用（图 9.5b）。单调谐滤波器的调谐阻抗模量和清晰度随电阻而变化。

- 应对电动机负载进行适当的建模。它的谐波主要出现在电感上。

- 必须考虑单相负载的存在。

- 应适当应用谐波抑制和无源滤波器设计。单调谐或带通滤波器的应用并不能消除谐波谐振，而只是使谐振频率发生变化。必须选择适当的无源滤波器类型。

- 输电系统的谐波分析需要进行严格的建模。输电系统发生的变化、计算机模型的限制和实际条件都会影响谐波谐振。

- 谐振条件可能不会一直存在，可能随系统变化而消失，也可能随系统变化而扩大。

- 需要一段时间内的在线测量以捕获谐振条件。

- 次谐波在第 5 章中进行了讨论。

参 考 文 献

1. J.O. Bird. Electrical Circuit Theory and Technology, Butterworth Heinmann, Oxford, UK, 1997.
2. R.M. Foster. "A reactance theorem," Bell Systems Technical Journal, pp. 259–267, April 1924.
3. W.R. LePage and S. Sealy. General Network Analysis, McGraw-Hill, New York, 1952.
4. M.B. Reed. Alternating Current Circuits, Harper, New York, 1948.
5. IEEE P519.1/D9a. IEEE Guide for Applying Harmonic Limits on Power Systems, Unapproved Draft, 2004.
6. P.C. Buddingh. "Even harmonic resonance-an unusual problem," IEEE Transactions of Industry Applications, vol. 39, no. 4, pp. 1181–1186, 2003.
7. G. Lemieux. "Power system harmonic resonance-a documented case," IEEE Transactions on Industry Applications, vol. 26, no. 3, pp. 483–488, 1990.
8. J. Zaborszky and J.W. Rittenhouse. "Fundamental aspects of some switching overvoltages in power systems," AIEE Transactions on Power and Systems, vol. PAS-81, issue 3, pp. 822–830, 1962.
9. A. Kalyuzhny, S. Zissu and D. Shein. "Analytical study of voltage magnification transients due to capacitor switching," IEEE Transactions on Power Delivery, vol. 24, no. 2, pp. 797–805, 2009.
10. J.C. Das. "Analysis and control of large–shunt-capacitor-bank switching transients," IEEE Transactions on Industry Applications, vol. 41, no. 6, pp. 1444–1451, 2005.
11. H.B. Margolis, J.D. Phelps, A.A. Carlomagno and A.J. McElroy, "Experience with part-winding resonance in EHV autotransformers; diagnosis and corrective measures," IEEE Transactions on Power Apparatus and Systems, vol. PAS-94, no. 4, pp. 1294–1300, 1975.
12. A.J. McElroy. "On significance of recent transformer failures involving winding resonance," IEEE Transactions on Power Apparatus and Systems, vol. PAS-94, no. 4, pp. 1301–1316, 1975.
13. P.A. Abetti. "Transformer models for determination of transient voltages," AIEEE Transactions, vol. 72, pp. 468-480, 1953.
14. S.R. Naidu and R.H. Lasseter. "A study of composite resonance in AC/DC converters," IEEE Transactions on Power Delivery, vol. 18, no. 3, pp. 1060–1065, 2003.
15. M. Szechtman, T. Weiss and C.V. Thio. "First benchmark model for HVDC control studies," Electra, vol. 135, pp. 55–75, 1991.
16. A. R. Wood, J. Arrillaga, "Composite resonance; a circuit approach to the waveform distortion dynamics of an HVDC converter," IEEE Transactions on Power Delivery, vol. 10, no. 4, pp. 1882–1888, 1995
17. T.E. Shea. Transmission Networks and Wave Filters, Nostrand, New York 1929.
18. L. Wanhammer. Analog Filters using MATLAB, Springer, New York, 2009.

第10章 标准中的谐波畸变限值

10.1 谐波限值标准

前面的章节已经描述了谐波的有害影响以及谐波和间谐波生成的不同性质。许多国家已经制定了谐波限值标准。IEC 标准 61000 系列提供了国际公认的谐波和间谐波控制信息。其中包括多个标准,见表 10.1。EN 标准为经 CENELEC[1] 批准的欧洲标准。欧洲标准化机构如下:

欧洲标准化组织(CEN)。

欧洲光电技术标准化组织(CENLEC)。

欧洲通信标准委员会(ETSI)。

表 10.1　IEC 61000 系列的一些重要标准(电磁兼容性)

标准编号	描述	发布年份
1-1, Ed. 1.0	综述——第1节:基本定义及术语的应用和解释	1992
1-4, Ed. 1.0	综述:在最高 2kHz 的频率范围内限制设备的工频传导谐波电流发射的历史依据	2005
1-6, Ed. 1.0	综述:测量不确定性评估指南	2012
2-1, Ed. 1	第2部分,环境,第1节:环境描述。公共电源系统中低频传导干扰和信号的电磁环境	1990
2-2, Ed. 2	第2-2部分,环境,第1节:环境描述。公共低压电源系统中低频传导干扰和信号的兼容水平	2002
2-12, Ed. 1.0	第2-2部分,环境,第1节:环境描述。公共中压电源系统中低频传导干扰和信号的兼容水平	2003
3-2, Ed. 3.2	第3-2部分:谐波电流发射限值(设备输入电流≤每相16A)	2009
3-4, Ed. 1.0	第3-4部分:额定电流>16A 的设备低压电源系统谐波电流发射限值	1998
3-6, Ed. 2.0	第3-6部分:限值——评估畸变装置与中压、高压和超高压电力系统连接的排放限值	2008
3-7, Ed. 2.0	第3-7部分:限值——评估波动装置与中压、高压和超高压电力系统连接的排放限值	2008
3-12, Ed. 2.0	第3-12部分:连接到公共低压系统且输入电流>16A 且≤75A 的设备产生的谐波电流限值	2011
3-14, Ed. 1.0	第3-14部分:评估连接到低压电力系统扰动装置谐波、间谐波、电压波动和失衡的发射限值	2011

标准编号	描述	发布年份
4 - 7, Ed. 2.1	第 4 - 7 部分：测试和测量技术——电源系统和与其相连的设备的谐波、间谐波测量和仪器的通用指南	2009
4 - 13, Ed. 1.1	第 4 - 13 部分：测试和测量技术：包括交流电源端口的电源信号、低频抗扰度测试的谐波和间谐波	2009
4 - 15, Ed. 2	第 4 - 15 部分：测试和测量技术：闪变计——功能和设计规范	2010

　　这些标准化机构为所有成员国制定标准。CE 标志和标签有点像美国的 UL 标签。EN 标准发布在欧盟官方刊物上。该标准规定了发射要求，如谐波、电压波动、射频干扰以及抗扰度要求等。

10.1.1　IEC 标准

　　IEC 61000 是许多标准的集合。例如：

- 61000 - 1 有 6 个部分，分别为 1 - 1、1 - 2、1 - 3、1 - 4、1 - 5 和 1 - 6。
- 61000 - 2 有 14 个部分。
- 61000 - 3 有 12 个部分。
- 61000 - 4 有 12 个部分。

　　61000 系列大约发布了 184 个标准。表 10.1 详细列出了谐波发射相关的一些重要标准。

10.1.2　IEEE 519

　　在北美，以 IEEE 519[2] 中给出的谐波限值为准，这些限值也被其他国家所接受。我们在第 5 章 IEC 概念中讨论了规划和兼容性水平。在本书的各种研究和实例中，无论考虑和研究的电力系统如何，都遵循 IEEE 519 中规定的限值，而没有进一步降低这些限值。值得注意的是，IEEE 519 间接允许大用户提供更大的电流畸变限值，因为其系统中的短路水平一般会更高，尽管这可能并不总是正确的。

10.2　IEEE 519 中的谐波电流和电压限值

　　该标准给出了推荐的谐波限值：

- 低压系统中，槽口深度、总槽口面积以及由换相槽口造成的母线电压畸变率。
- 单个电流和总电流畸变率。
- 单个电压和总电压畸变率。

　　该标准认为谐波效应在很大程度上取决于所影响设备的特性，并且谐波效应的严重程度不能用几个简单的指标得出。公共连接点（PCC）处电路的谐波特性尚未得到准确的计算。需要根据具体情况进行工程判断，标准也需遵守这种工程判断。

　　此外，一般认为，即使遵守谐波限值也不能防止出现问题，特别是接近临界点的情况。

　　10.3 节进一步说明了 PCC 的概念，对 PCC 处的谐波限值、电流和电压也做出了定义[2]。在解释 IEEE 519[2] 中规定的谐波限值时，以下几点很重要：

- 公用电网中的高压直流（HVDC）输电系统和静态无功补偿器（SVC）不在 PCC 的定义之列。建议对 PCC 处的谐波进行测量。假设系统具有短路阻抗特征，电容器的影响可以忽略不计。推荐的电流畸变限值与总需求畸变率（TDD）相关。TDD 定义为谐波电流畸变率总和的二次方根占最大需求负载电流的百分比 [15min 或 30min 需求，见式（1.19）]。

- 用户必须遵守的电流畸变限值见表 10.2 和表 10.3。I_{sc}/I_L 的比率是 PCC 处可用的短路电流与最大基频电流的比值，是根据前 12 个月的平均最大需求量计算的。随着用户负载大小相对于系统的大小而减小（系统的大小相当模糊，这意味着电力系统的刚度由 PCC 处的三相对称短路电流给出），允许用户注入公用电网系统的谐波电流百分比增加。

表 10.2　一般配电系统的电流畸变限值（120V ~ 69kV）[2]

I_{sc}/I_L[2]	最大谐波电流畸变率占基波谐波次数的百分比（奇次谐波）[1]					
	<11	$11 \leqslant h < 17$	$17 \leqslant h < 23$	$23 \leqslant h < 35$	$35 \leqslant h$	TDD
<20[3]	4.0	2.0	1.5	0.6	0.3	5.0
20 ~ 50	7.0	3.5	2.5	1.0	0.5	8.0
50 ~ 100	10.0	4.5	4.0	1.5	0.7	12.0
100 ~ 1000	12.0	5.5	5.0	2.0	1.0	15.0
>1000	15.0	7.0	6.0	2.5	1.4	20.0

注：1. 不允许在直流偏置中发生电流畸变，例如半波变流器。
　　2. 对于一般的次输电系统（69 001 ~ 161 000V），限值为表 10.2 中所示限值的 50%。
① 偶次谐波限值为上述奇次谐波限值的 25%。
② I_{sc} 为 PCC 处的最大短路电流；I_L 为 PCC 处的最大负载电流（基频）。
③ 所有发电设备仅限于这些电流畸变值，无论 I_{sc}/I_L 是多少。

表 10.3　一般输电系统的电流畸变限值（>161kV）[2]

I_{sc}/I_L[2]	分散发电和热电联产的最大谐波电流畸变率占基波谐波次数的百分比（奇次谐波）[1]					
	<11	$11 \leqslant h < 17$	$17 \leqslant h < 23$	$23 \leqslant h < 35$	$35 \leqslant h$	TDD
<50[3]	2.0	1.0	0.75	0.3	0.15	2.5
>50	3.0	1.5	1.15	0.45	0.22	3.75

注：不允许在直流偏置中发生的电流畸变，例如半波变流器。
① 偶次谐波限值为上述奇次谐波限值的 25%。
② I_{sc} 为 PCC 处的最大短路电流；I_L 为 PCC 处的最大负载电流（基频）。
③ 所有发电设备限值仅限于这些电流畸变值，无论 I_{sc}/I_L 是多少。

- 为了计算 I_{sc}/I_L 的比值，三相短路电流的计算应在低负载计算后进行，但是这里需注意，目的不是计算开关设备（例如断路器和熔丝）的短路值，因为通常 ANSI/IEEE 标准中描述的短路计算程序是不考虑断路器工作综合因素的。这不仅需要测量 PCC 处的电流值，而且需要计算基频电力潮流令所有位于电力系统母线上的工作电压在可接受的范围内。这将需要：①变压器上抽头在最佳位置；②具有无功功率补偿设备；③自动稳压器；④有载调压变压器（ULTC）等。因此，本书中没有讨论短路计算和基频电力潮流计算。但本章末尾分别列出了短路和电力潮流的参考资料。

- 表 10.2 和表 10.3 适用于 6 脉冲整流器。对于较高的脉冲数，特征谐波的限值增加了 $\sqrt{P/}$

6 倍，条件是非特征谐波的幅值小于表中规定限值的 25%。

- 一篇重要文章指出将用户连接到公用电网系统的变压器不应受到谐波电流超过 5% 变压器额定电流的影响。当不符合要求时，应提供额定值较高的变压器。第 8 章通过计算实例，讨论了用于非线性负载变压器的降额。

- 注入的谐波电流可能与公用电网系统产生谐振，因此用户必须确保不会发生有害的串联和并联谐振。该公用电网系统的源阻抗可能具有多个谐振频率，有必要更详细地进行谐波分析计算，以对该公用电网系统进行建模。

- 谐波电流注入的限值并没有限制用户对变流器或谐波产生设备技术的选择，同时也不会对非线性或电子设备的谐波发射设定限值。无论是通过选择替代技术，使用无源或有源滤波器，还是任何其他谐波消除装置，都需要看用户如何遵守谐波电流注入的限值。这与 IEC 有所不同，IEC 已经规定了设备的最大发射限值，例如 IEC 61000 – 3 – 2[3]。

- 电流畸变限值是在假定不同用户注入的谐波电流之间会有一些差异的情况下给出的（见例 6.1）。这种多样性与时间、谐波的相角和谐波谱相关。本标准的表 10.4 给出了谐波电流限值的依据。

表 10.4 谐波电流限值的依据[2]

PCC 处的 SCR	最大单个频率电压谐波	相关假设
10	2.5% ~ 3.0%	专用系统
20	2.0% ~ 2.5%	1 ~ 2 个大用户
50	1.0% ~ 1.5%	一些相对较大的用户
100	0.5% ~ 1.0%	5 ~ 20 个中型用户
1000	0.05% ~ 0.10%	许多小用户

- 电流限值的目标是将最大的单个频率电压谐波限制在 3% 以内。

- 一个重要的限定条件是 TDD 表示最大需求负载电流，即 15min 或 30min 需求。规定的限值用于正常操作的最坏情况，持续时间超过 1h。在起动或异常情况下的较短时间内，限值可能会超过 50%。

- 理想情况下，单个用户引起的谐波畸变应在电力系统的任何时候都被限制在可接受的水平内。整个电力系统应该在任何地方都不发生实质性的畸变。电流限制的目标是限制最大单个频率，并将电压谐波限制为基波的 3%，将电压 THD 限制为 5%（对于在注入的谐波频率之一处没有较大的并联谐振的系统）。

- 在实践中确保系统完全满足谐波限值的想法可能无法实现。IEEE 限值仅适用于 PCC。在下游，用户设备可以容忍更高的谐波畸变限值并且运行起来能够获得令人满意的效果。适用于电力系统的谐波限值的 IEEE 草案指南[4] 是基于 IEEE 519 的。

10.3 公共连接点（PCC）

PCC 是从公用电网到用户的电能计量点，只要用户和公用电网都可以访问该点以直接测量对两者都有意义的谐波指数，或者可以通过双方同意的方法估算干扰点（POI）的谐波指数。PCC也是可以从同一系统为另一个用户提供服务的点。PCC可以处于供电变压器的一次侧或二次侧，这取决于变压器是否为多个用户供电。公用电网可以从变压器二次侧为多个用户供电。

　　如第1章所述，变压器三角形联结绕组可以阻止零序电流和3次谐波的产生。因此，如果变压器一次侧被声明为PCC，则这些谐波将不会进入评估阶段。

　　公用电网可能会接受高于该标准规定的用户谐波限值。考虑到在用户的安装中，除11次谐波比IEEE 519的限值高出5%之外，所有TDD限值、总TDD以及单次谐波都能得到满足。公用电网可以接受这种情况。

10.4　应用 IEEE 519 谐波畸变限值

　　受干扰负载有限的小用户谐波可能不需要详细的分析，因此，IEC 61000 – 3 – 6[5]中采用了加权因子。

　　加权干扰功率计算如下：

$$S_{Dw} = \sum_i (S_{Di} \times W_i) \tag{10.1}$$

对于设备中的所有干扰负载，S_{Di}是个体干扰负载额定功率（kVA）；W_i是加权因子。

　　如果

$$S_{Dw}/S_{sc} < 0.1\% \tag{10.2}$$

式中，S_{sc}是PCC处的短路容量（kVA），如果满足式（10.2），则将自动接受，而无须进行详细分析。此标准在IEC 61000 – 3 – 6中提出。加权因子见表10.5。

表 10.5　加权因子[4]

负载类型	电流畸变率	加权因子
单相电源	80%（有高的3次谐波）	2.5
半变流器，见第1章	部分负载有高的2次、3次和4次谐波	2.5
6脉冲变流器，电容平波，无串联电抗器	80%	2.0
6脉冲变流器，电容平波，串联阻抗 > 3%，或直流驱动	40%	1.0
6脉冲变流器，带有用于电流平波的大型电抗器	28%	0.8
12脉冲变流器	15%	0.5
交流电压稳压器	随触发延迟角变化	0.7
荧光灯	20%	0.5

　　如果大部分负载是表10.5前3行的类型之一，则仅当非线性负载大于设备负载的5%时才需要进行详细分析。IEC 61000 – 3 – 6[5]中也提出了更简单的评估方法。

　　对于电流畸变率小于50%的其他类型的负载，非线性负载可高达10%。干扰负载的波形如图10.1所示。

　　如果客户计划为提高功率因数而增加电容器，则需要进行谐波分析研究。

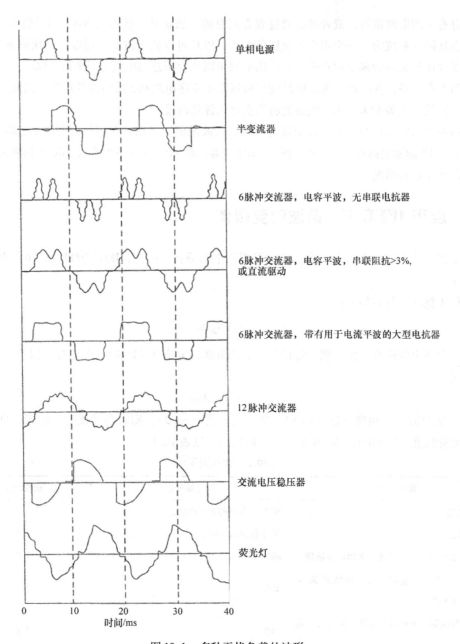

单相电源

半变流器

6脉冲交流器，电容平波，无串联电抗器

6脉冲交流器，电容平波，串联阻抗>3%，或直流驱动

6脉冲交流器，带有用于电流平波的大型电抗器

12脉冲交流器

交流电压稳压器

荧光灯

时间/ms

图 10.1 多种干扰负载的波形

作为表 10.5 的应用，对于 13.8kV 系统，PCC 处的短路水平是 1000MVA，可以使用 2MVA、12 脉冲负载。

10.5 谐波时变特性

我们在图 9.24 中提到了谐波畸变的时间变化，这与用户的负载模式相一致。第 7 章还讨论了概率概念。IEEE 519 提供了谐波畸变限值的概率应用，如图 10.2 所示，将稳态谐波电平与未超过95%时间（95%概率水平）的测量电平进行比较，与 IEC 61000 - 2 - 2[6] 的兼容水平一致。IEEE 519 还指出，短时间内，每天 1h，即大约 4% 的时间，高达 150% 的高次谐波限值是可以接受的。此限值与不超过 95% 概率水平的设计限值一致。可以将上限与不超过 99% 时间（99% 概率水平）的测量谐波电平进行比较。

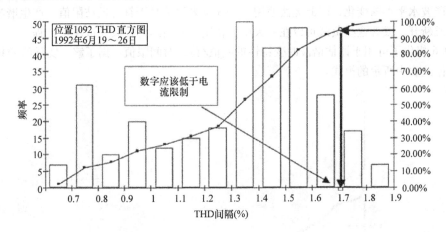

图 10.2　描述谐波水平变化性质的概率图[4]

谐波限值与长时间的矩形脉冲相似，这是相当罕见的；实际可能包括较短持续时间的多个脉冲。这两种配置将对电动机或变压器加热产生不同的影响（图 10.3）。

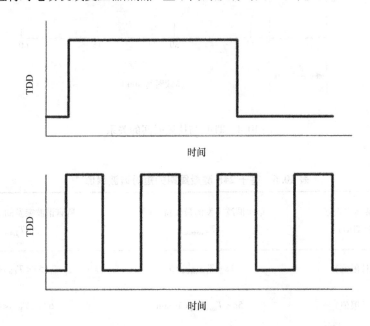

图 10.3　两种不同的谐波发射趋势，对设备会产生不同的加热影响

以上两种情况要求在相当长的一段时间内测量谐波（第 7 章），3 个影响因素如下：
- 谐波突发总持续时间是测量电平超过特定电平所有时间间隔的总和。
- 单个突发的最长持续时间是被测电平超过某一特定电平的最长时间间隔。
- 测量应考虑电容器、谐波滤波器的存在，滤波器组的故障，以及来自不同短路水平的公用电网的备用电源的影响等。

考虑上述影响因素中的前两个，绘制 TDD 随持续时间的变化图，如图 10.4 所示。由图可知，TDD 超过了 6% 的时间为 8min。可以使用直方图和累积概率密度及分布图来评估超过特定谐波的概率（第 7 章）。

由于谐波水平不断变化，因此无法使用单个样本来评估是否符合谐波限值。产生谐波的负载可以接入或断开，或者这些负载可以在一天中的特定时间内运行，具体取决于过程。

表 10.6 提供了可用于评估谐波时变特性的幅值/持续时间限值。据了解，实际的变化可能不会完全遵循此表中所示的模式。

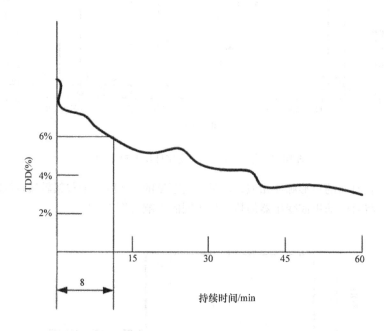

图 10.4　TDD 与持续时间的关系

表 10.6　基于 24h 测量周期的短时谐波限值[4]

可接受的谐波畸变水平（单独或者 TDD）	单次谐波突发的最长持续时间 $T_{maximum}$	所有谐波突发的总持续时间 T_{Total}
3.0 ×（设计限值）	$1s < T_{maximum} < 5s$	$15s < T_{Total} < 60s$
2.0 ×（设计限值）	$5s < T_{maximum} < 10min$	$60s < T_{Total} < 40min$
1.5 ×（设计限值）	$10min < T_{maximum} < 30min$	$40min < T_{Total} < 120min$
1.0 ×（设计限值）	$30min < T_{maximum}$	$120min < T_{Total}$

参考文献［4］中评估谐波限值的流程如图 10.5 所示。

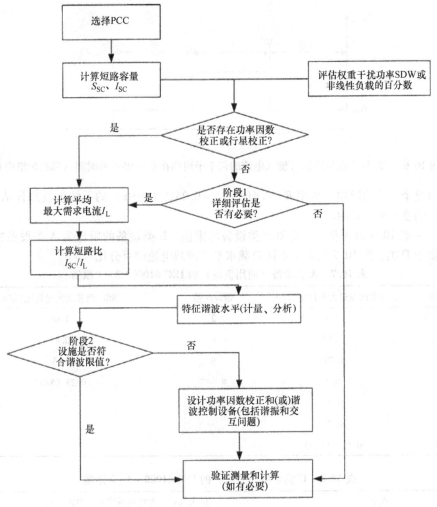

图 10.5 评估谐波限值的一般流程[4]

10.6 IEC 谐波电流发射限值

IEC61000 – 3 – 2 和 61000 – 2 – 2[3,6] 定义了非线性设备在输入电流 ≤16A（在 220V）时输入公共配电网的谐波电流限值。此类设备分为 4 类（A ~ D）。对于每个类别，都建立了直至 39 次谐波的谐波电流发射限值。这些类别如下：

A 类：通用负载。这些是平衡的三相负载，线路电流相差不超过 20%，除了以下类别中所述的所有其他设备。

B 类：便携式设备和工具。

C 类：照明设备，除了具有 D 类波形的调光器（A 类）和自镇流荧光灯以外。

D 类：根据标准方法测量的，具有指定特殊波形的输入电流和有功功率输入 $P < 600W$ 的设备。这种特殊的波形如图 10.6 所示。

该标准给出了在规定频率范围内测试各设备谐波发射的方法。给出规定的谐波限值，以限制

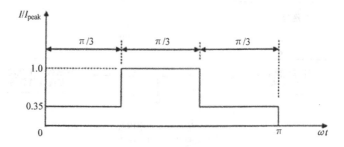

图 10.6   IEC D 类设备波形（输入电流的每个半周期在至少 95% 的时间内都在包络内）

这些负载对整个系统的影响。使用 $R = 0.4\Omega$ 和 $X = 0.25\Omega$（50Hz）的系统阻抗来评估这些负载对局部电压畸变水平的影响。

表 10.7 ~ 表 10.9 为 A 类、C 类和 D 类设备的限值。B 类设备的限值为 A 类设备的 1.5 倍。电子设备属于 D 类。图 10.7 给出了不同负载水平下满载电流的百分比[4]。

表 10.7   A 类设备（通用负载）的 IEC 61000 − 3 − 2 限值

谐波次数	奇次谐波最大允许电流/A	谐波次数	偶次谐波最大允许电流/A
3	2. 3	2	1.08
5	1. 14	4	0.43
7	0.77	6	0.3
9	0.4	8 ~ 40	0.23 (8/n)
11	0.33		
13	0.21		
15 ~ 39	0. 15 (15/n)		

表 10.8   C 类设备（照明）的 IEC 61000 − 3 − 2 限值

谐波次数	最大值表示为灯具基波输入电流的百分比
2	2.0%
3	30% × PF
5	10%
7	7%
9	5%
11 ~ 39	3%

表 10.9   D 类设备的谐波发射限值[3]

谐波次数	最大允许的谐波电流（75W < P < 600W）/(mA/W)	最大允许的谐波电流（P > 600W）/A
3	3.4	2.3
5	1.9	1. 14
7	1.0	0.77
9	0.5	0.4
11	0.35	0.33
$13 \leq n \leq 39$	3.85/n	0.15 (15/n)

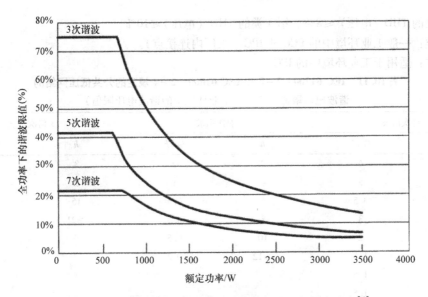

图 10.7　IEC 规定 D 类设备的谐波限值百分比与额定功率[4]

10.7　电压质量

10.7.1　IEEE 519 电压畸变限值

尽管用户只能将一定量谐波电流注入前面章节所讨论的应用系统中，但公用电网和电力公司必须满足用户对一定电压质量的要求。标准规定电力生产商的电压畸变限值见表 10.10[2]，所使用的指标是 THD（总谐波畸变率）相对于额定基频电压的百分比。限值是在正常操作时的最坏情况下使用的系统设计值，持续时间超过 1h。在起动或异常情况下，更短的时间内，限值可以超过 50%。如果超过限值，建议通过使用滤波器进行谐波抑制或通过并联馈线来加强系统。

表 10.10　电力生产商的谐波电压限值（公用电网或发电机）[2]

	PCC 处的谐波畸变率（%）		
	<69kV	>69~161kV	>161kV
单次谐波最大值	3.0	1.5	1.0
THD	5.0	2.5	1.5

注：高压系统可以有高达 2.0% 的 THD，原因是高压直流输电终端会随用户的使用而衰减。

大多数中压系统的谐波畸变限值为 5%。用户可能会接受更高的电压畸变率，这取决于负载对电压畸变率的灵敏度。请注意，IEEE 519 不会在用户必须遵守的 PCC 处设置任何电压畸变限值。公用事业公司必须在 PCC 处保持一定的电压质量。有关示例表明，对于弱电系统，用户的非线性负载会使 PCC 处的电压严重畸变，因此，PCC 处的电压畸变是一个更大的问题。

10.7.2　IEC 电压畸变限值

IEC 61000-2-2[6] 为各种类型电能质量特性提供了兼容水平。低压系统畸变的兼容水平为 8%。

表 10.11 给出了公共低压网络（IEC-61000-2-2）中的电压谐波畸变限值。这些限值与第 2 类的 IEC 61000-2-4 中的限值相同。根据本标准，对于第 3 类，限值如表 10.12 所示。

第 2 类的 THD（电压）≤8%，第 3 类的 THD（电压）≤10%。

第 2 类：一般工业环境中的 PCC 和 IPC（工厂内连接点）。

第 3 类：适用于工业环境中的 IPC。

表 10.11　IEC 61200 – 2 – 2 和 IEC 61000 – 2 – 4 规定的公共低压网络的谐波电压限值（第 2 类工业环境中的谐波电压限值）

奇次谐波		偶次谐波		3 倍次谐波	
h	*% Vh*	*h*	*% Vh*	*h*	*% Vh*
5	6	2	2	3	5
7	5	4	1	9	1.5
11	3.5	6	0.5	15	0.3
13	3	8	0.5	≥21	0.2
17	2	10	0.5		
19	1.5	≥12	0.2		
23	1.5				
25	1.5				
≥29	*x*				

注：$x = 0.2 + 12.5/h$，$h = 29$、31、35 和 37；$V_h = 0.63\%$、0.60%、0.56% 和 0.54%。

表 10.12　IEC 61200 – 2 – 4 规定的第 3 类的谐波电压限值

奇次谐波		偶次谐波		3 倍次谐波	
h	*% Vh*	*h*	*% Vh*	*h*	*% Vh*
5	8	2	3	3	6
7	7	4	1.5	9	2.5
11	5	≥6	1	15	2
13	4.5			21	1.75
17	4			≥27	1
19	4				
23	3.5				
25	3.5				
≥29	*y*				

注：$y = \sqrt[5]{11/h}$，$h = 29$、31、35 和 37；$V_h = 3.1\%$、3.0%、2.8% 和 2.7%。

10.7.3　间谐波的限值

IEC 61000 – 4 – 15[7] 已经建立了一种利用 10 或 12 周期窗口对 50Hz 和 60Hz 系统进行谐波和间谐波测量的方法。由此得到了 5Hz 分辨率的频谱。将 5Hz 频率间隔组合以生成各种分组和分量，由此可以得到参考限值和指南。IEC 将从直流到 2kHz 频率范围的间谐波电压畸变率限制在 0.2%，另见第 7 章。

IEEE 519 – 1992[2] 中没有对间谐波的限制。以下建议来自参考文献 [8]。请注意，这些不是 IEEE 519 标准工作小组的建议，而是参考文献 [8] 的作者的想法。

- 频率小于 140Hz 的 0.2% 的限值用于解决白炽灯和荧光灯的闪烁问题。
- 将单个间谐波分量畸变率限制在 140Hz 以上的某一频率（尚待确定）的 1%，以保护低频 PLC（电力线载波），解决对谐振频率 8Hz 以内的闪烁敏感性，并考虑谐波滤波器产生的谐振。

● 对于较高的频率，将间谐波电压分量和总畸变率限制到一定的百分比，该比例与提议的频率相关谐波电压限值有关，以保护高频 PLC 和滤波器谐振。或者，定义斜率增加的线性限值曲线，以识别随着频率增加对闪烁的影响减小。

如果担心附近发电厂的扭振相互作用，可能需要对间谐波进行严格的限制。在其他情况下，间谐波不需要与整数谐波区别处理。

例 10.1：运行在 $\alpha = 15°$ 的 12 脉冲 LCI 逆变器的谐波电流和电压谱见表 10.13。需求电流为 1200A，这也是逆变器的最大工作电流，PCC 处的可用短路电流为 12kA，计算畸变限值。这些值是否超过了限值？

扩展表 10.13，显示了每个谐波下 TDD 的允许限值，并计算出单个和全部允许的电流畸变率。如表 10.2 所示，$I_{sc}/I_L < 20$（实际 $I_{sc}/I_L = 10$），非特征谐波减少 25%，特征谐波乘以 $\sqrt{p/6}$，即 $\sqrt{2}$。

表 10.13　例 10.1 中 12 脉冲变换器的 TDD 计算

h	I_h/A	谐波畸变率（%）	IEEE 限值（%）	V_h/V
5	24.32	2.027	1.0	20.86
7	13.43	1.119	1.0	16.13
11	65.42	5.452	2.82	123.46
13	39.69	3.331	2.82	88.52
17	1.87	0.156	0.375	5.45
19	0.97	0.081	0.375	3.16
23	8.45	0.704	0.846	33.34
25	8.54	0.711	0.846	36.62
29	0.98	0.081	0.15	4.87
31	0.76	0.063	0.15	4.04
35	5.02	0.418	0.423	30.14
37	3.27	0.273	0.423	20.75
41	0.23	0.019	0.075	1.62
43	0.23	0.019	0.075	1.70
47	3.45	0.287	0.423	27.81
49	2.58	0.215	0.423	21.69
TDD		6.887%	5%	4.08%

由表 10.13 可知，多个谐波的电流畸变限值被超出。此外，TDD 大于允许的限值。总 THD（电压）低于 5% 限值，但 11 次谐波畸变率为 3.32%，超过单个电压谐波最大允许限值的 3%。

在这个例子中，尽管使用了 12 脉冲变换器，而且基本负载等于变换器负载，即整个负载是非线性的，但是畸变限值仍超过允许的限值。一般来说，产生谐波的负载将占总负载需求的一定百分比，这将降低了 TDD，因为它是根据总基频需求电流计算得出的。

10.8   换相槽口

换相槽口如图 10.8a 所示。正如我们在第 4 章中所讨论的那样，由于其他桥臂的陷波反射，每个周期的换相产生 2 个一次槽口，以及 4 个较小的二次槽口。具有电容负载的全波二极管桥在中断模式下运行，不产生槽口。对于低压系统，槽口深度、PCC 处线间电压的总槽口面积和 THD 应受限制，如表 10.14 所示。槽口面积为

$$A_N = V_N t_N \tag{10.3}$$

式中，A_N 是槽口面积（V·μs）；V_N 是槽口深度（V），是组内较深槽口的线间距（L - L）；t_N 是槽口宽度（μs）。

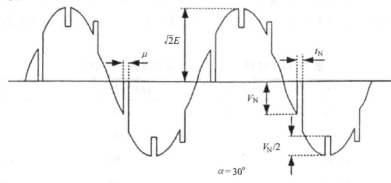

a)

b)

图 10.8   a）带有直流母线电抗器的电流源换流器的开槽；
b）槽口面积在该图所示的各点处变化

表 10.14   低压系统分类和畸变限值[2]

	特殊应用	一般系统	专用系统
槽口深度	10%	20%	50%
THD（电压）	3%	5%	10%
槽口面积（A_N）	16 400	22 800	36 500

注：通过乘以因子 V/480，得出 480V 以外电压的槽口面积。额定电压和电流下的槽口面积的单位为 V·μs。特殊应用包括医院和机场。专用系统专门用于换流器负载。

考虑图 10.8b 的等效电路并定义以下电感：

- L_t 是驱动变压器的电感；
- L_L 是馈线的电抗；
- L_s 是源的电感。

槽口深度取决于我们研究系统的位置。当一次电压在换流器端子处为 0，即图 10.8b 中的 A 点时，槽口深度最深。在 B 点，A 点的槽口深度的单位深度为

$$\frac{L_s + L_L}{L_s + L_t + L_L} \tag{10.4}$$

如果将图 10.8b 中的 C 点定义为 PCC，相对于换流器处的槽口深度，PCC 处单位槽口深度为

$$\frac{L_s}{L_L + L_s + L_t} \tag{10.5}$$

对于实际值，用 e 乘以式（10.4）或式（10.5），其中 e 是在槽口之前的瞬时电压（L-L），即 V_N 等于 e 乘以式（10.4）或式（10.5）。

换流器电路中的阻抗起到了分压器的作用。槽口的宽度为

$$t_N = \frac{2(L_L + L_t + L_s)I_d}{e} \tag{10.6}$$

位于换流器端的槽口面积为

$$A_N = 2I_d(L_L + L_t + L_s)$$

线路槽口和畸变因数之间的关系为

$$V_h = \sqrt{\frac{2V_N^2 t_N + 4(V_N/2)^2 t_N}{1/f}} = \sqrt{3V_N^2 t_N f} \tag{10.7}$$

式中，f 是电力系统的基频。如果因子 ρ 等于总电感与公共系统电感的比值，写为

$$\rho = \frac{L_L + L_t + L_s}{L_L} \tag{10.8}$$

那么

$$V_{NMAX} = \frac{\sqrt{2}E_L}{\rho} \tag{10.9}$$

且

$$THD_{MAX} = 100\sqrt{\frac{3\sqrt{2}\times 10^{-6}A_N f}{\rho E_L}} \tag{10.10}$$

在式（5.7）中，考虑到每个周期中 2 个较深和 4 个较浅的槽口，如图 10.8a 所示[2]。

例 10.2：如图 10.9a 所示的系统配置。需要计算图中 PCC 处的槽口深度和槽口面积。

计算整个系统的电感，如图 10.9b 所示。根据给定的短路数据，源电感（480V 下反射）为 0.85μH。它是 13.8kV 的刚性系统，源电抗较小。

基于 X/R 比，1MVA 变压器电抗指的是 480V 侧，$X_t = 5.638\% = 0.1299\Omega$。480V 时的电感为 34.4μH。馈电电感为 13.8μH。PCC 处的槽口深度占换流器槽口深度的百分比 = (0.85 + 34.4)/(0.85 + 34.4 + 13.8) = 71.9%。参考表 10.14，即使对于专用系统，这也超过了限值。

设换流器在 460V 下提供 500hp⊖ 的电动机负载，并且直流电流是连续的，等于 735A。

那么，换流器的直流电流是 (735)/0.85 = 864.70A。

⊖　1hp ≈ 735.5W。

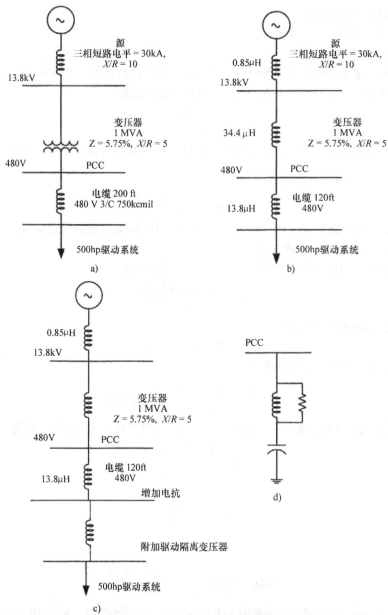

图 10.9　a) 用于计算槽口面积的系统配置；b) 显示电抗值的等效电路；
c) 带有驱动隔离变压器的电路；d) 使用高通滤波器来减小槽口面积

表 10.15　例 10.2 中 CSI 和 VSI 及槽口计算的谐波

谐波次数	CSI	VSI
1	78	78
5	16	45
7	10	28
11	4	6.3
13	3	5.7
17	2	4.3

换流器的槽口面积等于

$(0.85 + 34.4 + 13.8) \times 864.70 = 84\ 826\mathrm{V} \cdot \mu\mathrm{s}$ 和 PCC 处的槽口面积 $= 60\ 990\mathrm{V} \cdot \mu\mathrm{s}$

换流器和 PCC 处的槽口宽度相同：

$$= \frac{84.826}{\sqrt{2} \times 480}$$

因此，槽口宽度 $= 125\mu\mathrm{s}$。

为计算畸变百分比，表 10.15 给出了谐波发射（截止到这个例子的 17 次谐波）。请注意，这是基于直流输出电流。如果 X_L 是线路阻抗（在基频处），那么表达式 $I_\mathrm{DC}[\sum (hI_\mathrm{h}X_\mathrm{L})^2]^{1/2} = I_\mathrm{DC}X_\mathrm{L}[\sum hI_\mathrm{h}^2]^{1/2}$ 可计算出。

那么对于 CSI：

$X_\mathrm{L}I_\mathrm{DC}[(5 \times 0.16)^2 + (7 \times 0.1)^2 + (11 \times 0.04)^2 + (13 \times 0.03)^2 + (17 \times 0.02)^2]^{1/2} = 1.29X_\mathrm{L}I_\mathrm{DC}$

就换流器全负载来说：

$$I_\mathrm{DC} = 572LI_\mathrm{conv}$$

因此，换流器的畸变百分比为

$$\frac{100(572)(0.85 + 34.4 + 13.8)864.70}{480} = 5.05\%$$

PCC 处

$$\frac{100(572)(0.85 + 34.4)864.70}{480} = 3.60\%$$

使用式（10.10），PCC 处的最大畸变率为 11.2%。

对具有电容器负载的二极管桥也可以进行类似的计算；畸变率要高得多。

由该示例可知计算值远高于允许值。如果增加电缆电感或提供驱动隔离变压器，则可以满足标准要求。也就是说，在这个例子中，源端加变压器电感应远低于电缆加驱动变压器电感。在前面的例子中，没有考虑驱动隔离变压器。然而，请注意，PCC 处的畸变率随着电抗的增加而增加，为了控制畸变率，必须减小电抗。

这个例子表明，可以通过以下方式来解决槽口问题：

- 降低 PCC 母线后的源阻抗。
- 增加 PCC 母线（在负载侧）前的阻抗。隔离变压器和线路电抗器是常用的并且具有相同的用途，如图 10.9c 所示。
- 另一种方法是增加二阶高通滤波器。它还可以提供无功功率补偿并改善低功率因数负载上的电压分布（第 8 章），如图 10.9d 所示。高通滤波器将提供低阻抗的整流电流源，以减少开槽。

参考文献［4］说明了由于槽口引起配电系统振荡的情况。25kV 母线为驱动系统负载供电，并连接到 144kV 系统，它经历了接近 60 次谐波的振荡和浪涌电容器的故障。

10.9　实际电力系统应用限制

制造商可以指定其设备的谐波发射满足 IEEE 519 的要求，而无需额外的滤波器或谐波抑制设备。需考虑 3 个因素：

- $I_\mathrm{sc}/I_\mathrm{r}$ 比率与哪些谐波发射限值相关？如果将比率限值规定为比电力系统的实际比率高，则可能无法满足 PCC 处的 IEEE 限值。
- 当谐波产生设备是系统中唯一的负载时，规定的限值是否适用？TDD 基于系统中的总负载：线性负载和非线性负载。这种混合将在 PCC 处产生可变的结果。

- 在某些情况下，I_s/I_r 比率远低于 20（IEEE 519 规定的谐波限值的最小值），PCC 处可能会产生较高的畸变率。

假设规定的限值与实际系统 I_{sc}/I_r 比率有关，并且在系统中还有一些其他的线性负载，则可以假设 PCC 处的畸变限值在 IEEE 限值范围内，前提是电力系统中没有谐波放大。这意味着系统中没有电容器。然而，电缆和 OH（架空）线路的电容不容忽视。即使系统中没有电容器，也可能发生较高频率的谐振。

因此，当制造商确认谐波发射在 IEEE 限值范围内时，无须进行进一步研究的假设必须谨慎进行。由于电力系统的差异很大，考虑到系统运行的正确建模，进行谐波分析研究是必要的。

参 考 文 献

1. EN 50160. Voltage characteristics of electricity supplied by public distribution systems, Brussels, 1994.
2. IEEE Standard 519. IEEE recommended practice and requirements for harmonic control in electrical systems, 1992.
3. IEC 61000-3-2. See Table 10-1.
4. IEEE Draft P519.1/D9a. Guide for applying harmonic limits on power systems, 2004.
5. IEC 61000-3-6. See Table 10-1.
6. IEC 61000-2-2. See Table 10-1.
7. IEC 61000-4-15. See Table 10-1
8. E.W. Gunther, "Interharmonics recommended updates to IEEE 519," IEEE Power Engineering Society Summer Meeting, pp. 950–954, 2002.

负载潮流和短路计算的参考文献

9. J.C. Das. Power System Analysis-Short-Circuit Load Flow and Harmonics, Second Edition, CRC Press, Boca Raton, FL, 2011.
10. IEEE Standard 399. IEEE recommended practice for power system analysis, 1990.
11. ANSI/IEEE Standard C37.010. Application guide for AC high-voltage circuit breakers rated on a symmetrical current basis, 1999 (R-2005).
12. IEEE Standard 551 (Violet Book). IEEE recommended practice for calculating short-circuit currents in industrial and commercial power systems, 2006.
13. IEEE Standard C37.013. IEEE standard for AC high-voltage generator circuit breakers rated on a symmetrical current basis, 1997.
14. ANSI/IEEE. Standard C37.13. Standard for low-voltage AC power Circuit Breakers used in Enclosures, 2008.
15. W.F. Tinney and C.E. Hart. "Power flow solution by Newton's method," Transactions of IEEE, PAS 86, pp. 1449–1456, 1967.
16. B. Stott and O. Alsac. "Fast decoupled load flow," Transactions of IEEE, PAS 93, pp. 859–869, 1974.
17. N.M. Peterson and W.S. Meyer. "Automatic adjustment of transformer and phase-shifter taps in the Newton power flow," Transactions of IEEE, vol. 90, pp. 103–108, 1971.
18. M.S. Sachdev and T.K.P. Medicheria. "A second order load flow technique," IEEE Transactions of PAS, PAS 96, pp. 189–195, 1977.
19. W. Stagg and A.H. El-Abiad. Computer Methods in Power System Analysis, McGraw-Hill, New York, 1968.
20. F.J. Hubert and D.R. Hayes. "A rapid digital computer solution for power system network load flow," IEEE Transactions of Power and Systems, pp. 90, pp. 934–940, 1971.
21. H.E. Brown, G.K. Carter, H.H. Happ and C.E. Person. "Power flow solution by impedance iterative methods," IEEE Transactions of Power and Systems 2, pp. 1–10, 1963.
22. H.E. Brown. Solution of Large Networks by Matrix Methods, New York, John Wiley, 1972.
23. A.R. Bergen and V. Vittal. Power System Analysis, Second Edition, Prentice Hall, New Jersey, 1999.
24. J.J. Granger and W.D. Stevenson. Power System Analysis, McGraw-Hill, New York, 1994.
25. L. Powell. Power System Load Flow Analysis, McGraw-Hill, New York, 2004.
26. X.-F. Wang, Y. Song and M. Irving. Modern Power System Analysis, Springer, New York, 2008.
27. D.P. Kothari and I.J. Nagrath. Power System Engineering, Second Edition, Tata McGraw-Hill, New Delhi, 2008.